基于学习科学的学科教学丛书

丛书总主编◎皮连生 庞维国 高宏伟

张春莉 马晓丹 张泽庆 / 著

数学
学习与教学论

SHUXUE XUEXI YU JIAOXUELUN

华东师范大学出版社

课堂教学的科学

——《学与教的心理学》在学科教学中的运用

1987 年,我在苏州铁道师范学院(今苏州科技大学)从事公共课心理学的教学工作。当时,我国高等师范院校一般只开设一门心理学课程(一个学期,每周 2—3 课时)。教材内容主要是从苏联引进的普通心理学,包括认知过程:注意、感知觉、记忆、思维、想象;个性心理特征:能力、性格、意志等;另外还增加了有关儿童发展心理学和教育心理学等内容。学生对心理学这门概念多、实际运用难的课程普遍不感兴趣,认为学了用不上。教育行政部门对这门课程也普遍不够重视。在一次江苏省教委的会议上,我提出心理学课程只开一学期,每周只有两课时,课时太少。一位教委负责人回答:"给两课时基层学校还嫌浪费,给三课时就更嫌浪费了。"

值得庆幸的是,国际心理学在 20 世纪七八十年代发起了认知心理学革命。认知心理学恰好回答了钱学森先生提出的教育科学的基础理论问题。他说:"教育科学中最难的问题,也是最核心的问题是教育学科的基础理论,即人的知识和应用知识的智力是怎样获得的,有什么规律。解决了这个核心问题,教育科学的其他学问和教育工作的其他部门就有了基础,有了依据。没有这个基础理论,其他也就难说准。所以,首先应该集中研究教育科学的基础理论。"例如,加涅在 20 世纪 70 年代将学生的学习结果分成言语信息、智慧技能、认知策略、动作技能和态度等五个类别。他在《学习的条件》一书中解释了每类学习的过程和条件。除态度之外,其他四类学习结果都来源于知识。加涅系统地阐明了知识是怎么转化为学生的技能和智慧能力(即钱先生所说的"应用知识的智力")的一般规律。这样心理学就从孤立地研究认知过程走上将认知过程与知识学习相结合的道路。

20 世纪八九十年代,在认知学习理论基础上又产生了一门新学科,即基于学习心理学的系统化教学设计。它通过四个关键环节,使教师教学行为建立在科学的学习心理学基础上:

(1) 通过一套技术使教学目标行为化,变得可以观察和测量;

(2) 对教育目标中的学习结果类型及其学习的条件进行分析,据此决定学习的过程和条件;

(3) 依据上述分析选择适当的教学过程和方法,为有效学习创造合适的条件;

(4) 对照目标设计测量与评价教学效果的工具(包括测验题、练习题)以及评价标准。

传统上,教师的教学主要基于经验。新教师上岗主要模仿老教师的做法。因此一般师范院校的学生认为"不用学心理学,照样可以当教师"。在系统化教学设计产生并被移植到学校课堂教学之后,教师不学心理学,寸步难行。因为不懂心理学,在备课时教师不会写教学目标;在上课时,教师不知道学习的性质是什么,往往会将技能教成知识,或用教知识的方法来教学生态度和行为,也不知道如何用外显行为来检测学生内在的能力和倾向的变化。

为了反映国际学习心理学和教学设计方面的新进展,改革高等师范院校公共心理学课程,我在1987年承担高等师范院校公共心理学课程的教学工作之后,就着手改革高等师范院校公共心理学的教材内容。经过三年的努力,在华东师范大学心理学系邵瑞珍教授的指导下,苏州铁道师范学院联合上海教育学院、浙江省教育学院、南京师范大学和宁波师范学院(今宁波大学)部分心理学教师编写了一本以学习心理学和教学心理学为主要内容的高等师范院校公共心理学教材,取名《学与教的心理学》(1990年由华东师范大学出版社出版)。实际上,它是我国第一本基于科学心理学的教学论,简称科学取向的教学论。

该教材一经使用就受到试用学校的普遍欢迎。苏州铁道师范学院的公共心理学教学教材获院内优秀教材一等奖,并获江苏省普通高校优秀教学质量三等奖(1991年);宁波师范学院的公共心理学教学改革获院内特等奖,省内二等奖(1993年);《学与教的心理学》曾获上海市哲学社会科学优秀著作三等奖(1994年),优秀教材一等奖(1999年),2006年入选教育部普通高校教育"十一五"国家级规划教材。

《学与教的心理学》被作为高等师范院校公共心理学教材之后,受到了普遍欢迎,每年发行一万多册,近三十多年来经久不衰。但试教学校的教师和学生普遍感到该书的特点是新和难。难在什么地方?不在文字,而在于如何运用。因为学习公共心理学的师范院校的学生来自语文、数学、英语、历史、地理等不同系科。公共心理学教材只讲一般学习与教学的心理学原理,举例也大多数是小学的例子。学科知识越简单,越容易被来自不同系科的学生接受。但各学科的学生如何在本学科的实践中运用学与教的一般心理学原理呢?对于这个问题,不仅学生感到难,任课教师也感到难,而且作为教材的编者,也犯难,因为这是一个有待研究和开发的全新领域。同时,这一任务不是心理学家、教学设计专家能独立完成的,他们必须与中小学学科教师合作,只有经过多年努力,才可能在理论研究和案例开发上获得较大突破。自20世纪90年代以来,我和我的硕士、博士研究生先后在华东师范大学附属小学进行多年语文教学研究,之后又连续三年在上海市宝山区十所中小学校的多个学科课堂中进行应用研究。在硕士、博士论文研究的基础上,我们出版了"学科教学论新体系"丛书共七种:语文、数学各两册,自然科学、社会科学和英语各一册(2004年和2005年先后在上海教育出版社出版)。

此后,我和王小明、庞维国及他们的研究生的参与下,将修订的布卢姆认知目标分类学《学习、教学和评估的分类学:布卢姆教育目标分类学修订版》(2001年)、加涅等的《教学设计原理》(2005年)、史密斯等的《系统化教学设计》(2005年)、迪克等的《教学设计》(2005年)和M·P·德里斯科尔的《学习心理学:面向教学的取向》(2005年)翻译出来,于2008至2009年在华东师范大学出版社先后出版,为深入进行学与教的理论与应用研究提供了最新资料。

从学科应用研究来看,语文学科是最难运用学与教的心理学原理的学科。经过长期积累和近十年的集中研究,语文学科的应用研究取得了重大突破。由我和合作者所著的《小学语文学习与教学论》和《小学语文教学设计与实施》已经完稿。由安徽师范大学文学院何更生教授(心理学博士)及其合作者所著的《中学语文学习与教学论》和《中学语文教学设计与实施》、由华东师范大学教师教育学院陈刚副教授(心理学博士)及其合作者所著的《物理学习与教学论》和《物理教学设计与实施》近期内可以完稿。由北京师范大学张春莉教授(数学硕士、心理学博士)及其合作者所著的《数学学习与教学论》和《数学教学设计与实施》实践卷争取在年内完稿。因研究人员更换,由苏州科技大学教育与公共管理学院吴红耘教授及其合作者所承担的《历史学习与教学论》和《历史教学设计与实施》,由徐州市教研室副主任、英语特级教师李秋颖及其合作者所承担的《英语学习与教学论》和《英语教学设计与实施》争取明年完成。

在 2005 年前,我们的教学案例开发是单科进行的。自 2005 年起,广州市花都区教育局提出了构建"科学课堂"的任务。构建"科学课堂"实质上就是用科学取向的教学理论武装教师,并通过在专家指导下的教学设计与实施的反复练习,使该理论支配教师备课、上课和评课的行为。全区设立了七所实验学校(小学三所,初中、高中各两所),同时聘请我的学术团队中的五名教授、一名副教授和一名特级教师进行理论指导。经过两年不分学科与分学科系统培训与操练,实验学校的教学骨干才开始比较系统地领会了科学取向的教学论。一旦他们系统地领会了科学取向的教学论,他们的教学设计就能表现出创造性。现在广州市花都区的"科学课堂"建设已经进入第三年,正是到了出人才和出成果的时候。

在此我要十分感谢广州市花都区教育局和教研室领导为我们提供了心理学专家、学科教学论专家、教研员和优秀的一线教师四结合开发教学案例的机会。没有你们的高瞻远瞩和强有力的领导,要完成这样的大型工程是不可想象的。经过三十年努力,供教师学习与运用的心理学不仅有《学与教的心理学》的一般原理,不久又会有语文、数学、英语、物理、历史等学科版的学与教的心理学教材出版。尽管不同学科的研究深度会有不同,可能还会留下遗憾,但我们已尽力了。

皮连生

　　教学能力是教师专业能力的一个重要组成部分,它是教师在专业活动与行动中表现出的专业品质。目标的模糊性、过程的随意性、评价的盲目性是年轻教师容易出现的问题,而对于一些有经验的教师来说,他们的教学观早已根深蒂固,他们已有的信念和知识都会影响他们对教学目标的设定,对教材的处理,对教学任务的设计等。认真分析一些优秀的教学设计后常能发现,这些教师往往潜在地运用任务分析等技术,只是没有得到理论层面的解释。当然,我们需要承认,不是所有优秀的教学设计都是在科学取向教学论的指导下完成的,但凡是优秀的教学设计都可以通过科学取向教学论进行解释并经得起教育教学实践的检验。这些优秀的教学设计之所以没有达到技术层面,而仅仅停留在经验层面难以推广,就是因为缺乏基于教育学和心理学理论的诠释与概括。

　　国内外以研究教学规律为对象的理论,大致分为两大类:一类是依据哲学和经验总结所提出的理论,被称为哲学取向教学论;另一类是依据科学心理学,尤其是学习心理学和实证研究提出的理论,被称为科学取向教学论。"科学性"是高效教学行为的前提与归宿,使教师在教学组织与教学实施方面更具有合理性。因此,构建科学取向的教学设计能力培养体系是必要的。

　　随着现代认知心理学的发展,科学取向教学论取得了丰硕的成果,形成了更为科学、规范、具体的教学设计体系,为教师的教学设计提供了充分的心理学依据。从 20 世纪 80 年代起,"学与教的心理学原理在中小学学科教学中的应用"课题组经过三十多年的探索,在认知观和学习观的基础上提出了"学习分类与目标导向教学理论",并运用这一理论在中小学课堂教学实践中推广、验证、总结,探索创建了中小学学科教学论新体系。2004 年出版的《数学学习与教学设计》就是这一理论在学科应用研究中取得的成果之一,为数学学习与教学研究提供了"科学性"的参考。

　　值得一提的是,理论的发展从未停滞。2001 年修订版布卢姆教育目标分类学(D. R. Krathwohl & L. W. Anderson)(以下简称"修订版分类学")正式公布,2010 年相关译著在我国出版。至此,科学取向教学论迎来了新的发展契机,从知识类型和认知过程两个维度陈述教学目标,运用分类表对教学目标、教学活动、教学评估进行一致性分析是修订版分类学的主要贡献。总的来说,与原版分类学相比较,修订版最大的特点是它在分类学视野下更好地回答了以下三个问题:第一,你把学生带到哪里(教学目标);第二,你怎样把学生带到那里(教学过程);第三,你怎么确信你已经把学生带到了那里(教学评估)。相应地,教学设计除了要建立学习结果类型与学习条件间的联系,学习结果类型与教学方法间的联系,还要建立教学目标、教学过程与教学评价的联系。

　　2014 年,课题组赴广州市花都区开展调研工作,并对修订版分类学在数学学科中的应用展开前期探索,向理论的本土化和数学化研究迈出重要的一步。课题组历时两年针对不同课型开展应用研究,征集教学设计百余份,并在此基础上开发出新授课、复习课以及试卷讲评课的教学设计模板。修订后的书稿主要体现出以下几方面变化：（1）构建数学学习结果目标体系；（2）基于修订版目标分类学进行目标陈述；（3）在教学策略中补充起点能力分析，使能目标分析，内外部条件分析，以及教学目标、教学过程与教学评价的一致性分析；（4）形成新的教学设计模板，并在不同章节的案例分析中加以运用；（5）取消中学卷的限制，对科学取向的数学教学论在不同学段（小学、初中、高中）数学学习中的应用进行探索；（6）权衡三大内容领域：数与代数、图形与几何、统计与概率；（7）兼顾三大课型：新授课、复习课、试卷讲评课；（8）刻画了数学问题解决在不同发展阶段的认知过程，探明不同阶段所需要的内部条件和外部条件。

本书由以下四部分构成：

第一，总论。这部分论述了数学教学目标，数学教学的任务分析，陈述性知识向程序性知识转化的模型以及学习者。

第二，数学基础知识和基本技能的学习与教学。这部分论述了数学陈述性知识、数学概念、规则的学习过程和条件。

第三，数学高级技能和情感态度的学习与教学。这部分论述了数学认知策略、数学问题解决、数学情感态度的学习过程和条件。

第四，学习的测量评价与诊断补救。这部分内容包括学生学习结果的测量与评价，以及教师教学行为评价与学生学习困难的诊断补救。

本书由北京师范大学张春莉教授及其博士生马晓丹（现任北京教育学院教师）共同完成。重庆市北碚区教师进修学院张泽庆为本书修改、点评了大量来自一线的教学设计。张春莉教授的访问学者、博士生及硕士生方燕妮、宗序连、贺李、王艳芝、王雨露、杨雪、陈昕彤、祖菲阳参与了本书的校对工作。

在整合国外先进理论和国内优秀实践经验的基础上，本书构建了一个基于当代认知心理学的数学教学论的新体系。为了更清楚地阐明理论，我们在每一章运用了2—3个教学案例作进一步阐述。这些案例既包括京粤两地教师进行现场研究课的教学设计，还包括广州市花都区教育局协助征集的优秀教学设计。在此，特别向案例的原创者与征集单位表示深深的谢意！本书可以用作中小学数学教师的培训教材。所涉及的理论成果已充分结合数学学科的特点，并给出具体的数学例子，方便老师们举一反三。具体使用时，万不可生硬照搬，而是要在基本教育经验的基础之上寻求更为行之有效的教学设计路径，教师应在研读教材的基础之上，明确数学学习结果的层级关系，引导教师组织教学内容；基于教师对学生的学情分析，指导教师设计符合学生认知发展规律的教学；根据教师对教法的了解，建立起数学学习结果与教学方法的联系。

张春莉、马晓丹

第一部分
总　论

第一章　数学教学目标

现代教学设计理论强调用教学目标来指导课堂教学活动过程安排和教学结果评价。本书称这种教学设计为目标导向教学设计。为此,本书第一章要探讨现阶段我国数学教学目标的分类、教学目标的设置,以及如何用可以观察和测量的行为来陈述具体的课堂教学目标。

第一节　对数学教学目标的认识

一、 两种教学目标分类系统

(一)两种分类系统概述

20 世纪 50 年代前,心理学家尝试将低级学习研究中得出的结论推广到人类的高级学习。后来证明,这些想法是片面的。第二次世界大战期间,随着军事人员训练的开展,心理学家意识到在人员培训时必须对学习任务进行分析,而且不同的学习任务需要用不同的学习理论来解释。1972 年,加涅(R. M. Gagne)在《学习的条件和教学论》一书中提出学习结果分类理论,根据内部心理实质和外部行为表现的不同,将学生的学习结果分为 5 类:言语信息、智慧技能、认知策略、动作技能和态度。其中言语信息、智慧技能和认知策略是认知领域的学习结果。加涅进一步针对每种学习结果给出了有效学习的条件,包括内部条件和外部条件[①]。

美国教育心理学家布卢姆开发教育目标分类系统的最初目的是改革高校招生的考试内容,所以他的目标分类研究是从认知领域开始的。经过多年研究,布卢姆于 1956 年出版了《教育目标分类学,第一分册:认知领域》。认知领域的目标分为知识、智慧能力与技能两个大类。智慧能力与技能又分为领会、运用、分析、综合和评价。随后他将研究扩展到情感领域(1964 年)和心因动作技能领域(1972 年)。拉尔夫·泰勒(Ralph Tyler)指出:"陈述目标最有用的方式是用术语来表达目标。这些术语表明学生需要发展的行为种类,同时表明行为在其中产生作用的内容。"以泰勒的工作为基础建立起来的教育模型沿用了"行为和内容"的模式。2001 年修订版的布卢姆教育目标分类学正式公布,以"认知过程"替代了"行为",以"知识"替代了"内容"[②]。

(二)两种分类系统的对应关系

根据加涅的观点,能力包括神经性生理功能、习得的认知能力(习得的智力)以及动作技

---

① [美] R.M.加涅(R. M. Gagne).学习的条件和教学论[M].皮连生,等,译.上海:华东师范大学出版社,1999.
② L.W.安德森(Lorin W. Anderson).学习、教学和评估的分类学:布卢姆教育目标分类学修订版(简缩本)[M].皮连生,主译.上海:华东师范大学出版社,2008.

能,其中,习得的认知能力包括语义知识、智慧技能和认知策略。这里的语义知识是按照命题网络的形式存储与提取的,对应加涅的学习结果中的言语信息。可见,加涅在认知领域的学习结果可以看作是对习得的认知能力进行的划分。

新修订的布卢姆教育目标分类学吸收了认知心理学对于知识、技能和能力的研究成果,将认知领域的知识内容分为四类:事实性知识、概念性知识、程序性知识以及元认知知识。信息加工学认为,广义的知识按照信息存储编码方式的不同分为陈述性知识(命题与命题网络编码)和程序性知识(产生式规则编码)。其中,陈述性知识对应加涅学习结果中的言语信息,也就是狭义的知识。而这里的程序性知识则是包括元认知知识在内的广义的技能。可见新修订的布卢姆教育目标是在认知领域对广义的知识进行的划分。修订者将认知过程分为六个水平,由低到高依次是记忆、理解、运用、分析、评价、创造。新的智育目标观认为,智育目标就是学生获得的广义的知识达到不同的认知水平。最低的智育目标就是知识的记忆水平,最高的智育目标是知识的创造水平。

能力是指潜在于个体身上并通过某种身心活动或学习活动所表现出来的个体特征,是遗传与学习相互作用的结果[1]。若将能力限于后天习得,那么能力将等同于广义的知识。因此,后天习得的能力与广义的知识是同质性的概念,加涅的学习结果分类理论和修订版布卢姆教育目标分类学是从不同的角度论述相同的问题,两者相辅相成。如表 1-1 所示,表的左侧是知识维度,对应学习之前可以外显的静态知识,表的上面一行是认知过程,对应学习所达到的不同的认知水平。左侧的某一类知识与某一认知水平结合即为一种学习结果,这些学习结果的总和就是加涅学习结果分类学说中认知领域的三种学习结果:言语信息、智慧技能和认知策略。可见,将两大分类系统对应起来,揭示的是从学习之前书本上外显的知识到学习之后习得的能力之间的关系,它有助于挖掘学习的心理过程;而反过来将已经内化的能力还原到广义的知识层面上去解释,则有助于解决教学设计的问题。

表 1-1　新修订的布卢姆教育目标与加涅的学习结果的对应关系

	记忆	理解	运用	分析	评价	创造
事实性知识	言语信息					
概念性知识			智慧技能			
程序性知识						
无认知知识			认知策略			

二、 数学教学目标

现代教学设计技术是在行为主义学习理论和现代认知心理学学习理论的基础上发展起来的一门教学技术。当前国际上流行的教学设计理论一致认为,教学过程、方法、教材、教学媒体

① 吴红耘.修订的布卢姆目标分类与加涅和安德森学习结果分类的比较[J].心理科学,2009,32(04):994-996.

等的设计必须针对一定的教学目标。虽然当前某些建构主义者反对教学中有固定的目标,但这种观点不能为多数理论与实际工作者认同。在中国教学改革(包括数学教学改革)中,人们对教学目标是什么以及教学目标对教学设计有什么作用的认识有一个不断发展的过程。

(一) 从教学大纲到课程标准的转变

中小学设置的某门课程应达到什么目标,国家可以提出一些原则性意见,如传授知识技能,发展学生智力,培养学生辩证唯物主义思想等,但教师看了这种笼统的描述,无法把目标落实到具体教学行为之中,于是就出现了教学大纲。教学大纲规定要教的主要内容领域,同时也提出一些知识与能力以及学习态度方面的要求。为了便于读者了解我国中小学数学教学目标的变化,表1-2、表1-3分别整理了我国1950—2000年小学和中学数学教学大纲的演变情况。

表 1-2　我国 1950—2000 年小学数学教学大纲演变的基本情况

大 纲 名 称	教 学 目 的
小学算术课程暂行标准(草案)(1950)	1. 增进儿童关于新社会日常生活中数量的正确观念和常识; 2. 指导儿童具有正确和敏捷的计算技术和能力; 3. 训练儿童善于运用思考、推理、分析、综合和钻研问题的方法和习惯; 4. 培养儿童爱国主义思想,并加强爱科学、爱护公共财物等国民公德。
小学算术课程暂行标准(草案)(1952)	1. 保证儿童自觉地和巩固地掌握算术知识和直观几何知识,并使他们获得实际运用这些知识的技能,使数字和量度成为掌握在儿童手中籍以认识周围事物的工具; 2. 培养和发展儿童的逻辑思维,使他们理解数量和数量间的相依关系,并能作出正确的判断; 3. 培养儿童计算的熟练技巧、自觉的劳动态度、自觉的纪律性、工作的明确性和准确性等优良品质; 4. 学习解答应用题,使儿童获得分析解答实际问题的初步技能,促进儿童数学思维能力的发展,激发他们的爱国主义情感; 5. 培养儿童善于钻研、创造、克服困难、有始有终等意志和性格。
全日制小学算术教学大纲(草案)(1963)	使学生牢固地掌握算术和珠算的基础知识,培养学生正确地、迅速地进行四则计算的能力,正确地解答应用题的能力,以及具有初步的逻辑推理的能力和空间观念,以适应生产劳动和进一步学习的需要。
全日制十年制学校小学数学教学大纲(试行草案)(1978)	理解和掌握数量关系和空间形式的基础知识。能够正确地、迅速地进行整数、小数、分数的四则运算,初步了解现代数学中某些最简单的思想,具有初步的逻辑思维能力和空间观念,并能够运用所学的知识解决日常生活和生产实际问题。结合教学内容对学生进行思想政治教育。
全日制小学数学教学大纲(1986)	理解和掌握数量关系和空间形式的基础知识。正确、迅速地进行整数、小数、分数的四则运算,具有初步的逻辑思维能力和空间观念,并能够运用所学的知识解决日常生活和生产实际问题,结合教学内容对学生进行思想品德教育。
九年义务教育全日制小学数学教学大纲(试用)(1992)	培养初步的思维能力; 探索和解决简单的实际问题; 使学生具有学习数学的兴趣; 树立学好数学的信心。

大 纲 名 称	教 学 目 的
九年义务教育全日制小学数学教学大纲(试用修订版)(2000)	使学生理解、掌握数量关系和几何图形的最基础的知识; 使学生具有进行整数、小数、分数四则计算的能力,培养初步的思维能力和空间观念,能够探索和解决简单的实际问题; 使学生具有学习数学的兴趣,树立学好数学的信心,受到思想品德教育。 重视从学生的生活经验和已有知识中学习数学和理解数学,重视培养学生的创新意识和实践能力。

表 1-3　我国 1950—2000 年中学数学教学大纲演变的基本情况

大 纲 名 称	教 学 目 的
初中算术精简纲要(草案)(1950)	在学生们的小学基础之上进一步地学习整分小数和比例的运算道理,很熟练地掌握其运算技能,以作为学习自然科学和解决工作及生活上的一些问题之用。因此凡是在学习其他自然科学和工作、生活上所常用的问题就应该多学,反之,就可以少学,甚至可以不学(至于在其他科目中亦可学到的问题,可不妨碍整个课程的进行也可省略不讲);力求精简,以达到"理论与实际联系""学以致用"的目的。
普通中学数学科课程标准草案(1951)	1. 形数知识。本科以讲授数量关系,空间形式,及其相互关系之普通知识为主。 2. 科学习惯。本科教学须因数理之谨严以培养学生观察、分析、归纳、判断、推理等科学习惯,以及探讨的精神,系统的好尚。 3. 辩证思想。本科教学须相机指示因某数量(或形式)之变化所引起之量变质变;藉以启发学生之辩证思想。 4. 应用技能。本科教学训练学生熟习工具(名词、记号、定理、公式、方法),使能准确计算,精密绘图,稳健地应用它们去解决(在日常生活、社会经济及自然环境中所遇到的)有关形与数的实际问题。
中学数学教学大纲(草案)(1952)	教给学生数学的基础知识,并培养他们应用这种知识来解决各种实际问题所必须的技能和熟练技巧。
中学数学教学大纲(修订草案)(1954)	教给学生数学的基础知识,并培养他们应用这些知识解决各种实际问题所必须的技能和熟练技巧。
中学数学教学大纲(修订草案)(1956)	教给学生有关算术、代数、几何和三角的基础知识,培养他们应用这些知识解决各种实际问题的技能和技巧,发展他们的逻辑思维和空间想象力。
十年制学校数学教材的编辑方案(草案)(1960)	使学生掌握参加生产劳动和学习科学技术所必需的数学基础知识,能够运用这些知识熟练地进行运算、绘图和测量;发展学生的逻辑思维和空间想象力,培养学生的辩证唯物主义的观点。
全日制中学数学教学大纲(草案)(1963)	使学生牢固地掌握代数、平面几何、立体几何、三角和平面解析几何的基础知识,培养学生正确而且迅速的运算能力、逻辑推理能力和空间想象能力,以适应参加生产劳动和进一步学习的需要。 初中阶段要求学生在小学算术的基础上,学好实践的代数和平面几何。要求学生掌握实践的代数和平面几何的基础知识,以及三角的初步知识,能够正确、迅速地进行实数和代数式的计算,解一次、二次方程和方程组解应用题,能够正确地解答平面几何的证明题、计算题和作图题,进行一些简易的测量,以适应参加生产劳动和进一步学习高中数学、物理、化学等学科的需要。

大 纲 名 称	教 学 目 的
全日制十年制学校中学数学教学大纲（试行草案）（1978）	使学生切实学好从事现代化生产和进一步学习现代科学技术所必需的数学基础知识，具有正确迅速的运算能力，逻辑思维能力和空间想象能力，从而逐步培养运用数学来分析和解决实际问题的能力。通过数学教学，向学生进行思想政治教育，激励学生为实现社会主义四个现代化学好数学的热情，培养学生的辩证唯物主义观点。
九年制义务教育全日制初级中学数学教学大纲（送审稿）（1989）	使学生切实掌握现代社会中每一个公民适应日常生活、参加生产和进一步学习所必需的代数、几何的基础知识与基本技能，进一步培养运算能力，发展思维能力和空间观念，使他们能够运用所学知识解决简单的实际问题。培养学生良好的个性品质和初步的辩证唯物主义的观点。
九年义务教育全日制初级中学数学教学大纲（试用）（1992）	使学生学好当代社会中每一个公民适应日常生活、参加生产和进一步学习所必需的代数、几何的基础知识与基本技能，进一步培养运算能力，发展思维能力和空间观念，使他们能够运用所学知识解决简单的实际问题。培养学生良好的个性品质和初步的辩证唯物主义的观点。

在 2001 年的基础教育课程改革中，教学大纲改成了课程标准。课程标准是某一门课程预期要达到的教学目标。例如钟启泉等主编的《为了中华民族的复兴为了每位学生的发展：〈基础教育课程改革纲要（试行）〉解读》（华东师范大学出版社 2001 年版）一书引用美国、澳大利亚、加拿大以及亚太经合组织教育部长会议文件，认为课程标准描述的是"学生学习所包括的主要领域及大多数学生在每一领域应达到的学习结果"（引自澳大利亚维多利亚州《课程标准框架》），"课程标准是对我们希望学生在校期间应掌握的特定知识、技能和态度的非常清晰的描述"（引自 1992 年亚太经合组织教育部长会议文件）。因此，课程标准也就是课程教学目标，而教学目标也就是预期的学生学习结果，包括数量和质量两个方面的结果。

把课程教学大纲改为课程标准，这是我国教学改革在认识和实践上的一个进步。因为课程标准不仅为教学实践提供了评价标准，而且也为教材专家开发教材和选择教学策略提供了灵活性。这样，在同一课程标准的指导下，教材专家可以开发不同的教材，同样教师可以在保证教学目标实现的条件下采用不同的教学方法，包括时间安排、资源利用等。在美国，政府只管学校的教学目标是否达到，至于用什么教材、用何种教法，学校有自主权。

（二）对历年数学教学大纲和新课程标准的分析

1. 对历年数学教学大纲的分析

我国小学数学教学大纲主要在算术能力、思维能力、解决实际问题能力以及思想教育上作出了要求。关于计算能力的培养，从要求学生正确、敏捷地计算（1950）、熟练地计算（1952）到明确指出牢固掌握四则运算（1963），运算的具体内容逐渐被明确地指出来。例如1978 年公布的《全日制十年制学校小学数学教学大纲（试行草案）》就首次规定了小学生要熟练掌握整数、小数和分数的四则运算。在思维能力的培养上，我国教学大纲经历了从泛化到精细再到多样化的过程。1950 年颁布的《小学算术课程暂行标准（草案）》要求"训练儿童善于运用思考、推理、分析、综合和钻研问题的方法和习惯"，1963 年开始提出对小学生逻辑思维和空间观念的要求,2000年版的《九年义务教育全日制小学数学教学大纲(试用修订版)》则将"逻辑思维能力"改为"思维能力",而且要求培养学生的非逻辑思维,包括直觉思维、形象思维、求异思维、发散思维和创新思维,从而全面培养学生的思维习惯。关于解决简单的实际问题,则体现出从易到难、从封闭到开放的趋势。1952年颁布的《小学算术教学大纲(草案)》规定让学生学习解答应用题,使儿童获得分析解答实际问题的初步技能。1978年版大纲则将实际问题从生硬的应用题中解放出来,回到日常的生产和生活中,要求学生应用所学知识解决这些实际问题。2000年版大纲在此基础上,还新增了对学生解决问题之前的探索能力的要求。在思想教育上,教学大纲也渗透了数学的德育功能。改革开放前,数学教学兼具思想政治教育的功能,以爱国主义教育为主。1978年的《小学数学教学大纲》将"思想政治教育"改为"思想品德教育",自此以后数学教学开始关注学生数学学习本身所需的品质以及情感态度。

历年中学数学教学大纲一般是先列出数学教学内容领域,如形数知识(1951),算术、代数、几何和三角的基本知识(1956),代数、平面几何、立体几何、三角和平面解析几何的基础知识(1963),代数、几何的基础知识(1989),代数、几何的基础知识(1992);然后在掌握水平以及发展能力和学习态度与思维方法上提出一些要求。如在1956年的大纲中开始提出发展学生的逻辑思维和空间想象力,在1963年的大纲中明确了中学数学教学中传统的三大能力,即计算能力、逻辑思维能力和空间想象能力,这对以后中学数学教学影响很大。1978年的大纲是在"文革"之后为满足当时教育发展的急需而制定的,其中反映的教学观念和提出的教学目标,对后来20年的数学教学产生了很大影响。教学目标的阐述引入了许多新的内容,特别是参考了国际上数学课程改革的某些理念,比如受数学教育现代化的影响,计算能力被表述为运算能力,到1989年空间想象力被表述为空间观念,逻辑思维能力也扩展为包容范围更广的思维能力。至此,数学三大基本能力的表述终于成形。从我国中学数学课程目标演变过程的分析可以看出,随着社会进步和教育的发展,中学数学课程目标也在不断地变化。特别是在不同时期的社会变革中,国家和社会对教育的要求,对学生的培养目标的发展变化,都极大地影响着中学数学课程目标的确定。中学数学课程目标从过去只注重"双基",到现在强调知识、技能和思维几个方面的共同发展。

2. 对2001年课程改革新课程标准的分析

2001年课程改革主要是针对基础教育进行的。下面引述的课程标准是义务教育阶段的,但是它们对高中阶段课程标准的认识也有指导意义。

(1) 对总目标的分析

《全日制义务教育数学课程标准(实验稿)》对总目标作了这样的规定:

通过义务教育阶段的数学学习,学生能够:(1)获得适应未来社会生活和进一步发展所必需的重要数学知识(包括数学事实、数学活动经验)以及基本的数学思想方法和必要的应用技能;(2)初步学会运用数学的思维方式去观察、分析现实社会,去解决日常生活中和其他学科学习中的问题,增强应用数学的意识;(3)体会数学与自然及人类社会的密切联系,了解数学的价值,增进对数学的理解和学好数学的自信心;(4)具有初步的创新精神和实践能力,在情感态度和一般能力方面都能得到充分发展。

这一总目标引导数学改革不仅注意必要的"知识与技能"的习得,而且注意数学知识的实际应用价值,引导学生套用数学思维方式分析社会问题和解决日常生活中的问题。这些提法的方向是正确的。

（2）关于数学课程目标的分类问题

《全日制义务教育数学课程标准(实验稿)解读》指出:"数学课程的总目标被细化为四个方面:知识与技能、数学思考、解决问题、情感与态度。这是《纲要》中'知识与技能、过程与方法、情感态度与价值观'三维目标在数学课程中的具体体现。……值得注意的是,知识与技能目标中首次出现了过程目标——如经历将一些实际问题抽象为数与代数问题的过程;经历探究物体与图形的形状大小、位置关系和变换的过程;经历提出问题,收集和处理数据,作出决策的过程等等。"①

我们认为2001年的课程改革纲要否定了以往过于强调接受学习、死记硬背、机械训练的现状,倡导学生主动参与、乐于探究、勤于动手,重视学习过程和学生的亲身经验,这种改革精神是难能可贵的。但是从现代教学设计原理来看,由于课程教学目标是预期的学生学习结果,我们不能因为重视学习的过程,而把学习结果和学习过程相混淆,甚至把学习过程也归入教学目标(即学习结果)。

3. 对全日制义务教育课程标准(2011年版)的分析

《义务教育数学课程标准(2011年版)》与《义务教育数学课程标准(实验稿)》相比,课程目标的表述更加清晰和全面,这样的处理更有利于教师理解课程目标与开展教学活动。

（1）对总目标的分析

《义务教育数学课程标准(2011年版)》对总目标作了如下规定:

通过义务教育阶段的数学学习,学生能:(1)获得适应社会生活和进一步发展所必需的数学的基础知识、基本技能、基本思想、基本活动经验。(2)体会数学知识之间、数学与其他学科之间、数学与生活之间的联系,运用数学的思维方式进行思考,增强发现问题和提出问题的能力、分析和解决问题的能力。(3)了解数学的价值,提高学习数学的兴趣,增强学好数学的信心,养成良好的学习习惯,具有初步的创新意识和实事求是的科学态度。

与2001年版课标相比,新版课标在总目标上有三个明显的变化②:

一是从"双基"到"四基"的变化。随着经济、社会的发展,一个学习过数学的人只有数学

① 教育部基础教育司数学课程标准研制组.全日制义务教育数学课程标准(实验稿)解读[M].北京:北京师范大学出版社,2002:174-176.
② 王光明,范文贵.新版课程标准解析与教学指导:小学数学[M].北京:北京师范大学出版社,2012:33-39.

的知识和技能是远远不够的，还需要经历数学的思考过程。"基本思想"也就是让学生学会数学地思考，"基本活动经验"就是强调学习的过程和活动体验。"四基"的提出有利于教师关注学生的全面发展，有利于创新人才的培养。

二是在"解决问题"前提出了"发现问题和提出问题"的要求。从教学大纲到课程标准，我们可以发现过去仅仅强调学生解决问题的能力，这很容易导致教师和学生都片面地看重解题，将数学问题简单地等同于课本上的练习题。"但事实上，在现实世界中，有很多问题是蕴含在具体的情境中，表现的形式并不是直接的数学问题，它的'已知'和'未知'是不清楚的，你是否能看到其中的数学，是否发现数学问题或者提出数学问题，这是创新能力的体现。"[①]

三是完善了"情感、态度与价值观"的要求。数学教育作为学校教育的一项内容，就应当有其德育的功能，这也是数学本身对数学学习者提出的要求。一个学习过数学的人，他不仅要对数学有一定的兴趣，还需要有实事求是的科学态度、敢于质疑的批判精神以及坚韧不拔的顽强毅力。另外，认真勤奋、独立自主、合作交流也是学生必备的学习品质，同样需要在学习数学的过程中得到培养和加强。

（2）具体目标的分析

《义务教育数学课程标准（2011 年版）》的具体目标不仅体现在对"知识技能""数学思考""问题解决"和"情感态度"的具体阐述上，还表现为明确规定了三个学段在这四个具体目标上的要求，形成学段目标。学段目标不仅结合学习内容，还考虑了对应学段学生的身心特点，后一学段比前一学段更加深入。这就要求教师在备课过程中，不仅要清楚地了解所教内容在整个义务教育阶段中的地位，还要联系前后学段相关内容的课标要求，避免少教、多教、教得过浅或过深的问题的发生。

三、 数学学习结果分类体系

布卢姆的教育目标分类学修订版吸收了现代认知心理学对知识、技能和能力的认识，解决了陈述性知识向程序性知识转化的问题，实现了对目标、教学和测评一致性的审视。为此，在理论方面，应构建与数学课程标准对接的数学学习结果分类系统，修订与完善数学学科教学目标分类表。

（一）构建与课程标准对接的数学学习结果分类系统

《义务教育数学课程标准（2011 年版）》指出："数学课程应致力于实现义务教育阶段的培养目标，义务教育阶段数学课程目标分为总目标和学段目标，从知识技能、数学思考、问题解决、情感态度四个方面加以阐述。"[②]依据布卢姆教育目标分类学修订版以及加涅的学习结果分类理论，我们可以构建与课程标准对接的数学学习结果分类系统（如图 1-1 所示），从而填补和完善数学课程目标的理论基础。

---

① 王光明，范文贵.新版课程标准解析与教学指导：小学数学［M］.北京：北京师范大学出版社，2012：38.
② 中华人民共和国教育部.义务教育数学课程标准（2011 年版）［M］.北京：北京师范大学出版社，2012.

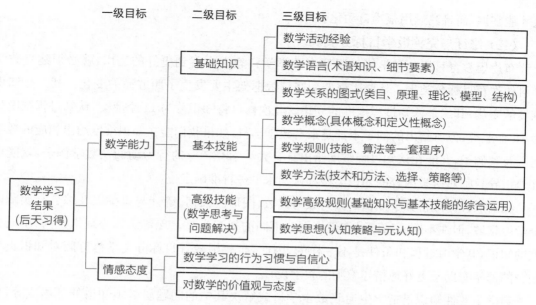

图1-1 数学学习结果分类系统

一级目标：后天习得的数学学习结果被分为数学能力和情感态度两类。其依据是心理学对学习的定义："学习是由练习产生的能力和倾向的相对持久变化。"这里的"倾向"指的是态度(态度是价值内化的结果)；"能力"指后天习得的能力，排除了先天的能力。而布卢姆教育目标分类学修订版中，认知领域习得的能力是四种不同类型的知识(事实性知识、概念性知识、程序性知识和元认知知识)在不同认知水平(从记忆到创造，共六级)上的学习结果。要注意的是，这里的能力是用广义的知识来解释的，而不是用各种能力(观察力、记忆力、思维能力和想象力)来解释的。因为这种用能力来解释能力的做法既未排除能力中的先天成分，又不能正确揭示知识、技能与能力的关系，更未与知识、技能的学习挂钩。

二级目标：在二级目标中，数学能力进一步分为数学基础知识、基本技能和高级技能。这是依据信息加工心理学中的陈述性知识与程序性知识进行的分类。一方面把陈述性知识归为数学基础知识；另一方面把程序性知识归为数学技能，包括基本技能和高级技能。根据学习内容，情感态度又进一步分为数学学习的行为习惯与自信心以及对数学的价值观与态度两大类。前者是学生对自己的数学学习过程的认识，后者是对数学的作用的认识。

三级目标：这一级的目标分类反映了数学学习结果的特点。数学基础知识(即陈述性知识)包括数学活动经验、数学语言以及数学关系图式。数学语言包括数学文字、数学符号以及数学图表三种语言，属于事实性知识中的术语知识、具体细节和要素知识。数学关系图式是有关数学关系的心理模型的知识，也称图式，包括数学知识结构图式和数学问题类型图式。数学基本技能是与数学概念、规则等有关的技能；数学高级技能是与问题解决有关的对外办事的技能和对内调控的技能，前者需要对基础知识和基本技能综合运用，可称为高级规则，后者可称为认知策略与元认知。一般来说，单项数学基本技能在较短时间内能学会，而且通过练习，其运用能够达到相对的自动化；单项数学高级技能需要通过长期多次教学，学生才能掌握，而且其运用很难自动化。

（二）修订与完善数学目标分类表

布卢姆教育目标分类学修订版要在数学学科教学中得到更好的运用，就必须建立数学学科的教育目标分类表。从原版框架到修订版框架主要发生了两方面的变化。其一是知识维度的变化，其二是认知过程维度的变化。此次修订将知识分为 11 个亚类，认知过程维度分为 19 个亚类，但所给出的例子不都是来自数学学科，如果我们能在知识维度给出相应的数学定义及其例子，并能在认知过程维度给出具有数学学科特点的行为动词及数学例子，就能更好地指导教师对所教内容的知识类型和认知水平进行准确定位。

我国课程标准将数学知识划分为数与代数、图形与几何、统计与概率以及综合与实践四个学习领域，但在不同领域下没有继续划分不同的知识类型。现代认知心理学认为，不同类型的知识，其学习过程和条件是不一样的，因此，布卢姆教育目标分类学修订版对知识类型划分的框架有助于更好地指导教师的教学设计。

数学事实性知识是指学生通晓数学学科或解决其中的问题所必须知道的基本成分，包括数学术语知识——特殊的标记与符号，如圆、值域、平行等术语，$>$、$\cong$ 等符号及其写法等；还包括具体的数学细节和要素知识，相比术语知识，则是一些非常精准或具体的信息，如 $\sqrt{12}$、对数表等。数学事实性知识的学习到达任何一个水平都属于陈述性知识。需要指出的是，达到创造水平也只是事实性知识在较高认知过程中的应用，并没有对事实性知识本身进行创造，比如圆周率，该事实性知识的本质没有发生变化。

数学概念性知识是指在一个相对较大的数学体系内共同作用的基本要素之间的关系，包括关于数学分类和数学类别的知识，如平行四边形的概念、梯形的概念等；包括数学原理和通则知识，如加法交换律、加法结合律、乘法分配律等；以及数学理论、数学模型和结构知识，如几何公理、问题模型、数学知识网络结构。数学概念性知识在记忆和理解水平上属于陈述性知识，达到运用水平以上则要进一步划分。数学分类和数学类别知识达到运用水平属于程序性知识中的概念；数学原理和通则知识、数学理论、数学模型和结构知识达到运用水平则对应程序性知识中的规则；数学概念性知识的学习达到分析及以上水平时，就形成程序性知识中的高级规则。

数学程序性知识是关于解决问题、探究问题的数学方法以及运用技能、算法、技术和方法的标准，包括数学学科的技能和算法的知识，如整数除法的算法；还包括图像法、换元法等数学方法；以及决定何时运用适当程序的标准的知识，比如代入消元法、加减消元法在什么时候使用甚至综合使用更合适。数学程序性知识在记忆和理解水平处于陈述性知识阶段，达到运用水平则转化为基本技能，达到分析及以上水平则形成高级技能。

数学元认知知识是指有关数学学科的认知知识和有关人的认知意识的知识。这就包括与数学相关的策略性知识，如根据测验类型，通过代入特殊值结合排除法判断选项；又包括有关认知任务的知识，如知道适当的背景知识和条件知识；还包括对自我的认识，如了解自己的数学学习水平，知道自己数学学习的长处和短处。元认知知识在记忆、理解水平作为陈述性知识来学习;达到运用水平才能转化为程序性知识;达到分析及以上水平是高级技能,这类知识需要在长期的活动经验中不断积累。

我国数学课程标准也是通过行为动词来表示结果目标的认知水平,其中《义务教育数学课程标准(2011 年版)》(以下简称"《课标》")的认知水平分为四级,即了解、理解、掌握、运用①。然而《课标》并没有对认知水平的内涵作详细的界定,也没有给出更多的可替代行为动词,更没有清晰地揭示出其心理学实质。为了更好地充实课程标准的心理学基础,需要针对数学学科的特点,将《课标》中的认知水平与布卢姆教育目标分类学修订版中的认知水平对应起来(见表 1-4)。

表 1-4　义务教育阶段和高中阶段数学学习认知过程

内部心理动词及含义		外显行为动词	
义务教育阶段	高中阶段	代表性动词	可替代的动词
了解		1.1　再认 1.2　回忆	识别 提取
理解		2.1　解释 2.2　举例 2.3　分类 2.4　概要 2.5　推论 2.6　比较 2.7　说明	澄清、释义、描述、转换 例示、具体化 类目化、类属 抽象、概括 结论、外推、内推、预测 对照、匹配 建模、映射
掌握	掌握	3.1　执行 3.2　实施	贯彻 使用
运用(综合运用)		4.1　区分 4.2　组织 4.3　归属	辨别、区别、集中、选择 发现、连贯、整合、列提纲、结构化 解构
		5.1　核查 5.2　评判	协调、查明、监测、检测 判断
		6.1　产生 6.2　计划 6.3　生成	假设 设计 建构

《课标》中的"了解"包括两层含义,其一是举例说明对象特征,其二是根据特征辨认出对象,对应的认知水平是"记忆";《课标》中的"理解"通过强调对象与相关对象间的联系建构意义,与布卢姆教育目标分类学修订版中的"理解"是一致的;《课标》中的"掌握"是在"理解"的基础之上,把对象用于新的情境,对应的认知水平是"运用";而《课标》中的"运用"指的是综合使用已掌握的对象,选择或创造适当的方法解决问题,认知水平显然已经达到分析及以上的水平。需要补充说明的是,《普通高中数学课程标准》是将认知水平分为了解、理解和掌握

① 中华人民共和国教育部.义务教育数学课程标准(2011 年版)[M].北京:北京师范大学出版社,2012.

三级,这里的"掌握"相当于《课标》中的"掌握"和"运用",即对应运用及以上水平。布卢姆教育目标分类学修订版中的认知过程及其亚类丰富了《课标》对结果目标行为动词的解释,所给出的替代名称可以使教师在教学设计时对目标的描述更加准确、具体。

第二节　课堂教学目标的设置与陈述

一、教学目标的设置

教师拿到教材会发现,教材对教学的内容作了描述,但一般没有明确的教学目标。教师在教学设计时应根据教学任务与学生的现有水平设置适当的教学目标。如前所述,在教学目标中,知识被分为三个小类,智慧技能也分为四小类,数学思想方法也可以分为若干小类,同时还有数学问题解决与情感态度领域的目标。教师运用手中的教材要达到哪类或哪几类教学目标呢? 教师必须根据学生的现有水平作出适当选择,而且某一智慧技能或思想方法(在现代认知心理学中被称为认知策略和元认知)的学习又要经过理解、变式练习与迁移三阶段。这也是教师在设置教学目标时需要仔细考虑的方面。

根据现代教学设计技术奠基人加涅的观点,中小学教学设计应以智慧技能为中心,数学教学设计更应如此。也就是说,数学教学设计以数学概念、规则和高级规则的教学为中心。认知策略的教学不能离开智慧技能的教学,应渗透到智慧技能的教学中。在数学学习中,单纯陈述性知识学习的情形很少。但现代认知心理学认为,作为程序性知识的智慧技能,其前身是陈述性知识,也就是说它们最初是以陈述性知识形式习得的,但最终要转化为智慧技能(即程序性知识)。因此,数学教师必须懂得现代学习心理学原理,知道数学学习结果的分类,理解知识(陈述性知识)向技能(主要是智慧技能)转化的原理。只有在这样的理论背景下,才能掌握现代教学设计中的目标设置与目标陈述技术。

二、教学目标陈述技术

心理学家称传统方式陈述的目标是用"不可捉摸的词语"(magic word)陈述的目标。这样陈述的目标很难起导教、导学和导测评的作用,西方教育心理学界为此发起了克服教学目标含糊性的运动。下面简单介绍五种克服教学目标含糊性的理论与陈述技术。[①]

(一)马杰的行为目标陈述技术

马杰(R. F. Mager)1962 年根据行为主义心理学提出行为目标(behavioral objectives)的理论与技术。行为目标有时也称作业目标(performance objectives),指用可观察和可测量的行为陈述的目标,并认为陈述得好的行为目标具有三个要素:一是说明通过教学后,学生能做什么(或说什么);二是规定学生行为产生的条件;三是规定符合要求的作业标准。例如,

① 皮连生.学与教的心理学[M].上海:华东师范大学出版社,1997:228-232.

"通过教学培养学生的分析能力"这一传统的教学目标陈述过于含糊,不可能给教学及其评价提供具体指导,若用行为目标,则陈述为"提供一段文字描述的应用问题情境,学生能将问题情境中与解决该问题有关的数据和无关的数据区分开来,至少85%的数据区分得正确"。

不过,后来的心理学家认为,行为目标的第三个条件可以在测量的时候考虑,目标陈述时可以省略。行为目标强调学习之后的行为变化及其变化条件。它的一般模式是行为主义心理学的刺激-反应模式。也就是说,它要求陈述提供什么条件(刺激)和学生能做什么(行为)。只要将刺激和反应规定得具体,则陈述的目标也就具体了。

行为目标虽然避免了用传统方法陈述目标的含糊性,但它只强调行为结果而未注意内在的心理过程,教师可能因此只注意学生外在的行为变化,而忽视其内在的能力和情感的变化。例如,假定我们的目标是培养学生热爱数学的情感,按行为目标的要求,是希望学生能在其数学日记中描述几项数学在生活中应用的例子。如果教师只着眼于学生的行为,而忽视支持这些行为的内在情感过程的变化,则教学可能停留于表面形式。

(二)内部过程与外显行为相结合的目标陈述技术

为弥补行为目标陈述的不足,格兰伦(N. E. Gronlund)提出了内部过程与外显行为相结合的目标陈述技术。学习的实质是内在心理的变化,教育的真正目标不是具体的行为变化,而是内在的能力或情感的变化。教师在陈述教学目标时首先要明确陈述如记忆、知觉、理解、创造、欣赏、热爱、尊重等内在的心理变化,但这些内在的变化不能直接进行客观观察和测量。为了使这些内在变化可以观察和测量,还需要列举反映这些内在变化的行为样品。例如,"绝对值的意义"的教学目标可以这样陈述:(1)用自己的话解释绝对值的公式 $|a|=\pm a$ 的含义;(2)能计算出绝对值的值(绝对值符号内不含字母),95%计算正确。

这样陈述的教学目标强调教学的总目标是"理解",而不是表明"理解"的具体行为实例。这些行为实例如"解释""计算",只是表明理解的许多行为中的行为样品。这样就避免了严格的行为目标只顾及具体行为而忽视内在心理过程变化的缺点,也克服了传统方法陈述目标的含糊性。

(三)加涅的作业目标陈述技术

当一种外部行为表现可能是多种内在能力或倾向的指标时,加涅主张按他的五成分目标陈述方式陈述。这种陈述方式的关键是区分两类动词:一类是表示内部能力或倾向的性能动词;一类是表示外部的可观察的行为的行为动词。行为动词是表示学生业已掌握的行为,已习得的内潜的性能要通过这种行为才能表现出来,才能被观察到。行为动词描述的行为就是内部性能的外在指标。这样,通过将行为与具体的性能联系在一起,就对学习结果进行了行为描述。加涅的目标陈述的五种成分是:表示习得性能的动词;表示外部行为变化的行为动词;表示学习者行为操作内容的对象;表示行为所处环境的情境以及行为所需要的工具限制或特殊条件。例如,对"边界"这一概念,其目标陈述的方式是:给予一些关于线的描述的例子,有的线规定了范围,有的则没有(情境)。通过选择(行为动词)出符合定义的例子,表明学生能分类(性能动词)出边界(对象)。在这一目标中的"分类"就是性能动词,它表明该目标类型是定义性概念。"选择"是行为动词,是学生已经掌握的行为,是学生掌握定义性概念后的外在行为表现。通过行为动词,我们可以知道测量学生的何种行为就表明该目标已习得;通过性能动词,我们可以知道该目标的学习结果类型,进而可以知晓其习得的内外条件及相应的教学方法。这样看来,在目标陈述中引入两个动词,就可以解决测量与教学方法选择的问题。

不过,加涅的这种目标陈述方式比较复杂,不仅陈述有困难,而且应用也不方便,但其中对性能动词和行为动词的区分,则是十分可取的。因此,中国的一些学者提出,在陈述课堂教学目标时,先从心理学的角度对陈述的目标进行分类,用性能目标指出该目标的学习结果类型,从而找到其习得的规律和相应的教学方法,在此基础上,行为部分要用加涅所讲的行为动词来陈述,解决测量所要求的可观察和可测量的要求(见表1-5)。

表1-5　反映不同能力类型的动词及其陈述的目标举例

能　力	性能动词	例句(划线的字为行为动词)
智慧技能:		
辨别	区分	比较法语发音"U"和"OU",从而辨别发音。
具体概念	识别	通过说出代表性植物的根、茎、叶来识别之。
定义性概念	分类	运用定义对概念族系进行分类。
规则	演示	通过解答口述的例子,演示正负数的加法运算。
高级规则(问题解决)	生成	综合可利用的规则,生成一段描述人们在害怕情境下的行为的文章。
认知策略	采用	采用想象一幅上海地图的策略,把回忆出的各区写成一张表。
言语信息	陈述	口头上陈述1932年总统选举中的几个较大的问题。
动作技能	执行	通过倒车到车行道上来执行这一任务。
态度	选择	选择打高尔夫球为休闲活动。

(四) 表现性目标陈述技术

有时,人的认识和情感变化并不是参加一两次教育活动以后便能立竿见影的,而且教师也很难预期一定的教育活动后学生的内在心理过程将会出现什么变化。在情感与态度方面,这种情况尤为明显。为了弥补上述陈述目标方法的不足,艾斯纳(E. W. Eisner)提出表现性目标(expressive objectives)。这种目标要求明确规定学生应参加的活动,但不精确规定每个学生应从这些活动中习得什么。比如在三角形内角和的探索活动中,要求学生客观地报告所测量出的三角形中三个角之和的数据,而不要精确规定每个学生都应从这个活动中学习一种实事求是、尊重数据的理性精神。心理学家认为,这种目标只能作为教学目标具体化的一种可能的补充,教师千万不能依赖这种目标,不然,他们在陈述目标时又会回到传统的老路上去。

(五) 修订版布卢姆教育目标分类学的目标陈述

布卢姆(1956)将认知领域的教学目标,分为由低到高的六个层次,分别为知识、领会、运用、分析、综合、评价。20世纪90年代,原布卢姆教育目标分类学的作者之一克拉斯沃尔

(D. R. Krathwohl)与安德森(L. W. Anderson)开展了对 1956 年版的认知目标分类学的修订工作,并于 2001 年正式公布。新修订的布卢姆教育目标分类学吸收了认知心理学对于知识、技能和能力的研究成果,将认知领域的知识内容分为四类:事实性知识、概念性知识、程序性知识以及元认知知识;将认知过程分为六个过程,由低到高依次是记忆、理解、运用、分析、评价、创造(见表 1-6)。新的智育目标观认为,智育目标就是学生获得的不同类型的知识达到不同的认知水平。最低的智育目标就是知识的记忆水平,最高的智育目标是知识的创造水平。

表 1-6 分 类 表

知识维度	认知过程维度					
	记忆	理解	运用	分析	评价	创造
事实性知识						
概念性知识						
程序性知识						
元认知知识						

修订版的分类学还将这六个认知过程进一步细分为不同的亚类,并给出了可替代的动词(见表 1-7)。

表 1-7 修订版布卢姆教育目标的认知过程及其亚类

认知过程	亚 类	同 义 词
1. 记忆	1.1 识别	辨认
	1.2 回忆	提取
2. 理解	2.1 解释	澄清、释义、描述、转化
	2.2 举例	示例、实例化
	2.3 分类	归类、归入
	2.4 总结	概括、归纳
	2.5 推断	断定、外推、内推、预测
	2.6 比较	对比、对应、配对
	2.7 说明	建模
3. 运用	3.1 执行	实行
	3.2 实施	使用、运用
4. 分析	4.1 区别	辨别、区分、聚焦、选择
	4.2 组织	发现连贯性、整合、概述、分解、构成
	4.3 归因	解构
5. 评价	5.1 检查	协调、查明、监控、检验
	5.2 评论	判断

认知过程	亚　类	同　义　词
6. 创造	6.1　产生	假设
	6.2　计划	设计
	6.3　生成	建构

评估可以与分类表结合是此次修订工作的又一重要成果。一方面,我们可以结合目标和教学活动的认知水平设置评估的内容,另一方面,也可以根据评估的水平重新调整教学活动。这使得新修订的布卢姆教育目标分类学在评估上具有了一个新的特点,即可以审视目标、教学活动、教学评估的一致性问题。一致性的结果可以分为三类:目标、教学活动和评估三者完全一致;目标、教学活动和评估中有二者一致;只为了促进某个中间目标,而不需要评估的教学活动。一般来说,分类表期望目标、教学活动和评估三者完全一致,这时其一致性最强。但分类表也允许有两者一致的情况。比如,有些目标并不是其一节课的目标,而是长期的目标。这时就会出现没有目标却有相应的教学活动的情形。另外,一致性问题告诉我们,教学活动可以走在评价之前,即教学过程允许教学活动的水平高于评价水平的情况。这也正是《论语》中"取乎其上,得乎其中;取乎其中,得乎其下;取乎其下,则无所得矣"的道理。教师的教学活动可以在目标要求的基础之上,根据学生的实际能力,适当提高一个层次,以保障学生达到预定的教学目标。

基于上面的讨论,本书的目标陈述将从以下四个方面予以重视:

第一,教学目标和学习结果是同质性概念,教学目标陈述的是学生的学习结果(包括言语信息、智慧技能、认知策略、动作技能和情感或态度)。教学目标不应该陈述教师做什么,而应该陈述通过教学后学生会做什么或会说什么。

第二,教学目标的陈述应反映学习结果的层次性。根据加涅的观点,在智慧技能学习中,学习结果的出现存在较严格的层次关系,即概念学习以辨别学习为前提,规则学习以概念学习为前提,高级规则学习以简单规则学习为前提。根据信息加工心理学的观点,作为程序性知识学习的概念和规则必须先经过陈述性知识阶段,然后才能转化为程序性知识,所以教师在教学目标陈述时,既要考虑目标的学习结果类型,又要考虑同一学习结果类型所处的学习阶段。

第三,教学目标的陈述应力求明确、具体,可以观察和测量。尽量避免用含糊的和不切实际的语言来陈述目标。用一些行为动词将会做什么和会说什么具体化,目标陈述就可以具体化。具体来说,加涅的目标陈述中必不可少的三个成分是性能动词、行为动词和对象。缺少性能动词的目标无法揭示学习者的内部心理过程,缺少行为动词的目标不可观察、不可测量。性能动词与行为动词对应学习者的心理过程和外显行为,二者共同作用于行为对象。新修订的布卢姆教育目标分类学中的目标陈述由行为动词和名词两个成分组成,每一个行为动词都是从认知过程及其亚类转化而来。通过行为动词就可以推知该类知识要达到的认知水平,从而准确揭示出学习者的心理过程,其实质相当于加涅的目标陈述中的性能动词。因此,加涅的目标陈述中的三个必要成分与新修订的布卢姆的目标陈述具有相同的本质,二者具备相互转化的条件。从陈述的结构上看,加涅的五成分目标陈述比新修订的布卢姆的目标陈述更为详尽;从精确程度上看,新修订的布卢姆教育目标分类学可以通过 11 个内容亚类和 19 个认知过程的亚类使目标描述更为精准。①

第四,从教学设计和教学评估方面考虑,加涅的学习结果分类与修订版布卢姆教育目标分类学具备相互补充的条件。在教学方面,加涅对教学设计的过程进行了更为充分的论述,而新修订的教育目标分类学中的一致性问题为目标、教学、评估的合理性设置提供了依据。在评估方面,加涅的评价对象包括学生和教学两个方面,侧重于教学,新修订的教育目标分类学中的评估则侧重于学生,可以更加精准地表述学生所处的认知水平。②

① 马晓丹,张春莉.两种教育目标分类系统的比较研究及其启示[J]. 教育研究与实验,2018(02):25-29.
② 同上。

第二章　数学教学的任务分析

任务分析是教学设计中的一项关键技术,也是教师最难掌握的一项技术。本章分三节,先对什么是任务分析,它的起源与发展及其作用等进行概述,然后介绍指导任务分析的理论及其应用,并用实例加以说明。

第一节　任务分析概述

一、任务分析的起源与发展

"任务分析"这个专门术语起源于第二次世界大战期间的军事和工业人员培训。虽然心理学家米勒(R. B. Miller)最早提出任务分析这个术语,但是任务分析作为教学设计中的一个重要环节,其理论和技术的发展主要归功于加涅。加涅自 20 世纪 60 年代起便对学习作分类研究。最初他按高低层次将人类和动物的学习分成八类,他试图找出每类学习的不同条件及其外显行为表现的差异。后来,他进一步按学习的结果将学习分为五类,即言语信息、智慧技能、认知策略、动作技能和态度。因为他认为,教学只不过是为学习的发生创造外部条件,不同类型学习的内部条件一旦被阐明了,那么教学方法的设计便有了可靠的基础。依据不同类型学习结果的不同内部和外部条件,相应进行不同的教学设计,便成了加涅的教学论的灵魂。也正是这个原因,加涅称他的教学论为任务分析教学论。

到 20 世纪末,任务分析已成为一门复杂的技术。例如,1999 年美国著名教学设计专家乔纳森等三人(D. H. Jonassen, M. Tessmer & W. H. Hannam, 1999)合著了一本关于任务分析的著作《教学设计中的任务分析方法》。书中介绍了 21 种已得到认可的任务分析方法,其中 4 种适用于工业和动作技能培训,3 种适合课堂教学和有指导的学习,5 种适合认知任务分析和人工智能开发,5 种适合教材开发。另外 4 种分析方法是在苏联心理学家的活动理论和现代建构主义学习论的基础上发展起来的,适合开放性的或建构主义的环境设计。任务分析是一门复杂的教学设计技术,有多少学习理论就会产生多少相应的任务分析方法。因此,乔纳森说:"任务分析有许多定义,这要看任务分析的目的,任务分析的情境以及由谁来进行分析。"他转引哈里斯(T. Harless, 1979)的话说:"从把作业由整体到细节分解为许多层次"一直到"前后分析、掌握作业和标准的描述,将工作任务分解为许多小步子和考虑解决操作问题的潜在价值"都可以列入任务分析的定义之中。

我国教育心理学家皮连生于 20 世纪 80 年代中期将任务分析的思想引入数学与语文教学设计。例如,他根据奥苏伯尔的有意义言语学习理论中的分类思想,对当时全日制小学十年制数学课本《数学》第9册中的"圆的周长和面积""圆柱"两个单元的教材内容作了学习分类研究。研究结果表明,上述教材需要学生掌握的内容和结果可以概括为表2-1。

表2-1　数学内容领域与学习结果类型

教学课题名称	概　念	规　则	具体认识
1. 圆的认识	圆(半径、直径、圆心) 圆的对称性和对称轴	$r = d/2$ $d = 2r$	符号d,r,O分别代表直径、半径和圆心
2. 圆的周长	圆的周长	$C = 2\pi r = \pi d$ $\pi = C/d = 3.14\cdots$	圆周率的符号是π;我国古代数学家祖冲之最早计算圆周率精确到3.141 592 6至3.141 592 7之间
3. 圆的面积	圆面积 环形和环形面积	$S = \pi r^2$ $S = S_{外圆} - S_{内圆}$	S代表面积
4. 扇形	扇形 扇形面积 圆心角、弧	$S_{扇} = \dfrac{\pi r^2}{360} \times n$	n代表圆心角的度数
5. 圆柱体的表面积	圆柱(底面、侧面、高) 圆柱的表面积(包括底面积和侧面积) 圆柱的底面周长	$S_{表} = S_{底} \times 2 + S_{侧}$ $S_{侧} = Ch$	h代表圆柱体的高
6. 圆柱体的体积	圆柱体的体积	$V = S_{底}h$	V代表体积

通过这样的分析,教师明确了这两个单元要教的是哪些概念,哪些规则以及哪些事实性知识。至于怎么教,则要研究学生怎么学。怎么学又分两个方面:第一,学生如何理解上述概念和规则,奥苏伯尔的同化论正是为解决学生理解(用奥苏伯尔的话语来说是"有意义学习")而提出的;第二,学生怎样将理解了的概念和规则转化为办事的技能,加涅的智慧技能层次论和信息加工心理学的产生式理论可以有效地指导知识向技能转化的教学。通过与教师合作进行的教学实验研究表明,任务分析的思想可以促进教师的教学技能提高[①]。

此后,在邵瑞珍主编的高等师范院校教材《学与教的心理学》、皮连生著的《智育心理学》、皮连生主编的《教学设计:心理学的理论与技术》中都有专门章节介绍任务分析的理论和技术。

二、 任务分析的含义及其作用

(一) 任务分析的含义

任务分析也称作业分析,是一种教学设计的技术,指在开始教学活动之前,预先对教学目标规定的、需要学生习得的能力或倾向的构成成分及其层次关系详加分析,为学习顺序的安排和教学条件的创设提供心理学依据。

鉴于任务分析是一项复杂的技术,不同教学设计专家因使用任务分析这项技术的目的不同,对其定义也不同。本书引入任务分析的目的是为教师教学策略的选择与开发提供学

---

① 皮连生.认知结构同化论在几何概念与规则教学中的应用初探[J].华东师范大学学报(教育科学版),1986(01): 39-48.

习心理学依据,使他们的教学行为符合"学有定律,教有优法"的原理。考虑到我国广大教师对任务分析这项技术十分陌生,所掌握的学习理论基础薄弱,这里的任务分析主要要求教师在进行课堂教学设计时要做好以下几项工作。

第一,对蕴含在教学目标中的学习结果进行分类。也就是要明确指出学生的学习结果属于本书第一章列出的数学学习结果分类中的哪一类或哪几类(必要时还要指出学习所处的阶段)。做好这项工作的前提是科学和规范地陈述教学目标。

第二,根据需要,选择某种学习理论(如奥苏伯尔的同化论、加涅的智慧技能层次论、信息加工心理学的理论和图式理论等),分析实现预期的学习结果的过程和条件。这里主要分析学生必须具备的内部条件(包括必要条件和支持性条件)。如学习乘法之前,必须掌握加法,掌握加法是乘法学习的必要条件;学生的学习动机、态度等是一般的支持性条件。前者需要针对具体教学任务进行分析,后者为一般条件,不需要针对具体任务进行分析,所以内部条件的分析又以必要条件分析为主。必要条件在终点目标之前习得,它们构成实现终点目标的使能目标。使能目标就是使终点目标得以实现的先前习得的结果,又称这种目标为子目标。

第三,如果一个终点目标的实现需要若干子目标,那么这些子目标可能会形成不同的结构式层次关系。教师应通过任务分析,清晰地勾画出它们的关系。例如图2-1描绘的是数量比较的概念图式关系,图2-2描绘的是整数减法的程序图式关系。一旦这种关系被分析

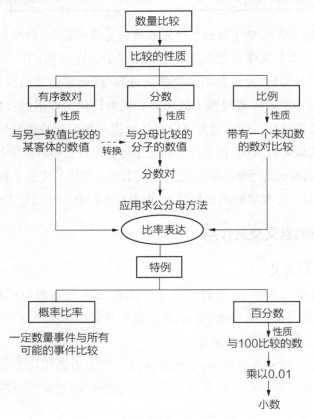

图2-1 数量比较的概念图式

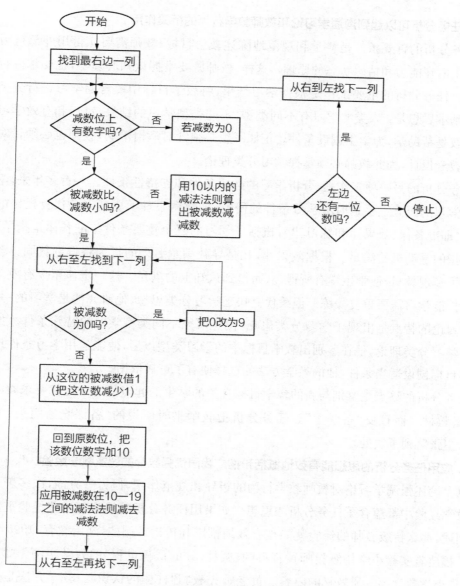

图 2 – 2 整数减法的程序图式

清楚以后,教学的顺序问题便可以解决。

第四,任务分析要从终点目标逆推,一直分析到学生的起点为止。前面讲学习条件分析都是从起点到终点之间的子目标分析,分析得出的子目标也可以称为过程目标。这种目标也是学习的结果而不是过程本身。学生的起点能力分析是指在实施新的教学之前,对学生已有知识、技能和策略的分析,必要时需要对学生的起点进行测量和诊断。许多教学的失败都是由于学生未达到必要的起点能力,保证学生具备必要的起点能力在数学教学中更为重要。

(二)任务分析的作用

任务分析是教学设计中一项十分复杂的技术,为什么要在我国中小学教师的教学设计中引入任务分析这项技术呢?

1. 任务分析可以起到沟通学习论和教师教学行为的桥梁作用

任务分析的首要条件是科学和规范地陈述教学目标,教师需要懂得用外部行为表现来推测学生内在能力和情感状态的原理。这样,教师既要掌握认知心理学,也要掌握行为主义心理学。任务分析的重要工作是根据学习结果,将教学目标中蕴含的学习进行分类。任务分析的基本思想是:人类的学习有不同类型,不同类型学习的结果、过程和有效学习条件也不同。教是帮助学,为学生创设条件。正如医生必须针对病情治病,教师也必须针对学习类型进行教学设计,为此教师必须掌握学习分类理论。

任务分析的另一项工作是,分析学习的必要条件和支持性条件。一百多年来,学习心理学家对学习的研究主要是揭示学习条件的研究,如教育心理学奠基人桑代克提出的三大学习定律(即准备律、效果律和练习律),概括了学习的三个重要条件。准备律是指学习动机,效果律指的是动机的满足。根据效果律,凡是导致满意后果的行为将得到巩固。教师可以用小步子呈现教材,使学生学有所得,从而得到认知上的满足。这一定律至今有效。练习律指的是技能学习需要重复操练。但桑代克缺乏学习分类思想,他研究的是学习的一般条件。现代学习论的特点是出现了学习分类思想,侧重研究不同类型学习的特殊条件。如果教师掌握了学习分类理论,他在鉴别出教学目标中的学习类型以后,便能运用学习条件理论为实现教学目标创设适当条件,他的教学方法的选择便有了可靠依据。

任务分析的终点是鉴别与新的教学目标有关的学生的起点能力。这就要求教师备课时不仅"备教材",而且要"备学生"。任务分析把教师平时所说的"备课吃透两头(学生和教材)"的主张落到了实处。

2. 应用任务分析的思想能有效地概括和推广我国优秀教师的课堂教学经验

以上论述强调学习论对教师教学行为的指导和规范作用,但另一方面,许多著名特级教师的教学经验中都蕴含了任务分析的思想。如果用任务分析的思想对这些经验重新加以总结和阐述,那么特级教师的经验就能被有效地推广和传播。例如《湖南教育》1995年第4期刊登了福建省实验小学特级教师黄育粤的《圆柱、球的认识过程》的教学实例。"圆柱、球的认识"是小学数学第二册教材的内容。黄老师先教"圆柱体的认识"。教学方法是先呈现圆柱体的正反例。正例有罐头盒、易拉罐、蜡纸桶、小电池等,反例有粉笔、蜡笔等。在呈现正反例时,引导学生讨论:属于圆柱体的物体形状有哪些共同特征?不属于圆柱体的物体是否具有这些特征?最后,引导学生归纳得出:圆柱体有两个面,都是圆形,大小一样,中间粗细一样。接着,利用幻灯片告诉学生如何用图形(其中含实线和虚线)表示圆柱体和球体。教学的最后阶段是通过游戏巩固并检验学生对上述两种形体的认识。

应用任务分析的思想来看这节课,其优点是:

(1) 教育目标明确。黄老师的文章重点介绍了教学过程,未明确陈述教学目标,但教学目标可以从其最后组织的游戏中推测出来,因为该游戏起到教学目标测验的作用。游戏的做法是要求某学生蒙上眼睛,用手摸口袋中的物体(物体中混有圆柱体、球、长方体和不规则形体)。其余学生做裁判:举绿牌表示对的,举黄牌表示错的。设计这一游戏的目的是检验学生能否运用学习过的概念来做事（找出已学过的两种形体）。

（2）教学目标的学习结果分类。根据加涅的智慧技能学习层次论，这节课的教学目标属于智慧技能中的具体概念的学习。

（3）学习条件分析。据加涅的智慧技能层次论，具体概念的学习条件是辨别学习。

（4）学习起点能力分析。入学近一年的儿童在日常生活中已接触过许多属于圆柱体和球体的物体，且有用图画表示物体的经验。

（5）根据任务分析便能导出教学步骤和方法。加涅的智慧技能层次论表明，必须按如下顺序教学：① 从儿童已有的生活经验中引出所教形体的正例和反例；② 引导学生观察比较正、反例；③ 抽象概括同类物体的共同本质特征（概念形成）；④ 如果所学概念有专门的符号表示，则教师直接将符号告诉学生，此类学习属于符号表征学习，是奥苏伯尔有意义学习中的最低层次，没有难度；⑤ 组织游戏，检测学生是否掌握所教的概念。

3. 任务分析有利于教师领会和贯彻新课程标准的精神

为了克服传统教学中学生记住了大量知识却不能相应转化为分析和解决问题的能力的弊端，新课程标准十分强调学生自主建构知识的过程，并专门将"过程和方法"作为教育目标分类的一个方面。

从知识分类学习论的观点看，不同类型的学习结果（教学目标）有不同的过程和内外部条件。例如，各种数学符号的学习属于奥苏伯尔有意义言语学习分类中的符号表征学习的一面，也有有意义学习的一面。机械学习的过程是刺激—反应—强化与反馈，并经过多次重复。幼儿学习区分你、我、他和左、右，属于加涅的具体概念学习，其过程是在实践中逐渐感悟。小学生学习用正确句型造句，其学习过程是现代认知心理学的句子图式的建立与逐渐分化的过程，其语法规则是内隐的。小学数学中的分数概念也是一个具体概念（奥苏伯尔称之为初级概念），其学习过程是一个从例子到归纳其基本特征的发现过程。而在分数概念建立以后学习百分数，百分数则是一个定义性概念，其学习不需要发现，可以通过接受的方式进行。小学四五年级学生学习语文课文的分段，其学习过程是分析若干篇适合他们年级的作文范例，逐步感悟或发现分段规则（或作者的构思逻辑）的过程。感悟的规则属于启发式规则，这种规则有助于人们解决问题，但不能保证解决问题成功，而且这种学习不是短期内有效的，必须经过长期训练才能达到迁移的程度。

教学设计中引入任务分析这个环节，目的就是要求教师依据学习的规律进行教学。也就是说，依据不同类型的学习结果的学习过程和条件来进行教学。

如果在教学设计中引进任务分析的思想，而且能够用它来指导教学过程，那么不论教学目标中是否列出过程目标，教师都会根据学习的规律进行教学。反之，如果教师不具备任务分析的思想，那么他很可能只会照搬别人的教学设计或教案，而不会自主进行创造性教学设计；而且任何教材或教学参考书不可能把一切教学内容的学习过程作为目标都列出来，所以本书不主张将过程作为目标单列出来。学习与教学过程的科学化问题，只有通过对教师进行现代心理学与教学设计培训才能比较合理地得到解决。

4. 任务分析有助于对学生的困难进行诊断和补救

学生的学习好比登山,教师要引导学生从山脚(起点)出发,克服许多困难,最后登上山顶(达到教学目标)。采用任务分析的方法可以揭示学生从起点到达山顶必须经过的许多小山坡,也许还有许多歧路。任务分析的结果是师生得到登山的详细地图。如果学生未到达顶点,他们或者误入某条歧路,或者未跨过某个小山坡,用这张登山图一对照,学生的问题出在哪里便一目了然。同样的道理,在实际教学中,教师可以根据任务分析的结果编制诊断测试题。一旦诊断出学生的学习困难,就可以有针对性地开展补救教学。

第二节　指导任务分析的理论

课堂教学设计中引入任务分析的目的是引导教师学习心理学中的学习理论,用科学心理学中被研究证实了的学习原理指导自己的教学设计和课堂教学行为。任务分析是在学习论研究基础上发展起来的教学设计技术,为了便于教师掌握任务分析技术,下面先介绍现代学习论的发展概况,然后介绍适合指导数学教学任务分析的理论。

一、现代学习论发展概况

现代认知心理学最著名的代表人物是皮亚杰。他认为知识学习是主体与环境相互作用并建构心理意义的过程,并侧重从哲学的高度研究儿童认知的发展过程。由于发展不完全是学习的结果,有自然成熟的作用,所以皮亚杰的认知建构思想虽受到广泛认可,但他的理论难以具体运用于课堂知识技能和认知策略的教学。美国著名认知学习心理学家奥苏伯尔改造了皮亚杰的同化学习思想,将学生的认知学习分为符号表征学习、概念学习、命题学习、概念与命题应用和解决问题五级水平。概念和命题是知识的核心成分。奥苏伯尔用认知结构同化论解释概念和命题的意义,以及通过新旧知识的相互作用(即同化过程)而被学生获得的过程和条件,但其理论只涉及认知领域,而在知识领域又仅强调意义的习得,未涉及有意义的知识怎样转化为技能。加涅的学习结果分类理论涉及认知、态度和动作技能三个领域,他将认知领域又分为言语信息(即陈述性知识)、智慧技能和认知策略三种学习结果,尤其是他提出智慧技能学习层次论。加涅的理论能较好地解释知识与技能的关系。此外,信息加工心理学提出产生式理论,可用产生式系统的形成解释程序性知识(即广义技能)的习得。这样,人们已经能够用广义知识解释习得的能力。

二、运用加涅的学习结果分类理论指导任务分析

(一)运用加涅的学习结果分类理论分析学习类型

加涅的学习结果分类理论认为,学生的学习结果不外乎五种类型,即言语信息(也称语义知识)、智慧技能、认知策略、动作技能和态度。教师只需要将教学目标中明确陈述的学生的行为样品归入上述类别,便能完成学习任务类型的分类。例如,若教学目标是"陈述记叙

文一般应包括的五个要素",则学习类型是言语信息。表2-2列举了学习任务的典型例子及其代表的学习类型。

表2-2　教学目标中的学习任务举例及其代表的学习类型

学　习　任　务	学　习　类　型
陈述三角形的定义及其分类	言语信息——交流经过组织的知识,使其意义不发生错误
通过长方形面积公式计算不同长方体的面积	智慧技能——将规则应用于一个或多个具体例子
用一种新的方法解决鸡兔同笼问题	认知策略——创造一种处理问题的新方法
使用圆规画圆	动作技能——执行一项连贯的操作
选择阅读数学书籍作为课余消遣活动	态度——个人对一类事件选择行动方向

(二) 运用加涅的学习结果分类理论分析学习条件

加涅把学习条件分为必要条件和支持性条件。前者是学习不可缺少的条件,若缺少必要条件,相应的学习便不能出现;后者是对学习产生加速或减速作用的条件,若缺少支持性条件,学习不一定不能发生,但其效率不高。不同类型学习的必要条件和支持性条件既有相同点又有不同点。

1. 智慧技能学习的条件

在加涅的五类学习结果中,尤以各种智慧技能的学习明显存在一种层次发展关系,即低一级智慧技能是高一级智慧技能学习的先决条件。假定我们的教学目标是规则学习,教师在进行任务分析时必须鉴别构成该规则的有关概念。如果学生未掌握构成规则的有关概念,则应先教学生有关概念,即先完成使能目标,然后才能完成终点目标。除了分析智慧技能学习的这种必要条件之外,还应分析它们的支持性条件。例如,学习高级规则,除了掌握简单规则这一必要条件之外,还应有认知策略和言语信息等支持性条件。

2. 其他各类学习的学习条件

言语信息、认知策略、态度和动作技能学习的条件与智慧技能学习的条件不同。如认知策略的必要条件是某些基本心理能力和认知发展水平,例如记忆策略需要心理表象能力,在解决问题时需要把问题分成组成部分的能力;其支持性条件是有关的言语信息和力求用新方法解决问题的态度。学习言语信息的必要条件是言语技能(如句法规则),其支持性条件是有关的背景知识以及合乎有意义学习的态度。表2-3概括了各类学习的必要条件和支持性条件,可供我们进行学习条件分析时参考。

表2-3　各类学习的学习条件

学习结果分类	必　要　条　件	支　持　性　条　件
智慧技能	较简单的智慧技能的构成成分(规则、概念、辨别)	态度、认知策略、言语信息
言语信息	有意义组织的信息	言语技能、态度、认知策略

学习结果分类	必 要 条 件	支 持 性 条 件
认知策略	某些基本心理能力和认知发展水平	智慧技能、态度、言语信息
态　度	某些智慧技能和言语信息	其他态度、言语信息
动作技能	部分动作技能、某些操作规则	态度

三、 运用广义知识分类理论指导任务分析

我国教育学中使用的知识概念仍是传统哲学中的知识概念，未反映认知心理学的新发展，为此本书把广义知识定义为主体与其环境相互作用而获得的信息及其在人脑中的表征。表征是认知心理学的一个核心概念，它指信息在人脑中的记载与贮存的方式。脑生理学家研究生理水平的记载与贮存方式（如大脑化学递质变化等），心理学家研究心理水平的记载与贮存方式，也就是知识的编码方式。

根据编码方式的不同，广义知识分为陈述性知识和程序性知识两大类。前者以命题与命题网络编码，后者以产生式（即"如果/那么"形式的规则）编码。许多"如果/那么"的规则连成一串，用于办事，达到一定目的，便形成产生式系统。高度自动化的技能（包括智慧技能和动作技能）是这种被贮存在头脑中的产生式系统自动运行的结果。传统教育学理论把技能定义为"……活动方式"，没有揭示其知识本质。这是导致机械训练泛滥成灾的理论根源之一（见图 2-3）。

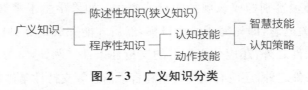

图 2-3　广义知识分类

广义知识观对于当前课程改革具有积极意义。

第一，广义知识观让我们看到真正的知识是活的知识，能够帮助人们解决在实际生产和生活中遇到的问题，而不是只能解决学校考试卷中出现的那些主要靠提取事实或按照某种运算规则操作的问题。应用知识解决问题是与知识的贮存和提取同样重要，甚至更加重要的学习活动。

第二，有利于技能的培养和训练。把技能纳入广义知识范畴，因此在对学生进行某种技能的培养和训练时不应该忽视有关概念、规则等的传授，也不应该让学生投入题海之中埋头苦练，而应当首先使学生理解有关概念、操作和运算步骤的含义，即促进这些知识进入学习者原有的命题网络；然后通过设计变式（各种练习的例子）练习，让学生在多种问题情境中进行练习，以促使陈述性知识转化为程序性知识（技能）。

第三，把策略性知识纳入广义知识范畴，有利于认知策略的学习和教学。长期以来，中小学各门学科的知识只反映对自然和社会世界认识的结果，很少涉及对人自身认识过程的

认识。中小学学生有时虽然会接触一点哲学认识论方面的常识,但在传统学校教育目标中,这类知识一般只是作为陈述性知识来学习或者靠学生自悟来学习。随着认知策略领域研究的深入,有关人自身认识过程的知识将作为一种普遍可以迁移的技能来学习。比如,解决数学问题过程中什么时候该采用什么样的策略,为什么这样的策略是合适的,我们可以根据广义知识学习阶段与分类模型来设计,通过对解题中的每个环节加以分析,教会学生掌握和发展一些有效的解题策略。

第四,有利于纠正能力培养的错误观念。过去强调"双基"而忽视学生解决问题能力和创新能力的培养,这是因为错误地认为能力是在知识和技能之上再培养的一种东西,这样便把知识的贮存、提取与知识的应用在教学中隔离开来。在数学教学中教师只教授纯数学的知识,至于数学与生活的联系,应用数学知识解决问题的能力则是在学完有关的知识之后的事情。现代心理学的最新研究表明,能力是一个比知识和技能包容范围更广的假设结构。作为一个心理学术语,能力是指潜在于个体身上并通过某种身心活动或学习活动所表现出来的个体特征,是遗传与学习相互作用的结果。如果把能力限于后天习得的能力,那么其内涵和外延与广义知识相等。不过,这里的程序性知识不限于认知领域,还包括动作技能。按照安德森的观点,动作技能也是一种程序性知识。作为学习结果的能力可以分解为图2-4所示的各种成分。

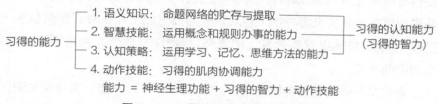

图 2-4 习得的能力的各组成成分

由图2-4可知,能力被还原为知识,使得过去试图通过形式训练而不见成效的数学思维能力的训练变得实实在在;结合具体的知识(包括数与代数、图形与几何、统计与概率),在具体情境中(包括数学内部的问题情境、现实生活中的问题情境以及课题学习中的实践任务),通过动手实践、自主探索、合作交流等学习方式,思维策略也可以被明确地教授和迁移。

四、 广义知识分类在数学课程中的应用

(一) 陈述性知识

根据《认知心理学词典》的定义,陈述性知识是个体因有意识提取线索而能直接陈述的知识,程序性知识是个体因无意识提取线索而只能借助某种作业形式间接推测其存在的知识。[①] 陈述性知识是用于回答"世界是什么"的知识,如回答"什么叫三角形的中位线""任意一个多边形(n边形),其顶点、边数的关系如何"等问题,都需要陈述性知识。程序性知识是用于回答"怎么办"的知识,如回答"如何分解因式x^2-3x-4""任意给一个三角形,作图找出

① Michael W. Eysenck. *The Blackwell Dictionary of Cognitive Psychology*[M]. Oxford Malden, MA: Blackwell Reference, 1997: 33.

它的外心"等问题,就需要程序性知识。

数学中的陈述性知识是关于概念、关系和模式的知识,除了符号表征学习和事实学习之外,数学学科中的陈述性知识一般处于程序性知识掌握的前期阶段。例如,在学习三角形的中位线时,学生能够陈述什么叫三角形的中位线,但熟练之后如果他能在具体情境中判断哪一条线段是三角形的中位线,或画出三角形的中位线,这时就不再需要学生陈述了,久而久之学生可能忘记了当初的文字叙述,但这不表明他忘记了这个概念。陈述性知识的作用是使学生能够理解数学的意义。如果学生拥有的是死记硬背的陈述性知识,他们表现出来的行为只是一种回忆,当他们被要求利用这些概念解释他们的某种判断时,他们只能回答说"因为这是老师说的"或者"因为标准答案中是这样写的"。

陈述性知识在人脑中表征的最小单元是命题,两个或多个命题如果具有共同的成分,那么通过这种共同成分,若干个命题就能彼此联系组成命题网络。陈述性知识的获得是一个新知识纳入到原有命题网络的过程,命题网络常常会随着学习发生重建或改组,而重建或改组后的认知结构是否良好与新知识被加工的过程有关。复述策略、组织策略和精加工策略是促进陈述性知识习得、保持和提取的三个主要策略,在数学学习和教学中主要表现为学生的比较、联系和推断。

为了促进对陈述性知识的理解,在解决问题过程中建构有关的数学概念、关系和模式被认为比直接讲授概念的定义更能将学生卷入积极的信息加工。在对有组织呈现的符号化材料的操作过程中,学生发展出对概念意义的理解,将概念与概念联系起来形成关系,以及发现数量和空间中的模式。

根据广义知识学习阶段与分类模型(见第 36 页图 3-1),一部分陈述性知识仍然以陈述性知识的形式保存在头脑中,而另有一部分陈述性知识则经过变式练习转化为程序性知识。比如"什么叫三角形的中位线",经过练习就变成技能,帮助学生正确地辨别或画出一个三角形的中位线。

(二) 程序性知识

数学中的程序性知识是借助一套符号系统,并依据一定的规则"做"数学的知识。现代认知心理学家认为,表征程序性知识的最小单元是产生式。信息加工心理学的创始人西蒙和纽厄尔认为,人脑和计算机一样,都是物理符号系统,其功能都是操作符号。计算机之所以具有智能,能完成各种运算和解决问题,是由于它贮存了一系列以"如果/那么(if/then)"形式编码的规则(即产生式)。也就是说,由于人经过学习,其头脑中贮存了一系列以"如果/那么"形式表示的规则。产生式是所谓的条件-活动(C-A)规则。比如,鉴别轴对称图形的产生式:

如果　已知平面内有一个图形沿一条直线折叠,直线两旁的部分能够完全重合,

那么　判断这个图形为轴对称图形。

简单的产生式只能完成单一的活动,多个简单的产生式通过控制流相互联系而形成产生式系统。当一个产生式的活动为另一个产生式的运行创造了所需要的条件时,则控制流就会从一个产生式流入另一个产生式。因此,根据产生式理论,这种产生式系统是复杂技能

的心理机制。数学技能可以看成是由产生式表征的执行活动序列的程序性知识,它们由前一个活动引出下一个活动,最后完成整个序列。

比如,合并同类项:$x^2+2x+1+5x^2-4x+5$

产生式 1:如果在多项式 $x^2+2x+1+5x^2-4x+5$ 中有两个或两个以上含 x^2 的项,那么把它们的系数相加,合并为一项,得 $6x^2+2x+1-4x+5$;

产生式 2:如果在多项式 $6x^2+2x+1-4x+5$ 中有两个或两个以上含 x 的项,那么把它们的系数相加,合并为一项,得 $6x^2-2x+1+5$;

产生式 3:如果在多项式 $6x^2-2x+1+5$ 中有两个或两个以上的常数项,那么把它们相加,合并为一项,得 $6x^2-2x+6$。

数学学科中学生常常是先有陈述性知识,如在理解的基础上能陈述整式运算的规则,然后通过练习,习得的概念和原理的陈述性成分转化为产生式表征的规则。一旦实现这种转化,陈述性知识就变成程序性知识。测验的时候也只要求学生会用程序性知识对外操作、演示就可以了,因为原先的陈述性成分学生可能反而不记得了。当然这不等于说陈述性知识不重要,在技能熟练之前,对其意义的理解还需要陈述性知识的支持。如果学生的程序性知识是在不理解陈述性知识的基础上单纯靠机械练习而获得的,那么程序性知识便变成无意义的一套规则,这时学生不清楚为什么会这样规定规则,数学活动变成盲目的行为:运用的程序性知识是死的,既无法迁移,也无助于学生灵活地利用这些知识解决实际生活中的问题,更不会带给学生数学学习的欢乐或成就感。程序性知识又可以一分为二:一类是对外办事的智慧技能;一类是对内调控的认知策略,也称策略性知识。

(三)策略性知识

学生的数学专长是由陈述性知识、程序性知识和策略性知识三部分组成的。若只有前两类知识,学生就只能知道数学的概念以及如何执行数学的规则,却不能理解在什么情况下选择哪个规则解决问题会更合适。数学的策略性知识包括解决问题的策略、数学推理的策略以及对自己或他人数学思维过程的反思。这里的问题既包括数学内部的问题(即数与代数中的问题、图形与几何的问题、统计与概率的问题),也包括日常生活中的问题,以及物理、化学或社会学科等其他学科中的问题。解决这些问题,有助于学生更好地理解数学,也有助于学生建立数学、生活与其他学科之间的联系。

数学推理除了需要按照一定的逻辑规则之外,更需要的是策略。学生为了得出结论,有时从个别例子归纳出其中的规律,有时从一个结论推论出另一个结论。他们还需要使用数学模型和数学观念解释或证明他们的猜想或思维。在这个过程中,学生需要选择和随时调整思维的方向和方式,是顺向思维还是逆向思维,是聚合思维还是发散思维;学生还需要克服思维的定式,需要及时终止或修改可能并不正确的猜想。因此,推理过程也可以看作是一个解决问题的过程,我们可以结合推理中的逻辑规则,借助解决问题的一套思维策略来进行数学推理能力的训练。

对自己或他人思维过程的反思也是非常重要的策略性知识。特别是个人对自己思维的反思是一种特殊的策略性知识，心理学中称之为反省认知或元认知。有人甚至比较形象地指出元认知就是"跳出一个系统后去观察这个系统"的认知加工。元认知是关于认知的认知，是个人对自己的认知加工过程的自我观察、自我评价和自我调节。

研究发现[1]，元认知能力高的被试无论其一般能力是否高，在解决问题上的表现都比元认知能力低的被试更好；而元认知能力高、一般认知能力低的组的成绩却优于元认知能力低、一般认知能力高的组。这说明，元认知能力不同于一般的认知能力或能力倾向。如果没有元认知策略的使用，那么一个人即使有很强的一般认知能力，但在解决问题过程中也得不到有效的发挥。反之，如果一个人有很好的元认知知识，那么即使一般认知能力（或智力）不高，他也能在问题解决过程中表现得更好，元认知知识能弥补一般认知能力的不足。可见，元认知能力训练也是学科教学中一个十分重要的问题。

第三节　数学教学任务分析的实例研究

为了便于教师理解和应用任务分析技术，下面结合数学实例说明如何确定起点能力、分析使能目标和其他支持性条件。

一、　确定学生的起点能力

学生在进入新的学习或学习课题时，其原有的学习习惯、学习方法、相关知识和技能对新的学习的成败起着决定性作用，所以教师在确定教学目标（终点能力）后，必须分析和确定学生的起点状态。例如，假定有这样一个教学目标"学完本节教材后，学生能利用幂的运算性质计算指数为零或负整数的算式"。这一教学目标规定的是教学终点时学生的能力。这一终点能力的达成，需要如下先决条件：（1）能应用幂的运算性质计算指数为正整数的算式；（2）掌握包括零、负整数在内的整数的加、减、乘、除运算；（3）明白指数为零或负整数时幂的意义。按照中学数学教材的安排，学生总是先学习指数为正整数的幂的运算，以后再学习指数为零或负整数的幂的运算，而且在学习幂概念之前，整数（包括正整数、零和负整数）的四则运算已经掌握，所以前两个先决条件已经具备，这就是学生在习得新能力之前的起点能力。倘若学生未具备这两个条件，则起点能力应顺次向前延伸。

起点能力是学生习得新能力的内部前提条件，它在很大程度上决定教学的成败。许多研究表明，起点能力同智力相比，对新的学习起更大的决定作用。确定学生起点能力的方法有很多。在一般情况下，教师利用课堂提问并观察学生的反应、学生的作业、小测验等方法，可以了解学生的原有基础。布卢姆掌握学习教学策略最重要的原则，是学生必须达到规定教学目标的 85% 之后才能进行下一步学习，其目的就是确保学生有接受新知识前必须具备的适当的起点能力。

---

[1] Swanson H L. Influence of metacognitive knowledge and aptitude on promblem solving[J]. *Journal of Educational Psychology*，1990，82(2)：306-314.

二、 分析使能目标和其他支持性条件

在起点能力确定以后,任务分析的另一大任务是鉴别从起点能力到终点能力之间必须掌握的先决条件(包括必要条件和支持性条件)。必要条件是决定下一步学习必不可少的条件,这类条件在智慧技能学习中表现得尤为明显,不预先获得这些能力就不可能正确执行终点目标中的学习任务。但这些任务也会受到其他一些非必要条件的影响,比如学习数学的积极情感,学生以前学习有关知识时曾使用的认知策略,如借助形象直观的物体帮助自己理解抽象概念的策略。由于这些条件的存在可以使现在的学习任务更易、更快,因此加涅把它们称为支持或有助于完成任务学习的支持性条件。

例如,如果我们的目标是"学完本节教材后,学生能利用幂的运算性质计算指数为零或负整数的算式",那么其任务分析可以如表 2-4 所示。

表 2-4 指数为零或负整数的幂运算的教学任务分析

起点能力	使能目标一	使能目标二	终点能力
(1) 学生已能应用幂的运算性质去计算指数为正整数的算式; (2) 学生已掌握包括零、负整数在内的整数四则运算。	明白指数为 0 时幂的意义。	明白指数为负整数时幂的意义。	已知任一带有 0 或负整数的幂的算式,能计算出它的结果。

学习的必要条件:(1) 能应用幂的运算性质去计算指数为正整数的算式;(2) 掌握包括零、负整数在内的整数的加、减、乘、除运算;(3) 明白指数为零或负整数时幂的意义。

这里条件(1)和条件(2)都是学生已经具备的能力,因此只剩下条件(3)是本节课为了达到终点能力之前必须先达到的能力,即介于起点能力与终点能力之间的教学目标,也称使能目标。显然,从起点能力到终点能力之间需要学习的知识、技能越多,则使能目标也越多。不过,一般数学教材在设计时先后两次教学的知识、技能距离较小,其中的使能目标也不多。

学习的支持性条件:(1) 认知策略。由于指数为零或负数的概念相对抽象,所以可以借助运用具体形象的物体帮助理解抽象概念的认知策略来帮助学习。比如折纸活动,将纸对折 1 次,变成 2 层,可以表示为 2^1,再对折,变成 4 层,可以表示为 2^2,但如果一次也不对折,则可以表示为 2^0,那么这时纸就只有 1 层,所以数学上规定 $2^0=1$ 是有道理的,而对折的相反过程则是将纸切开,切开一次,可以表示成 2^{-1},这时纸不是变厚,而是变薄,成了 1/2 层,所以我们为数学上规定 $2^{-1}=1/2$ 找到了它在现实中的意义。这样通过借助具体形象的物体来帮助理解抽象概念的活动,既可以揭示指数为零或负整数时幂的意义,也有助于帮助学生记忆这个规定。(2) 能正确达到本节课终点能力的自我效能感。由于指数幂的运算相对枯燥,但如果学生能成功地将指数为正整数的幂的运算法则迁移到指数为零或负整数的幂的运算,利用旧的知识解决新的问题,学生就能从中获得成功的满足,感觉到自己有能力胜任目前的学习任务,产生一种自我效能感,从而对他们的学习起加速或促进的作用。

必要条件和支持性条件的区分是：必要条件将构成新的学习结果中的必要成分，而支持性条件则不是新的学习结果中的必要成分，只是起辅助作用。这好比在到达目标规定的顶峰的过程中，你既要给学生注入能够拾级而上的能量（即必要条件），又要充分调动他过去已经获得的其他方面的能量来辅助他攀登。如"正整数幂的运算法则"和"包括零、负整数在内的整数的四则运算法则"这两个规则是"学习利用幂的运算性质计算指数为零或负整数的算式"的必要条件，它们是新规则中的必要成分；而认知策略"借助形象直观的物体来帮助抽象概念的理解"虽然有助于新的学习，但它不是新的学习结果中的必要构成成分。这一策略在先前的学习中曾多次使用，在今后的学习中仍将反复使用。因此，认知策略对于智慧技能学习类似于化学反应中的催化剂，起催化作用，但不是必要条件。

　　在教学设计中为达到某一既定的终点目标，可能要更多依赖来自不同领域（如认知领域中的陈述性知识、认知策略和情感领域等）对智慧技能的支持。布里格斯和韦杰（L. J. Briggs & W. W. Wager，1981）描述了一种所谓的教学课程图（instructional curriculum map）技术，以揭示在课程设计中将会遇到的各种不同目标之间的关系。启用这一技术同样也是先从某一既定的终点目标开始，然后提问：若要达到这一终点能力预先要达到哪些有关的子目标（使能目标或者支持性条件）。对于其中使能目标的层级关系，可以用类似图2-5解决"行程问题"的使能目标分析的图示那样借助流程图来表示。

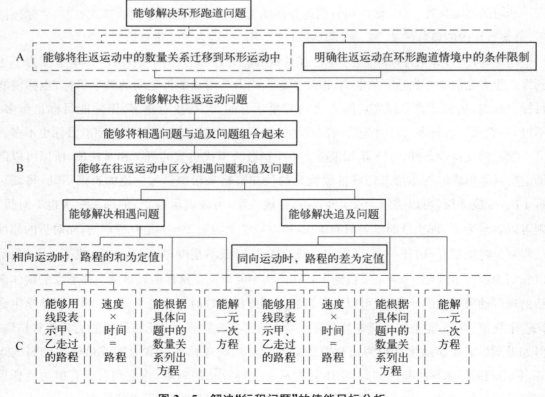

图2-5　解决"行程问题"的使能目标分析

图 2-5 中实线方框表示要学习的新能力,虚线方框表示起点能力。由图 2-5 可见,从起点能力到解决环形跑道问题之间的能力分 A、B、C 三级。如果要学习的能力是解决环形跑道问题(高级规则的学习),则学生预先必须具备处于 A 等级的两种下位能力。假定处于 A 等级的能力已具备,则任务分析只需要进入 A 水平即可终止了。如果 A 等级的能力未具备,则任务分析要降至 B 级水平,揭示构成 B 等级的下位能力。最后确定学生的起点,图 2-5 中用虚线方框表示。

而对其中与终点目标有关的支持性前提,则用表示来自不同领域的特有标号来表示,言语信息用 ⟨VI⟩ 来表示,智慧技能用 ⟨IS⟩ 来表示,认知策略用 ⟨CS⟩ 来表示,情感与态度用 ⟨E⟩ 来表示,动作技能用 ⟨MS⟩ 来表示。

例如,在行程问题的求解中认知策略很重要,可以在图 2-5 上添加认知策略这个支持性条件(见图 2-6)。

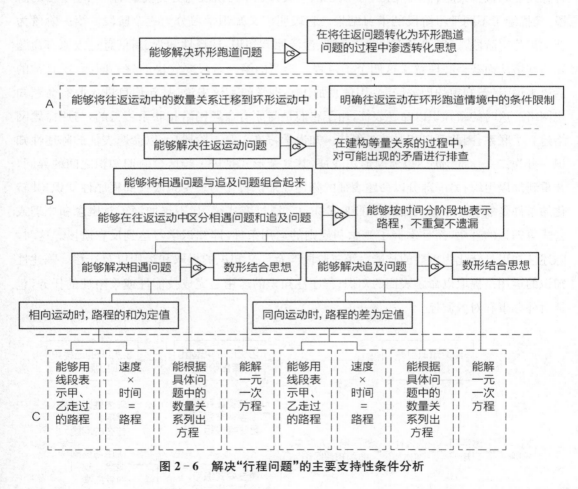

图 2-6 解决"行程问题"的主要支持性条件分析

第三章　广义的知识学习与教学模型

第一节　广义知识学习与教学模型

一、广义知识学习阶段与分类模型

　　图 2－3 所示的广义知识分类还不能显示广义知识学习的阶段，以及陈述性知识如何向智慧技能和认知策略转化。图 3－1 所示的广义知识学习阶段与分类模型既描绘了学习的阶段，又描绘了不同学习阶段的学习结果。它表明广义知识学习分为三个阶段。第一阶段为新知识习得阶段，一般要经历注意与预期、激活原有知识、选择性知觉、新信息进入原有命题知识网络从而获得心理意义这四个子过程。学习的第一阶段要解决的核心问题，用日常的话语来说，是新知识的理解问题；用信息加工心理学的术语来说，是新信息进入原有命题知识网络。这时的新知识以命题表征，由于它们是与原有命题网络相联系习得的，与原命题网络建立了联系，因此可以相对持久保持。知识学习进入第二阶段后，以命题表征的陈述性知识一分为二：一部分仍然以命题形式表征，其复杂形式是进一步区分新旧知识之间的异同，并重新加以组织；另一部分以命题表征的陈述性知识转化为产生式表征的程序性知识，其转化的条件是概念和原理或公式等的变式练习。通过变式练习，不仅加深了对概念和原理或公式等知识的理解，而且掌握了概念和规则的运用条件，即知识学习达到反省阶段。这时，陈述性知识已转化为重要的技能。第三阶段涉及广义知识的提取和运用以及迁移。陈述性知识的运用是提取以命题表征的知识；程序性知识的运用是完成技能性或策略性的任务，包括对外办事和对内调控。

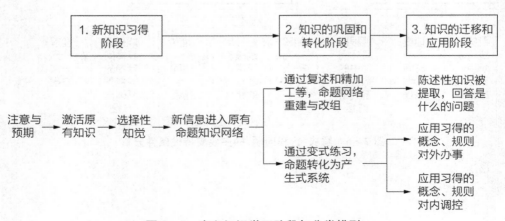

图 3－1　广义知识学习阶段与分类模型

数学学习与教学论

图 3-1 勾画了广义知识学习阶段与分类之间的关系,但如果需要深刻理解知识如何向技能或认知策略转化,则需要不同的学习理论。解释广义知识学习第一阶段的最好理论是奥苏伯尔的同化论,用当前术语来说是建构主义理论。解释广义知识学习的第二阶段即知识向智慧技能转化的心理机制,需要同时采用加涅的学习结果分类理论和信息加工心理学的知识表征理论。加涅的学习结果分类理论指出了智慧技能的层级关系并分析了它们的学习条件,信息加工心理学阐明了它们的不同表征方式。本书主张,通过任务分析鉴别出教学目标中蕴含的学习结果类型之后,教学设计者应在诸多学习中作出适当选择。由于目前尚无一家理论能完全解释复杂的学习,所以应该针对学习的不同类型和同一类型学习所处的不同阶段,选择最适当的理论对学习的心理机制进行解释。

二、 广义知识教学的一般过程模型

在广义知识学习阶段与分类模型的基础上,可以进一步发展出广义知识教学的一般过程模型(见图 3-2)。[①] 该模型可以概括为六步三阶段教学模型。图中第 1—4 步为学习与教学的第一阶段。这一阶段的目的是解决新知识的理解问题。所谓理解,用现代认知心理学

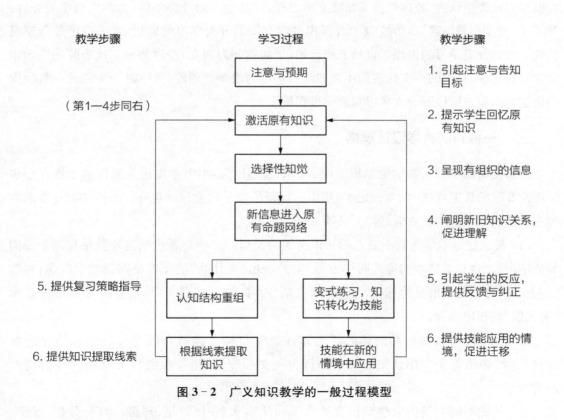

图 3-2 广义知识教学的一般过程模型

① 皮连生.实施《基础教育课程改革纲要(试行)》的心理学基础[M].上海:上海教育出版社,2004:108-110.

的术语来说,是指新知识或新信息进入学习者原有知识结构的适当部位。这个原有知识结构的适当部位是以命题网络或认知图式表征和贮存的,新知识的理解过程也就是学习者认知结构中已有的适当图式同化新知识,使原有图式不断重新建构的过程。用信息加工心理学的术语来说,是新信息进入原有知识网络并进行新的编码和组织的过程,所以这一阶段的学习与教学必须符合信息加工的基本条件,即:(1)学习者的注意和对学习结果的预期;(2)激活原有知识;(3)选择性地知觉外界呈现的新信息;(4)积极地将新信息与个人原有的相关知识(包括事实、经验、表象、概念、原理等)联系起来,达到理解新知识的目的。图3-2中第五和第六步各代表学习与教学的一个阶段。第五步代表知识的巩固或转化阶段,第六步代表知识的提取与运用阶段。

这个教学的一般过程模型不仅适合指导一节课的教学设计,也适合指导一个单元的课程教学设计。完整的一节课或单元教学过程必须符合六步三阶段模型,若缺少任何一步,那么,或者学习不能发生,或者学习虽然发生但不能转化或持久保持。

表面上看,这一新的教学过程模型同历史上的教学过程模型及我国当前流行的教学过程模型在形式上差别不大,但本质上这一教学过程模型与传统教学过程模型有明显区别:第一,传统教学过程模型着眼于教师的行为,这一教学过程模型应被称为学习与教学的一般过程模型。该模型认为,教师的教不是独立的过程,而是学习的外部条件,为学生的学服务;离开了学,就没有教。第二,传统教学过程模型没有知识分类学习的思想,这一教学过程模型反映了知识分类学习的思想。自第五步开始,学与教分为两支,左边的一支代表陈述性知识的学习与教学,右边的一支代表程序性知识的学习与教学。因此,可以进一步把这一教学模型概括为六步三阶段两分支学习与教学过程模型。

三、 一种新的教学设计规格

为了使新的学习与教学论思想支配教师的教学行为,本书在皮连生教授基于智育心理学理论开发的教案规格[①]的基础之上,提出一种新的数学教学设计规格。新教学设计要求教师在课堂教学设计中重点做好以下几项工作:

(1)准确定位数学教材中静态的知识所属的类型,如"毕达哥拉斯定理就是我国常说的勾股定理","含有未知数的等式叫作方程"等是表示"是什么"的基本事实与数学概念;再如"一元一次方程的求解分为五步:去分母、去括号、移项、合并同类项、系数化为1"等是表示"怎么做"的程序性知识。

(2)尽量用可以观察和测量的行为陈述教学目标。教师在陈述可观察和测量的教学目标时,必须善于应用认知心理学和行为主义心理学,用外在的行为反映内在的能力的变化。

(3)明确不同类型的数学知识在达成不同认知水平时(记忆、理解、运用、分析、评价、

① 皮连生.一个新的智育心理学理论的提出、检验与推广[M]//中国心理学会.当代中国心理学.北京:人民教育出版社,2001:416-417.

创造），将对应怎样的学习结果。如对"一元一次方程求解的五个步骤"进行记忆、理解时，所习得的学习结果属于数学基础知识，也就是认知心理学中的言语信息，而当这一程序性知识达到运用及以上水平时所对应的学习结果属于数学技能，也就是认知心理学中的智慧技能，这一程序性知识从较低认知水平到较高认知水平的学习过程也是知识向技能转化的过程。

（4）针对教学目标和学生的起点状态作教学任务分析，完善学习者的终点目标（学习结束时应达到的目标）、使能目标（学习过程中必须达到的目标）和起点能力（学习开始之前已经具备的数学基础知识、基本技能、基本思想方法、基本活动经验）；分析教学目标中蕴含的学习结果的类型，揭示达到预期的学习结果所需要的学习条件，为下一步教学过程的设计提供学习论依据。这里的学习条件包括由学习者自身或数学知识本质所决定的必要条件，如"全等三角形的性质和判定"是学习"相似三角形的性质和判定"的必要条件；还包括使学习更容易、更迅速、只起辅助作用的支持性条件，如学生在掌控圆规等数学工具时所需要的动作技能和数学学习过程中表现出的情感态度等；以及源于学习环境和教学者提供的外部条件，如图形计算器等技术工具以及教师配合概念学习给出的正反例证等。此外，教师还要根据数学学习结果的类型确定教学方法，如理解"哪一类数学学习结果一定要有正反例证，并加以强化和反馈"，"哪一类数学学习结果一定要结合样例学习，并设计变式练习"，等等。

（5）教学过程设计。一旦完成了任务分析，教师就能根据学习结果与教学方法之间的联系，把教学任务纳入上述教学过程模型，并据此选择适当的教学步骤和方法，安排师生活动。如对数学知识进行不断强化，要把数学具体概念的学习暴露在充分的正反例证中；为数学定义性概念的学习提供揭示概念本质特征的例子；通过样例学习和变式练习来实现数学规则的迁移与运用，提供及时的反馈并在关键处给予指导；为数学问题解决提供突出图式的原型，将学生暴露在大量的图式例子当中并伴随及时的反馈；最终引导学生积极进行归因以促进学生价值观的形成[1]。

（6）每个教学目标完成后，教师应针对教学目标中学习结果的类型，编写一套练习和测验题，检测教学目标是否达到。教学目标的精准定位为教师的教学评价提供了有力的依据。这里的教学评价是指根据教学目标中的知识类型和认知水平制定的评价计划，并对评价结果作出解释。高质量的教学需要伴随高质量的测评，否则高质量的教学也无助于提高学生的测评成绩[2]。将教学目标、教学活动以及教学评价置于同一个分类表中进行一致性的检验是修订版分类学的重要成果之一[3]。

① 皮连生.教育心理学[M].上海：上海教育出版社,2011.
② 张春莉,马晓丹.布卢姆教育目标分类学修订版在数学学科中的应用[J].课程.教材.教法,2017,37(01)：119-124.
③ L.W.安德森(Lorin W. Anderson).学习、教学和评估的分类学：布卢姆教育目标分类学修订版(简缩本)[M].皮连生主译.上海：华东师范大学出版社,2008.

第二节　广义知识教学一般过程模型在数学教学中的应用分析

一、 陈述性知识向程序性知识(智慧技能)转化

在第一节我们介绍了广义知识学习的三阶段模型。在第一阶段,新知识进入原有命题时,知识是以命题网络的形式表征的,所以此时的知识并未分化,都属于陈述性知识。但学习进入第二阶段,一部分知识继续贮存于命题网络中,通过适当的复习,这部分知识得到巩固,同时原有命题网络得到改组或重建。另一部分陈述性知识(一般而言是概括性命题知识)通过在变化的情境中练习和运用,转化为指导人们做事的规则。这时,陈述性的命题知识转化为产生式表征的规则。陈述性知识向程序性知识(智慧技能)转化的三个阶段常常体现在数学教学中的引入、展开探索以及拓展和应用三个环节中。下面用函数教学的三个环节来加以说明。

(一) 新知识进入原有命题网络阶段

如图 3-1 和图 3-2 所示,广义知识学习的第一阶段有四步,即注意与预期、激活原有知识、选择性知觉和新信息进入原有命题网络。但这一学习阶段的主要目的是理解新知识。教师可以利用以下两种方法促进学生的理解:一是教师提供若干反映一定数量关系的例子,引导学生发现这些例子中包含的数量关系;二是引导学生发现他们原有知识与新知识的关系。

例如本书第五章第二节将要讲的"洗车赢利"问题情境,对该情境的探索至少将包括对于给定想获得的赢利的钱数找到需要洗车的数量,以及对于给定的洗车数量知道可以获得的赢利是多少。通过对这些问题的探索,学生将发现洗车数量与赢利之间密切的变化关系。这样做,是希望学生在他们被要求去考虑符号和定义之前,可以真正地利用函数的思想去思考问题。

生活世界中充满着包含各种函数关系的情境。增长的模式常常作为一个情境用来引入函数的对应法则;现实中的情境,比如买卖关系中什么情况下才可以赢利的话题,既现实又有趣,也是引导学生探索函数的一个途径,特别是其中一些包含比或比率关系的情境更是为学生探索正比例函数提供了很好的机会;在几何中,与长度、面积、体积有关的各种几何计算公式中也包含不少函数关系;在统计与概率中,学生经常会遇到一些数据收集的工作,对这些数据的分析之一是寻找其中的某种模式或关系,这时可以在直角坐标系中描绘出这些离散的点,以观察可能存在的函数关系,寻找能够最逼近这些离散点的某个解析表达式,这就为学生提供了在统计和概率领域中利用函数解决问题的实践机会。下面就举一些具体例子,并看看这些例子怎样将函数的各种刻画方式在一个情境中密切地联系起来。

例1：来自模式中的函数

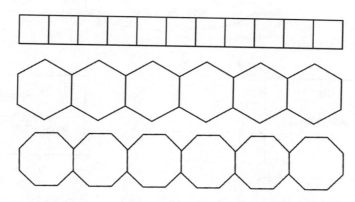

每个图形都是一个正多边形，且边长都是 1 cm，求 n 个正多边形形成的上述图形的周长，并比较正方形、正六边形和正八边形在周长的增长速率上哪个更快。

例2：来自现实情境中的函数

一辆轿车每行驶 23 千米需要消耗一加仑的汽油。它有一个容量为 20 加仑的油箱。假设在出发前它刚被灌满了汽油，如果它总共行驶了 350 千米，在其中任意选三个行程数，计算那时油箱里还剩多少加仑的汽油？并用一个图像将行程数与油箱里剩余的汽油量之间的关系表示出来。

例3：包含比或比率的情境

一个火车模型的比例是 1：80，通过测量发现它的舱室约 10 厘米长，那么真正的舱室有多长？

例4：来自公式中的函数

一根长为 24 cm 的铁丝被围成了一个长方形，如果想让这个长方形的长增加 1 cm，那么它的宽和面积都会发生相应的改变，写出长方形的长与面积的函数解析表达式，画出相应的图像，并指出在什么情况下，长方形的面积最大？

（二）知识的巩固与转化阶段

知识的巩固是对陈述性知识而言的，知识的转化是对程序性知识而言的。陈述性知识的巩固不是通过多次重复实现的，而是通过知识的重建实现的。例如，当学生对函数概念有初步的感性认识以后，教师就需要让学生探索函数各种刻画方式之间的内在联系。形成关于函数的图式知识最重要的一个方面，不在于学生对情境中包含的函数关系能用解析表达式表示出来，而在于他们能够看到同一函数关系可以用不同的刻画方式来表示。比如，对于洗车赢利问题中的同一函数关系，可以用图 3-3 所示的四种刻画方式来表示。

如图 3-3 所示，这四种刻画方式都与情境中同一个函数关系联系在一起，并且它们之间也相互联系。"表"清楚地将函数中两个集合里的元素一一对应起来；"文字描述"有助于以一种有意义和有用的方式表达这两个变量之间的关系；"图像"则将对应的每对元素（即数对）转换成直角坐标系中点的形式；而"解析表达式"是用简洁而有效的数学符号表示出联系每对数对（即坐标中的第一个数和第二个数）的法则。这四种刻画方式从不同角度探索同一

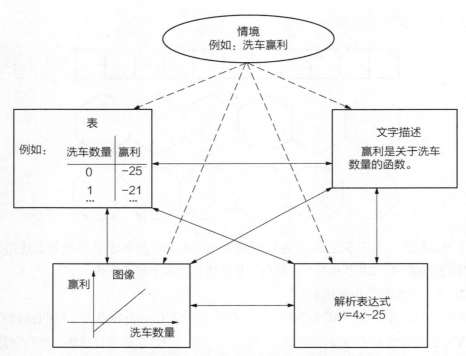

图 3-3　洗车数量与赢利之间函数关系的四种刻画方式及其关系

个函数关系,它们在解答这一函数关系问题时具有不同的优势。有时某一种刻画方式不能让学生更好地理解某个问题,但另一种刻画方式却能使他们更容易也更清楚地解答这个问题。

比如,对于上面的例1,列表是比较合适的方式,通过列表,学生可以很容易发现它们成等差数列,因此很容易写出其通项公式(见表 3-1)。

表 3-1　不同图形串的周长

图形的个数	1	2	3	4	5	...	n
正方形	4	6	8	10	12	...	$2n+2$
正六边形	6	10	14	18	22	...	$4n+2$
正八边形	8	14	20	26	32	...	$6n+2$

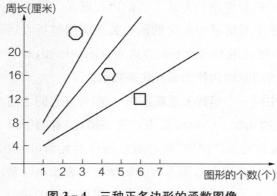

图 3-4　三种正多边形的函数图像

根据表 3-1 也容易看出,正八边形构成的图形串的周长增长速率更快。但更可靠的做法是可以根据它们对应的三个函数图像的不同倾斜度来判断。从其函数图像(见图 3-4)可以看出,正多边形的边数越大,其函数图像的倾斜度就越大,这也表明其图形周长的增长速率越大。

又如,对于例3,用解析表达式是比较合适的刻画方式,通过假设真正的舱室有 x 米长,可以列出如下方程:$1/80 = 0.1/x$,解得 $x = 8$(米)。

对于例 4,利用函数图像可以很清楚地让学生看到长方形的面积从最小值逐渐增大到最大值又逐渐降为最小值的变化过程。

设长方形的长为 x,则长方形的面积 $S(x) = x(12 - x)$,其函数图像如图 3-5 所示。

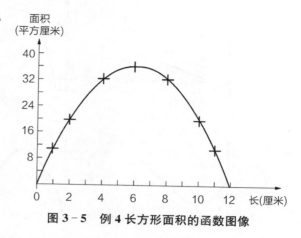

图 3-5　例 4 长方形面积的函数图像

从图 3-5 中的图像可以看到,长方形的长从 0 开始逐渐增加时,面积也逐渐增加,但当长方形的长增加到 6 厘米,即长方形的长和宽一样长时,其面积达到最大值 36 平方厘米,随后又开始下降。利用函数图像求极值的方法与利用不等式求极值的方法可谓异曲同工,学生可以看到正是因为函数的图像与解析表达式表示的是同一情境中的同一数量关系,因此利用图像能看得出的结论,也同样可以用代数式的方法得到。

在学习的第二阶段,一个重要的任务是将命题表征的陈述性知识转化为"如果/那么"形式的产生式规则,于是实现知识向智慧技能的转化。在数学领域,这种转化的情况尤为突出。例如在学生学习圆的知识时,先知道圆有周长、半径、直径,然后知道圆的周长与直径的固定比值,即圆周率。但有了这些概念还不能做事,不能计算圆的面积。这时教科书会出现圆的面积计算公式 $S = \pi r^2$。用函数的术语来说,圆面积是其半径的函数。其中 S 和 r 是变量,π 是常量。用产生式表达是:

如果已知一个图形为圆形,且要求它的面积,

那么先测量它的半径。

如果已知圆的半径,且要求它的面积,

那么将它的半径自乘,再乘以 π。

经过多次重复练习,这种判断与计算过程可以达到自动化。

(三) 知识的迁移和应用阶段

要实现陈述性知识向程序性知识的转化,不仅要求学生在变化的情境中练习和运用这些概念和规则,还需要学生把这些概念和规则迁移到新的情境,解决新的问题,特别是现实生活中的问题,因此第三阶段是第二阶段的延续。在函数教学中,教师应该鼓励学生根据函数反过来解释或构想具体的现实情境,因为认识并学会将函数作为工具解释和解决现实问题是学生运用函数图式知识对外办事的表现,而根据函数的解析表达式、图像等反过来解释或构想具体的现实情境,也十分有助于发展学生的函数图式知识。比如,可以让学生观察图 3-6 中的一组函数图像,让他们判断它们与其后所列的哪个现实情境相匹配。[①]

① John A. Van de Walle. *Elementary and Middle School Mathematics: Teaching Developmentally*, 4th ed. [M]. New York: Longman, Inc., 2001: 415.

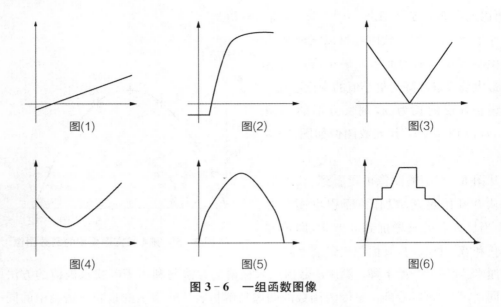

图 3-6　一组函数图像

情境 a：一份 30 分钟前从冰箱里取出来的晚餐，被放到微波炉里加热，最后放到餐桌上的温度（将 0 时刻确定为晚餐从冰箱里被取出来的那一刻）。

情境 b：一个 1970 年生产的 Volkswagen 捶布机从它刚开始的售价到现在的价值（它被一名爱好者收藏，并且被保存得很好）。

情境 c：从你刚开始放水洗澡，到你洗完后把它排掉这段时间浴缸里水的高度。

情境 d：根据售出的某个商品的数量而获得的赢利。

情境 e：一个棒球从被垂直向上抛到最后落地的高度。

情境 f：一个棒球从被垂直向上抛到最后落地的速度。

图像是刻画函数最有力的方式之一。在没有其他数据、解析表达式或具体某个数支持的情况下，解释和构想与图像相联系的现实情境对于学生来说既是一件有趣的事情，也是十分有益的事情。因为通过这样的活动，学生将会很自然地把注意焦点集中到函数图像所表达的两个变量之间相互影响的关系上，从而有助于他们在头脑中形成正确的关于函数的图式知识。

在生活中两个量之间具有变化关系的现象有很多，比如不同形状的容器中水的高度与水的体积之间的变化关系，一辆汽车从启动到高速行驶最后又停止这个过程中距离、时间、速度之间变化的关系，它们都是鼓励学生解释和构想具体现实情境的绝好素材。例如，教师可以这样提问：如果以相同的速度往如图 3-7 所示的每个容器里注水，直到把该容器装满，试着画出不同形状的容器中水的体积随水的高度而变化的函数图像。

如果学生在讨论中争执不休，教师还可以鼓励他们用水和量杯实际动手做实验，有计划地记录某几个高度下注入水的不同体积，根据实验数据描绘出图像，再与之前绘制的四个图像进行比较，判断出最合适的图像。这些活动将会使学习过程变得更加有意义。在这个过程中，学生不仅可以发展他们关于函数的图式知识，而且还可以促进他们体会和掌握收集数

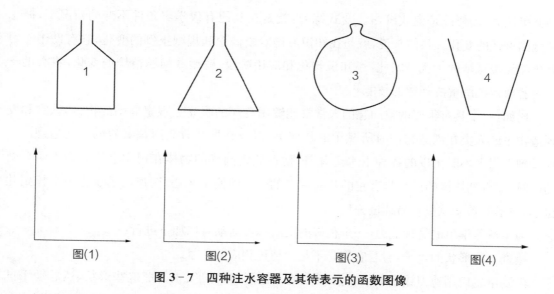

图 3 - 7　四种注水容器及其待表示的函数图像

据,呈现数据,比较数据等科学求证的方法,发展用各种数学语言(如统计表、函数图像)简洁而有效地进行表达和交流的习惯以及空间想象的能力。

　　根据函数的解析表达式来构造具体的现实情境对学生来说可能会更难一点,不过一些特殊类型的解析表达式比如正比例函数、反比例函数、一次函数等,也是可以让学生尝试着去分析其中的数量关系,从而构造出具体的现实情境的。对于函数解析表达式 $y = 20/x$,学生应该识别它是一个反比例函数,并根据以往所见过的一些包含反比例关系的现实情境的经验,比如,面积不变时,长方形的长和宽成反比例关系,或者路程不变时,速度与时间成反比例关系等,构造出具体的现实情境。最后,无论是根据函数的图像还是根据函数的解析表达式来构想具体的现实情境,教师都应鼓励学生在课堂上分享他们各自构造出来的现实情境或故事,并鼓励其他同学来判断每个情境或故事是否最好地反映出了图像或解析表达式中蕴含的两个变量之间的数量关系。

　　从陈述性知识向程序性知识转化的过程分析中我们可以看到,同样是一个概念或规则,如果学生只是记住了它的含义,能用自己的话来陈述它,只能说明概念或规则的学习还处在陈述性知识阶段,尚未转化为一种解决问题的技能。我们经常看到有些学生对一些公式、定义、原理说得头头是道,但一遇到问题情境却往往束手无策,或者屡屡出错。这种情况往往是缺乏练习的结果。以命题表征的概括性命题知识向产生式表征的智慧技能和认知策略转化的关键条件是规则在变化的情境中加以练习和运用。

二、转化的条件: 变式练习

(一) 什么是变式练习

　　练习是学习者对学习任务的重复接触或重复反应。对某一学习任务进行不断的接触和反应,是形成某种熟练技能所必须经历的过程。要使学生将理解了的概念和规则转化为一种办事能力,需要的是变式练习。变式练习,就是在其他有效学习条件不变的情况下,概念和规则例证的变化。具体来说,就是在知识习得阶段概念和规则正例的变化,它有助于学习者排除无关特征的干扰。因此,在知识转化和应用阶段,题型或问题情境的变化,将有助于学习者获得熟练解决问题的技能[①]。

比如,一个具有很好的空间感的人常常能够用几何的眼光去观察周围的物体,欣赏和发现造物主或人类在创造它们时所赋予的几何美,以及在形状背后所蕴藏着的几何道理。当他看到大街上不时出现的各种下水道井盖,他在欣赏圆形的物体在视觉上给人的美学享受的同时,能看到这样的设计是有它的几何道理的——即使不小心,圆形的盖子也不会掉到井里,而方形的盖子就更容易掉进去!

为了培养学生的这种能力,一个很好的变式练习活动可以如下进行:

检查不同形状的盖子,看看它们是不是会掉进相应的孔里。

鼓励学生们用剪刀或刮胡刀片从纸上挖下圆形、长方形、正方形这些形状,然后动手试试,看哪个图形更容易通过它自己留下的孔。通过这样的活动,学生会留下十分深刻的印象——圆形的盖子不会掉进相应的孔里,而长方形的对角线总是大于它的边,这样它会很容易掉进相应的孔里。正方形也是如此。

事实上,许多物体的形状都和它们的用途相关。设计工具时要考虑如何使它的形状便于抓握,设计家具时要考虑如何让人使用起来更舒适,设计赛车时则要考虑如何让车的形状能尽量减少风的阻力(想想海豚的流线型体形,这使得它在水中能克服水的阻力而保持极其快的游动速度)。许多人,特别是女生认为自己的空间感太差,并且认为这似乎是天生的,其实一个人的空间感并不是与生俱来的,而是他在几何形状和空间关系方面有着丰富的经验的结果,只要有一段时间不断地给自己提供处理各种几何形状和空间关系变式的机会,每个人都可以发展良好的空间感。在 1990 年到 1992 年期间,NAEP(美国国家教育进展评估)的数据表明,所有参加测试的三个年级(4、8、12 年级)学生的几何推理能力显著地比以往提高了。这不是因为这几个年级的学生变得更聪明了,而是因为在这几个年级几何的学习内容中所提供的变式练习增加了,因而也得到了更多的重视。由此可见,提供丰富的几何变式活动和练习的经验是提高学生空间感的一条有效途径。

(二) 设计变式练习的原则

1. 同一性原则

在概念和规则习得的最初阶段,适宜设置与原先学习情境相似的问题情境进行练习,练习课题之间要保持一定的同一性。值得一提的是,过去我们在设计这种相似情境的练习时,常常只是在数字上做些变化,重复练习的痕迹比较浓,因此学生有时就不愿意去做。新课程标准中提倡学生将数学和生活联系起来学习数学,这为我们设计好的数学练习提供了一个好的思路,比如在教几何变换时,教师可以鼓励学生将所认识的变换与日常生活

① 皮连生.学与教的心理学[M].上海:华东师范大学出版社,2003:133.

的现实原型联系起来,如平移的铝合金推拉门窗,旋转的脚踏车,放大缩小的照片、图纸或模型,等等。通过这些练习,学生对几何变换的理解和掌握就会更加深刻。又比如,教圆柱、圆锥和球时,它们作为基本的三维立体图形在我们的日常生活中也是经常遇到,从高大的房柱到听装的可乐或茶叶筒,从具有异国情调的圆锥形房顶到包冰激凌的锥形蛋卷皮,从科技馆那象征宇宙的球体造型建筑到球类运动中的篮球、排球、乒乓球,等等,教师在安排练习时也要有意识地把这些具有弯曲表面的立体图形与日常生活紧密地联系起来。

2. 变化性原则

设计变式练习时,要让学生在变化的情境中练习。随着知识的渐趋稳定和巩固,问题类型要有变化,可逐渐演变成与原先的学习情境完全不同的新情境,以促进学生对概念规则的纵向迁移。

比如,一个立体图形的平面展开图常常不止一种,如图 3-8 所示,这几个平面展开图都可以折叠成一个正方体,你还可以构想出其他的平面展开图。事实上,对于一个正方体来说,总共有 35 种可能的平面展开图。让学生通过观察平面展开图,在头脑中想象着如何才能将它们折叠成一个立体图形,对于培养学生的空间想象力是很有益的。

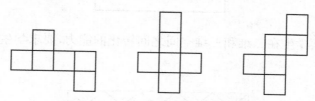

图 3-8 正方体的 3 种平面展开图

另外,变化还意味着我们可以将一道题"用足",让学生用各种方式去解决或解释。这有助于学生对该问题的认识在不同的练习层次上得到升华。比如,让学生解决下面这个问题:图 3-9 五幅图分别是从五个角度观察到的某个建筑物的平面图。

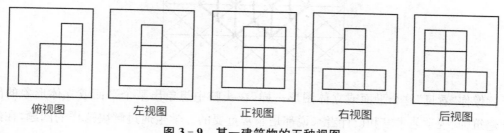

俯视图　　　　左视图　　　　正视图　　　　右视图　　　　后视图

图 3-9 某一建筑物的五种视图

请你:(1)用积木块把它实际搭建出来;

(2)在俯视图的每个小正方形上标出建筑物的层数;

(3)在等距格子图上画出建筑物的图形。

这样,学生就可以在三种不同的方式和水平上解决该问题:

第一水平考察学生的直观思维，只要求学生直接搭建：

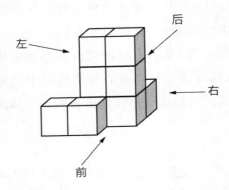

第二水平是考察学生的抽象思维，要求学生将思维算法化：

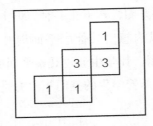

第三水平是考察学生在二维和三维空间之间转化的能力，要求学生在平面上表现出立体图形：

就像你"看见"这个平面或立体图形一样，在头脑中想象出某个平面或立体形象的能力对于建筑师、视觉艺术家和设计者来说都是非常重要的。学生通过解决这样的问题，在经历这样的二维和三维空间的转化过程中，逐渐发展他们的空间感。

在练习时，还有一个时间分配问题：是集中一段时间专门练习某项技能，还是将练习这一技能的时间发散开来好呢？前一种练习我们称之为集中练习，后一种练习我们称之为分散练习。研究表明，分散练习的效果优于集中练习。因此，在设计练习时，教师最好采用分散练习。采用集中练习，可能会导致学生时间和精力的浪费。

3. 及时反馈原则

在练习过程中，及时给学生提供反馈是十分必要的。及时指出学生练习中的错误，并让他们改正过来，可以防止学生将错误巩固起来而积习难改。但并不是说所有的反馈都要及时提供给学生，在有些情况下，适当的延迟反馈对学生的练习也能起到意想不到的效果。

同时，练习中提供的反馈的质量也需要考虑。在提供反馈时，有两种方式，一种是仅仅告诉学生其练习结果是否正确，另一种则给学生提供关于练习的详细信息，如练习的长处、短处，以及如何改正错误等。研究表明，练习中给予反馈是十分必要的，而给予详细信息的反馈要比给予正误式反馈更能改进学生的成绩。

佩奇（E. B. Page）的实验也有力地证明了这一点。① 他用 74 个班的学生共 2000 多人为被试，每班学生的成绩分为 3 组，给予评定。教师对第一组只评以"甲、乙、丙、丁"一类的等级，而无评语；对第二组，除评以等级外，还给予顺应性的评语，即按照学生答案的特点，给予适当的矫正，或相称的好评；对第三组则给予特殊的评语。所谓特殊的评语，是由研究者所制定的一律的评语。如果得"甲等"，则评以"优异，保持下去！"；如果得"乙等"，则评以"良好，继续进行！"；如果得"丙等"，则评以"试试看，提高点吧！"；如果得"丁等"，则评以"让我们把这等级改进一步吧！"。这 3 种不同的反馈，对学生后来的学习影响差异显著。

图 3 - 10 中 3 条曲线，代表 3 类评定的效应。顺应的评语，即教师针对学生答案中的优点与缺点所给予的短评，具有最高的强化作用，学生成绩进步最大；其次为特殊评语，即实验者所制定的千篇一律而不考虑学生的个别差异的评语，这种评语虽有激励作用，但效果不如顺应评语；而没有评语的一组，成绩最差。这表明，教师在给学生的作业提供反馈时，除给予分数或等级外，添加适当的短评是有益的。

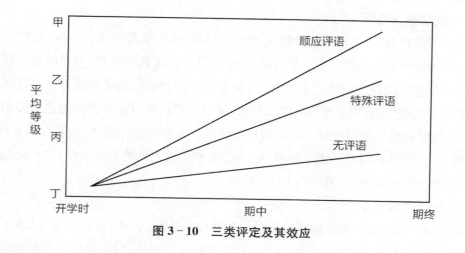

图 3 - 10　三类评定及其效应

① 皮连生等.现代认知学习心理学：打开有效学习之门的钥匙[M].北京：警官教育出版社,1998：196 - 197.

从上述分析中我们可以看到,变式练习是要讲究科学的原则的,变化并不是一味地变化,而是具有一定的层次,即练习题目之间总是具有一定的共同要素,以实现横向迁移,随着练习的深入,这种共同要素才越来越少,最后达到纵向迁移。具有层次和一定深度的练习对学生来说是非常必要的,但练习不等于题海战术,不是练习的题目越多越好,同样层次的练习达到一定的数量以后就没有必要再重复练习。同时,练习过程中及时的反馈也是十分必要的,"熟能生巧"的背后更需要的是对技能执行过程的反思和监控。逐步提高的练习层次、富于变化的问题情境以及正确而及时的鼓励和矫正都有助于激发和维持学生的练习动力。

通过解决问题,培养学生形象化思考问题的策略,同时也让学生认识到形象化思考的结果可能只是一种合理的猜想,它是否正确还需要通过计算或证明来加以验证。同时好的题目本身还可以渗透情感教育,使学生感受数学的美和力量。自然界充满了各种十分有趣和美丽的物体。自然界万物和谐共存的本质,透过物体的形状和关系呈现出来,并抽象地反映为几何的美和几何学的特点。而这些观念反过来又帮助人类创造和设计出高楼大厦、汽车、电话、各种服饰等实用美观的事物。当教师引导学生结合真实的世界发展他们对空间与图形的欣赏和理解时,学生便会逐渐学会自觉地从几何的图形想象出实物的图形,或者从实物的图形想象出几何的图形,学会善于观察和描述几何物体的运行和变化,并能采用适当的方式描述物体的相互关系,而这些正是空间感的主要表现。

三、 广义知识的教学模型在不同课型教学设计中的应用

总的来说,"三阶段"给出了广义知识教学模型的基本框架。其中,第一阶段对于陈述性知识和程序性知识的教学都是普适的。如何确定第二、第三阶段的教学任务取决于知识类型。具体到数学学科,基于知识类型可以划分三类基本课型:数学概念教学、数学规则教学、问题解决教学,每种类型的课都可以参考相应的步骤进行设计。

(一) 数学概念教学

根据广义知识观,概念可以作为陈述性知识学习,属于学习的第一阶段,其教学重点是解决概念的理解问题。然而对数学学习而言,数学是一门工具性学科,习得的数学概念最终需要转化为学生运用概念对外办事的技能,如进行分类、判断、解决问题等。因此概念也可以作为程序性知识学习,属于学习的第二阶段,其教学重点是解决它们由陈述性知识转为程序性知识,能够形成运用概念对外办事的技能问题。据此,数学概念的教学有双重目标:一是理解概念,也就是对符号所表示的事、物、数、形等形成正确的心理表征;二是应用概念对外办事,使概念的本质特征支配学生的行为。

(二) 数学规则教学

数学规则是数学知识的重要组成部分。数学中的定理、公式、运算程序等,表示的都是概念之间的关系,都属于规则。规则以言语命题或句子来表达,但是规则必须是用以支配个体行为并使之演示某种关系的。规则不应限于表述它的言语陈述。也就是说,"规则"这一

术语的含义与作为言语命题的规则表达不是一回事。这意味着,当学生能陈述表达规则的命题时,我们并不能认为他事实上已习得规则。只有学生能够运用规则对外办事时,我们才能认为他已习得规则。我们对数学规则的教学目标作出如下描绘:学生学习数学规则,不是学习规则的言语表述,而是学习运用概念之间的关系对外办事的能力,如进行运算、操作、作图、证明、解决问题等。这一能力要以学生对规则的概念的掌握为前提,也以学生对规则得来过程的理解为基础。

(三)数学问题解决教学

现代认知心理学认为问题解决经历"发现问题→界定和表征问题→确定问题解决方案→执行解题计划→评价问题解决的结果"的过程。数学问题解决的教学,目的在于促进、发展学生的问题解决能力,因此教学过程的制定需要遵循学生问题解决的心理过程和机制。在问题的界定和表征环节与确定问题解决方案过程中,建议采用有引导的问题分析,并启发探究思路。在进行指导性教学过程中除了"样例教学",还可以运用"过程清单"。"这种清单向学习者提供问题解决过程的各个步骤,使其明确解决问题各阶段的具体要求并提供成功解决问题的经验规则。学生在完成学习任务时可以参考过程清单,也可以用此记录问题解决过程中各阶段的即时结果。"[①]同时,问题解决过程是综合运用概念性知识、程序性知识和元认知的过程。与问题解决相关的专项技能应当提前进行教学。在回顾与总结时,首先要对问题解决的结果进行检验;其次,对问题解决的步骤及方法进行提炼总结,由于问题解决的过程往往伴随着新的规则、策略的产生,通过回顾和总结,要将这些新的规则和策略进行归纳和概括,从而内化为学生认知结构的一部分;最后,要将问题类型、新的规则和策略与已有概念原理、规律、方法策略建立联系。

同时,我们也注意到,广义知识教学的一般模型中提到的"六步"在不同的教学设计中的侧重程度是不同的。根据侧重程度的不同,又可以划分为三种课型:(1)新授课:主要用于传授数学新知识和新技能的授课类型。新授课的主要目标是实现新知识的习得,促进新知识进入原有命题网络。因此,引起注意与告知目标、提示学生回忆原有知识、呈现有组织的信息、阐明新旧知识关系是新授课的主要教学步骤。(2)复习课:主要用于归纳整理某一阶段所学知识,使其结构化、精细化、综合化,进一步巩固、深化基础知识,促进知识转化为技能的授课类型。复习课的主要目标是实现新知识的巩固与转化。引起注意与告知目标、对复习与记忆提供指导或变式练习是复习课的主要教学步骤。(3)试卷讲评课:主要用于提炼思想方法、实现问题解决的授课类型。试卷讲评课的主要目标是促进知识的迁移和运用。引起注意与告知目标、根据线索提取知识或在新情境中运用技能是试卷讲评课的主要教学步骤。表3-2、表3-3、表3-4分别呈现了设计新授课、复习课、试卷讲评课的主要方法或技术。

---

① 保罗·基尔希纳,约翰·斯维勒,理查德·克拉克,钟丽佳,盛群力.为什么"少教不教"不管用:建构教学、发现教学、问题教学、体验教学与探究教学失败析因[J].开放教育研究,2015,21(02):16-29+55.

表 3-2　设计新授课(新知识的习得阶段)的主要方法或技术

教学步骤	主要可供选择的方法或技术	预期的目标
1. 告知目标	讲述,板书或由问题引入等。	引起注意,激发兴趣。
2. 复习旧知识	提问,小测验等。	激活原有知识。
3. 呈现新知识	设计先行组织者、图表;教师讲授;指导学生自学、提供直观材料等。	选择性知觉新信息。
4. 促进新知识的理解	比较新知识内部的异同;比较新知识与相关的原有知识的异同;运用类比等。	使新知识进入原有认知图式,理解新知识。

表 3-3　设计复习课(新知识的巩固与转化阶段)的主要方法或技术

复习课呈现的知识的特点	主要方法或技术	预期的目标
1. 知识的结构化	借助思维导图或知识结构图等呈现出已学知识的层次性和逻辑性,强调知识本质和核心概念。	促进学生已有图式的完善。
2. 知识的精细化	引导学生对概念进行辨析;对概念理解的易错点及时追问;及时提供反馈,纠正练习中的错误;让学生带着问题复习、讨论等。	巩固新知识,防止遗忘,学会记忆和复习的方法。
3. 知识的综合化	设计变式练习,促进学生综合运用知识解决问题;对学生的复习、记忆方法等提供指导。	使知识转化为技能或认知策略。

表 3-4　设计试卷讲评课(新知识的迁移阶段)的主要方法或技术

试卷讲评课的教学目标	主要方法或技术
1. 通过"数据分析"找出出现普遍问题的试题	(1) 共性问题:
2. 通过"任务分析"找到问题的具体可控的成因	错题归类⇒错因及解题思路分析⇒变式练习⇒概括总结
3. 针对问题成因,设置具体教学目标	(2) 个性问题:
4. 围绕目标"规-例"结合实施教学,突出稳定的规则,避免就题讲题	以小组为单位,同伴互助。

第三节　教学案例分析

　　基于知识类型划分的课型将在本书第五章至第九章详细阐述,具体的教学案例也将在后续章节中呈现。下文给出的三个教学案例分别是《分类加法计数原理和分步乘法计数原理1》、《三角形的整理和复习》以及《勾股定理》期末单元复习试卷讲评课的教学设计,分别对应新授课、复习课和试卷讲评课,其侧重的教学步骤有所不同。本节将通过广义知识的教学模型来解释这三类课型在方法和技术方面的差异。

1.《分类加法计数原理和分步乘法计数原理1》(新授课)教学设计

圆玄中学　曾子斌

【课标要求】

能够结合具体实例,识别和理解分类加法计数原理和分步乘数原理及其作用,并能够运用这些原理解决简单的实际问题。

【教学目标】

1. 能结合具体问题解释分类加法计数原理和分步乘法计数原理的区别与联系(概念性知识的理解);

2. 在比较分类加法计数原理和分步乘法计数原理的基础上,归纳出它们的概念(概念性知识的理解);

3. 能够运用分类加法计数原理和分步乘法计数原理解决一些实际问题(程序性知识的运用);

4. 在解决实际问题的过程中渗透化归思想(元认知知识的运用)。

【任务分析】

(一) 使能目标分析(寻找"先行条件",建立逻辑关系)

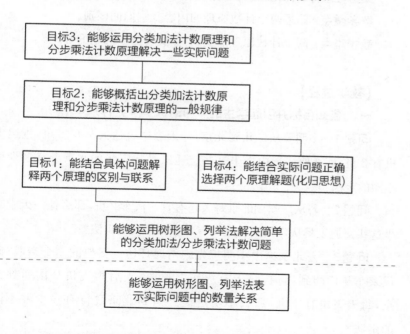

(二) 起点能力分析(判断学生是否掌握与本节课内容相关的起点能力)

能够运用树形图、列举法表示实际问题中的数量关系。

【教学策略】

（一）目标分类

表 1　目标、教学活动和测评在分类表中的位置

知识维度	认知过程维度					
	记忆	理解	运用	分析	评价	创造
事实性知识						
概念性知识		目标1、2 活动1、2				
程序性知识			目标3 测评1 测评2	活动3		
元认知知识			目标4 活动3			

（二）学习结果分类

本节课涉及的学习结果分别是言语信息、智慧技能以及认知策略，并以智慧技能中的规则学习为主。

（三）学习过程与条件分析

支持性条件：转化思想、语言概括能力。

教学重点：熟悉两个计数原理的内容及它们的区别。

教学难点：两个计数原理的应用，分类与分步问题的确定。

【教学过程】

一、告知目标并引起学生的学习动机[1]（4分钟）

问题 1　小明要从广州到北京，一天当中直达火车有 4 班，直达飞机有 2 班，那么他一天中乘坐这些交通工具从广州到北京会有多少种不同的走法？

问题 2　若从广州到北京每天还有直达汽车 2 班，那么他一天中乘坐这些交通工具从广州到北京又有多少种不同的走法？

问题 3　去北京途中小明想先到南通拜访一下他的一个亲戚，假设乘车从广州到南通，每天有火车 2 班，一天后乘飞机从南通到北京，每天飞机有 3 班，那么小明这次广州到北京之行有多少种不同的走法？

二、复习与本课题有关的原有知识[2]（4分钟）

解答上述 3 个问题，说说你的依据；请你说说分类加法计数原理和分步乘法计数原理的典型特点是什么。

[1] 通过实例让学生感受分类加法计数原理和分步乘法计数原理的特点；通过对比区分两个计数原理，让学生对分类或分步标准的确定有更清晰的认识。

[2] 引导学生能够正确辨别出分类加法计数原理和分步乘法计数原理；会用树形图或列举法解题，唤醒学生的感性认识；引导学生进行提炼概括，从而形成概念；强调数学语言的精练与严谨。

三、 呈现精心组织的新信息(7分钟)

活动1：探究分类加法计数原理[3]

通过问题1和2,然后回答以下问题：

1. 选择每一类方法的标准是一致的吗？是否要全面、不重不漏？

2. "类"与"类"之间是否是并列的、独立的、互斥的？能否说它们两两的交集为空集？

3. 每一类方法中的任何一种方法均能将这件事情从头至尾完成吗？

教师用课件演示树形图后,试分析：(1)完成一件事有两类不同方案,在第1类方案中有 m 种不同的方法,在第2类方案中有 n 种不同的方法,那么完成这件事共有 $N = m + n$ 种不同的方法；(2)做一件事情,完成它可以有 n 类办法,在第一类办法中有 m_1 种不同的方法,在第二类办法中有 m_2 种不同的方法,……,在第 n 类办法中 m_n 种不同的方法,那么完成这件事共有 $N = m_1 + m_2 + \cdots + m_n$ 种不同的方法。[4]

活动2：探究分步乘法计数原理

通过问题3,然后回答以下问题[5]：

1. "步"与"步"之间是连续的、不间断的、缺一不可的,能否重复、交叉？

2. 若完成某件事情需 n 步,其中每一步的任何一种方法只能完成这件事的一部分,是否必须完成这 n 个步骤后,这件事情才算完成？

教师用课件演示图形后,试分析：(1)完成一件事需要两个步骤,做第1步有 m 种不同的方法,做第2步有 n 种不同的方法,那么完成这件事共有 $N = mn$ 种不同的方法；(2)做一件事情,完成它需要分成 n 个步骤,做第一步有 m_1 种不同的方法,做第二步有 m_2 种不同的方法,……,做第 n 步有 m_n 种不同的方法,那么完成这件事有 $N = m_1 m_2 \cdots m_n$ 种不同的方法。[6]

四、 师生共同总结，得出新的知识(15分钟)

活动3：探究正确选择两个原理解题[7]

小强同学有课外参考书若干本,其中有5本不同的英语书,4本不同的数学书,3本不同的物理书,她欲带参考书到图书馆阅读。

(1)若她从这些参考书中带1本去图书馆,有多少种不同的带法？

(2)若她带英语、数学、物理参考书各1本去图书馆,有多少种不同的带法？

(3)若她从这些参考书中选2本不同学科的参考书去图书馆,有多少种不同的带法？

小组讨论：你能用所学过的知识解答此题吗？

[3] 检验并强化对概念的认识(目标1)；通过归纳,让学生对分类加法计数原理产生直观感受。

[4] 通过演示,让学生直观地了解分类加法计数原理,并在此基础上总结出其相关结论(目标2)。

[5] 检验并强化对概念的认识(目标1)；通过归纳,让学生对分步乘法计数原理产生直观感受。

[6] 通过演示,让学生直观地了解分步乘法计数原理,并在此基础上总结出其相关结论,在后续的学习过程中有"章"可循(目标2)。

[7] 通过对比区分两个计数原理,让学生对分类或分步标准的确定有更清晰的认识；通过例题示范让学生掌握两个计数原理的思维过程和思考步骤(目标2)。

总结：

两个原理的共同点是把一个原始事件分解成若干个分事件来完成。不同点在于，一个与<u>分类</u>有关，一个与<u>分步</u>有关，如果完成一件事情共有 n 类办法，这 n 类办法彼此之间相互独立，无论哪一类办法中的哪一种方法都能单独完成这件事情，求完成这件事情的方法种数，就用<u>分类加法计数原理</u>；如果完成一件事情需要分成 n 个步骤，各个步骤都不可缺少，需要依次完成所有的步骤才能完成这件事，而完成每一个步骤各有若干种不同的方法，求完成这件事情的方法种数就用<u>分步乘法计数原理</u>。

五、促进学习结果的运用和迁移(15分钟)

【练习】

甲厂生产的收音机外壳形状有 3 种，颜色有 4 种，乙厂生产的收音机外壳形状有 4 种，颜色有 5 种，这两厂生产的收音机仅从外壳的形状和颜色看，共有多少种不同的品种？[8]

测评 1. 书架上层放有 6 本不同的数学书，下层放有 5 本不同的语文书。[9]

(1) 从中任取一本，有多少种不同的取法？

(2) 从中任取数学书与语文书各一本，有多少种不同的取法？

测评 2. 校园文化节活动中，高中一年级获奖者中男学生有 5 人，女学生有 4 人。

(1) 从中任选一人作为代表去领奖，有多少种不同的选法？

(2) 从中任选男、女学生各一人去参加座谈会，有多少种不同的选法？[10]

[8] 熟悉两个计数原理，培养学生的运用能力和快而准的运算能力。强化"大胆猜想、小心论证"和"化归"的数学思想方法（目标3）。

[9] 将分类加法计数原理和分步乘法计数原理的相关知识迁移至实际情境中，让学生通过练习巩固相应的知识，并体会其实际意义。

[10] 通过练习巩固分类加法计数原理和分步乘法计数原理；促进学生对这两个原理的掌握与运用。

点评

这节课呈现的是一节新授课，其学习结果类型以智慧技能的规则学习为主。根据广义知识模型中的六个步骤，本节课侧重前四个步骤，后两个步骤的教学内容需要在相应的复习课与试卷讲评课中不断完善。由于学生在学习之前已经对树形图、列举法有了基本的认识，故教师采用例规法教学，通过对生活实例的正确辨别，提炼特征，从而习得对原理的理解，再通过变式练习，实现原理的陈述性阶段向程序性阶段的转化。该教学设计中学生的学习起点定位准确，教学目标的设置和陈述规范准确，所开展的教学活动符合规则学习的规律。比如对两个原理进行合理的分类，说出分类依据，从而概括出两个原理的特点。活动1和活动2是为了实现目标1和目标2而设置，两个活动共同构成分类加法计数原理与分步乘法计数原理的陈述阶段，其最终目标是为了促进目标3的实现。因此，目标1和目标2不作单独测评。与目标3对应的是活动3与测评1、测评2，其中活动3的认知水

数学学习与教学论

平略高于目标和测评,也就是测评与目标一致、教学略高于目标,这样的设置在新授课的教学中是允许的。同时,活动 3 也向学生进一步渗透转化数学思想。虽然这一思想不易测评,却仍在教学中渗透,一方面是为了目标 2 的完成,另一方面是为了让学生在长期数学学习中习得认知策略。在练习过程中呈现一些实际问题,促进规则的运用和迁移,通过学生相互交流、展示,教师点评,巩固这两个原理,以便熟练运用这两个原理解决一些简单的实际问题。

2.《三角形的整理和复习》教学设计

花都区新华街棠澍小学　钟月华

【课标要求】

1. 认识三角形,通过观察、操作,了解三角形两边之和大于第三边、三角形内角和是 180°。

2. 认识三角形、等腰三角形、等边三角形、钝角三角形。

【教学目标】

1. 学生能独立整理三角形的有关知识点:会说出三角形的概念、三角形各部分的名称以及三角形的特性;会按不同的分类方法给三角形分类;会举例说出特殊的三角形(概念性知识的理解)。

2. 能运用知识解决实际问题:会画三角形的高;会求三角形、四边形和多边形的未知角的度数(程序性知识的运用)。[1]

[1] 本课的教学目标是智慧技能中的规则应用,教学目标首先是完成事实性的知识性目标,再基于生活经验完成概念性的知识理解,最后通过实践操作完成程序性知识的运用。

[2] 通过寻找先行条件,利用逻辑关系图确定不同的教学目标。

【任务分析】

(一) 使能目标分析[2] (寻找"先行条件",建立逻辑关系)

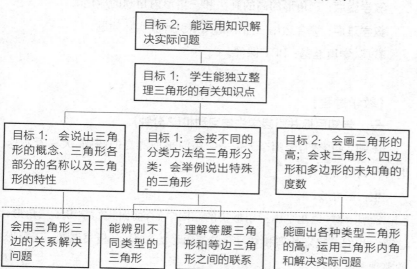

（二）起点能力分析（判断学生是否掌握与本节课内容相关的起点能力）

学生已经学习了三角形的知识，能画出各类三角形的高；能用三角形的三边关系解决问题；理解等腰三角形和等边三角形之间的联系；运用三角形内角和解决问题。

【教学策略】

（一）目标分类

表1　目标、教学活动和测评在分类表中的位置[3]

	认　知　过　程					
	记忆	理解	运用	分析	评价	创造
事实性知识						
概念性知识		目标1 活动1、2 测评1、2				
程序性知识			目标2 活动3、4 测评3、4			
元认知知识						

（二）学习结果类型分类

智慧技能的学习。

（三）学习过程与条件分析

支持性条件：学生有独立整理知识的能力，能根据知识点构建知识网络。

教学重点：三角形的高的画法和三角形内角和的应用。

教学难点：综合运用三角形相关知识解决实际问题。

教具、学具准备：PPT课件。

【教学过程】

一、告知目标并引起学生学习动机(2分钟)

1. 师：同学们，老师今天带来一幅简单而漂亮的图画，大家看看这里有什么图形？

生：三角形。

2. 师：对，鱼儿是用三角形拼的。同学们，前面我们学习了三角形，这节课我们一起来整理和复习有关三角形的知识。（板书课题：三角形的整理和复习）[4]

[3] 基于认知过程的种类将教学目标、教学活动在表中进行归类，教师可利用其深化对教学目标的理解。

[4] 由三角形拼成的一幅美丽图画引入，激发了学生的学习动机和学习需求，为进一步整理和复习做好铺垫。

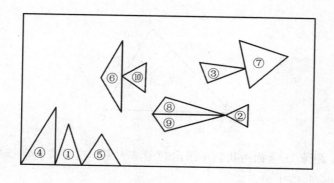

二、 师生共同总结，归纳整理知识(20分钟)

(一)知识回顾，归纳梳理(3分钟)

1. 师：同学们，课前我们已经自主整理了知识，下面我们再来回忆一下，这个单元我们学了哪些知识？

2. 教师引导学生整理成网络，板书知识框架。[5]

(二)展示汇报，再现知识(17分钟)

活动1：复习"三角形的认识"

第一小组汇报，并出题考考大家。

汇报知识点有：(1)三角形的意义；(2)三角形各部分的名称；(3)三角形的底和高。

1. 汇报

生1：课前我们已进行小组交流，下面由我们小组来复习"三角形的认识"。

生1：由三条线段围成的图形(每相邻两条线段的端点相连)叫作三角形。(把下面的三角形贴到黑板上)

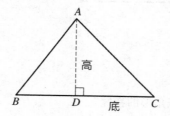

生2：三角形有3条边，3个角，3个顶点。

生3：为了表达方便，用字母 A、B、C 分别表示三角形的三个顶点，上面的三角形可以表示成三角形 ABC。

生4：从三角形的一个顶点到它的对边作一条垂线，顶点和垂足之间的线段叫三角形的高，这条对边叫作三角形的底。三角形有3条相对应的底和高。

[5]通过分类、梳理，让学生构建起基础知识结构网络，形成一个完整的单元知识系统，提高了学生自主整理知识的能力。

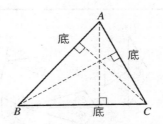

2. **测评** 1：下面由我们小组出题考考大家。这是我们常错的题目（学生出题，PPT 显示）。

① 判断

a）由三条线段组成的图形就是三角形。（　　）（强调"围成"）

b）直角三角形只有一条高。（　　）（所有三角形都有三条高）

② 抢答

下图中，三角形底 *AB* 边上的高分别是什么？（强调直角三角形的直角边互为底和高，钝角三角形有 2 条高在边的延长线上）

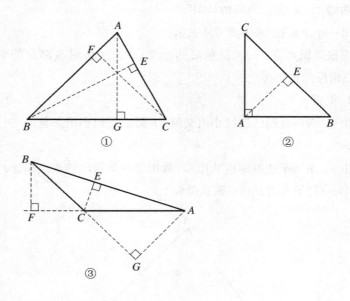

活动 2：复习"三角形的特性"

第二小组汇报知识点，并出题考考大家。

汇报的知识点有：（1）三角形的稳定性；（2）三角形三边的关系。

1. 汇报

生 1：同样长度的三条线段围成的三角形是唯一的。三角形具有稳定性。

生 2：举例（略）说出三角形能使物体更加稳固。

生 3：出示图片说明两点间的所有连线中线段最短。

数学学习与教学论

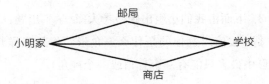

生 4：三角形的两边之和大于第三边。

2. **测评 2**：下面由我们小组出题考考大家（学生出题，PPT 显示）。

判断：下面哪组中的三条线段可以围成三角形呢？（将较短的两条线段之和与最长的线段相比较，大于最长的线段就能围成三角形，反之则不能）

(1) 4　3　5

(2) 2　6　7

(3) 5　5　10

(4) 3　4　8

活动 3：复习"三角形的分类"

第三小组汇报知识点，并出题考考大家。

汇报的知识点有：(1) 复习按角来分的三角形分类；(2) 复习按边来分的三角形分类。

1. 汇报

生 1：把三角形看作一个整体，三角形可以分为锐角三角形、直角三角形和钝角三角形。（出示集合图）

生 2：按边来分怎样分？（出示集合图）三角形分为不等边三角形和等腰三角形，其中等边三角形是特殊的等腰三角形。

生 3：等腰三角形的两腰相等，两个底角的度数相等。

生 4：等边三角形三条边相等，三个角相等，每个角都是 60 度。

2. **测评 3**：下面由我们小组出题考考大家（学生出题，PPT 显示）。

① 猜一猜：被信封遮住的是什么三角形？你是怎样判断的？（强调一个三角形中最多只能有一个直角或一个钝角）

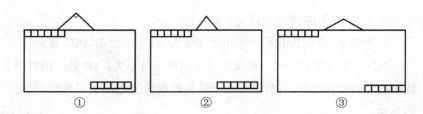

①   ②   ③

② 判断

a) 直角三角形的两个锐角之和等于 90 度。（   ）

b) 直角三角形中斜边是最长的边。（   ）

c) 等腰三角形一定是锐角三角形。（   ）

③ 抢答

a) 一个等腰三角形的周长是 38 厘米，底边 18 厘米，它的腰是（   ）厘米。

b) 一个等腰三角形的周长是 18 厘米，腰是 5 厘米，它的底边是（   ）厘米。

活动 4：复习"三角形的内角和"

第四小组汇报知识点，并出题考考大家。

生 1：三角形的内角和是 180 度。四边形的内角和是 360 度。多边形内角和＝（多边形边数－2）×180°。

生 2：（**测评 4**）下面我来考考大家：

1. 计算三角形中∠3 的度数，并判断它是什么样的三角形。

(1) ∠1＝20°，∠2＝70°，∠3＝（   ），是（   ）三角形。

(2) ∠1＝55°，∠2＝45°，∠3＝（   ），是（   ）三角形。

2. 这个六边形的内角和是（   ）。

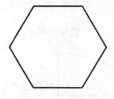

（三）根据学生的汇报进行小结[6]

三、促进学习结果的运用和迁移(16分钟)

第一关：说一说

如图，三角形 *ABC* 截去 *B* 角，剪掉的部分内角和是多少？剩下的

[6] 学生汇报各部分知识，通过辨析比较，学生能够区分并弄清易混淆的概念，掌握知识的内在联系，有助于突破本单元的重难点。接着引导他们自己出题巩固知识、化解难点。从出题到作业展示，都给学生极大的自主空间，课堂的主动权还给了学生，充分调动了学生的积极性，使课堂效果更加有效、科学。

图形的内角和是多少度？

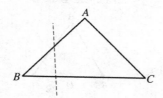

第二关：画一画

纠正下面各三角形高的错误画法。

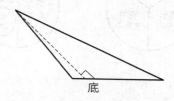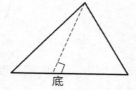

底　　　　　　　　　　底

第三关：选一选

等腰三角形中有一个角是 50°，另外两个内角是（　　）。

A. 都是 50°；

B. 是 50°和 80°；

C. 是 50°和 80°，或者都是 65°。

第四关：连一连

有两个锐角，没有直角，三边不等　　　锐角三角形

三个角相等　　　　　　　　　　　　　直角三角形

没有直角和钝角且两边相等　　　　　　钝角三角形

有一个直角，两条边相等　　　　　　　等腰三角形

　　　　　　　　　　　　　　　　　　等边三角形

第五关：算一算[7]

如图，∠A＝（　　）。

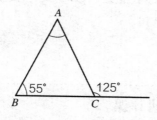

[7] 闯关练习设计，既使学生巩固了所学的基础知识，形成技能技巧，又激发了学生的练习兴趣。在发展学生的逻辑思维能力的同时，也提升了学生解决实际问题的能力。

四、课堂总结（2分钟）

1. 评一评。

2. 欣赏图片（学生的思维导图）。

板书设计:

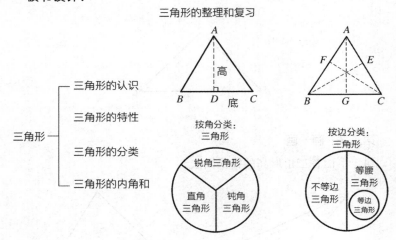

三角形的整理和复习

三角形 —— 三角形的认识
三角形的特性
三角形的分类
三角形的内角和

点 评

　　这节复习课是对智慧技能的进一步学习。根据广义知识模型中的六个步骤,这节课的教学重心在后面两步,也就是侧重对复习与记忆提供指导,以促进知识向技能的转化。由于学生已经学习了三角形的知识,因此对建构三角形的知识网络难度不大。本课先让学生课前梳理知识,建构知识网络,并进行小组交流。这样就训练了学生自主构建知识的能力。让小组汇报复习各块知识点,学生通过辨析比较,区分并弄清易混淆的概念,掌握知识的内在联系,从而突破该单元的重难点,进一步培养了学生小组合作的能力。接着引导他们自己出题巩固知识、化解难点。从出题到各自的展示,都给学生很大的自主空间,把课堂的主动权还给了学生,充分调动了学生的积极性,使复习课堂不再沉闷,教学效果得到提升。

　　活动1和活动2加强了对概念的理解,是为了实现目标1而设置。活动3和活动4是对程序性知识的运用,最终目标是为了促进目标2的实现。活动1—4与测评1—4一一对应,既使学生巩固了所学的基础知识,形成技能技巧,又激发了学生的练习兴趣。在发展学生的逻辑思维能力的同时,也提升了学生解决实际问题的能力。整节课当中学中有练,练中有学,充分调动学生的动口、动手等各种感官能力,教师只是学生学习的引导者,学生才是学习的主人,课堂成为学生学习展示的乐园。

3.《勾股定理》期末单元复习卷试卷讲评课

圆玄中学　彭明辉

【课标要求】

运用勾股定理解决一些简单的实际问题。

【教学目标】

1. 能运用勾股定理和方程的思想解决几何问题（程序性知识的分析水平）；

2. 在解决实际问题的过程中，能够有组织地结合已知条件和现实情境构造直角三角形（程序性知识的分析水平）[1]。

【任务分析】

（一）使能目标分析[2]（寻找"先行条件"，建立逻辑关系）

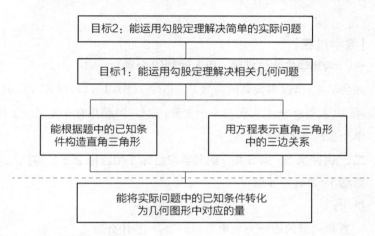

（二）起点能力分析

学生与本节课内容相关的起点能力，包括知识基础和生活经验：

1. 能够运用勾股定理求直角三角形的第三边；

2. 能够运用勾股定理逆定理判定三角形是不是直角三角形；

3. 能够运用数形结合思想和构造法求特殊四边形的边长和面积。

【教学策略】

（一）目标分类

表1　目标、教学活动和测评在分类表中的位置[3]

	认知过程					
	记忆	理解	运用	分析	评价	创造
事实性知识		活动1				
概念性知识		活动2 测评1				
程序性知识				目标1、2 测评2、3 活动3—6		
元认知知识						

[1] 本课的教学目标是智慧技能中的规则应用，教学目标首先是完成事实性知识和概念性知识的理解，再基于几何问题和简单实际问题完成对程序性知识不同程度的分析。

[2] 通过寻找先行条件，利用逻辑关系图确定不同的教学目标学习。

[3] 基于认知过程的种类将教学目标、教学活动在表中进行归类，可深化教师对教学目标的理解。

（二）学习结果类型分类

智慧技能中的规则学习以及认知策略的学习。

（三）学习过程与条件分析

支持性条件：命制《勾股定理》期末单元复习卷、完成单元测试、考卷中相关数据的分析、分析本章哪些是学生共性的错误、哪些是个性化的错误；

教学重点：教学目标1；

教学难点：教学目标2。

【教学过程】

一、告知学生测试结果，引入课题(3分钟)

知会学生，错误率偏高的题号是6,8(A)(B),10,11,14,17,其中第10题有13人得0分，8人得分少于3分；第17(2)题只有6人完全正确。

学生在试卷上标记题号。

二、讲评第6、第8题，实现学习目标1和目标2(5分钟)

活动1：讲评第6题[4]

提问：

1. 直角三形的边分为直角边和斜边，x 是什么边？

2. 运用哪个知识点求解？

3. 怎么求？

4. 有23人(一半人数)只求得 $x=10$，错误的原因是什么？

归纳：

运用勾股定理求边：

一是先分清直角边和斜边，没有明确哪条边是斜边，必须分类讨论。

二是再运用两条直角边的平方和等于斜边的平方求未知的边。

活动2：讲评第8题[5]

提问：

1. 运用哪个知识点？

2. 有19人漏选B，错误的原因是什么？有22人选D，错误的原因是什么？

归纳：

运用勾股定理的逆定理判定三角形是不是直角三形：

一是明确哪三个数，比较边的长短，找出最长的边；

二是若两短边的平方和等于长边的平方，则这个三角形是直角三角形，且长边是斜边。

[4] 在老师的追问中学生进一步明确规则的运用必须先分清直角边和斜边，没有明确哪条边是斜边，要分类讨论。

[5] 在老师的追问中学生进一步明确运用勾股定理的逆定理必须先分清边的长短，找出最长的边。

测评 1：第 6、第 8 题的变式训练[6]

1. 若一个直角三角形的三边长为 x，3，4，则 $x=$ _____。

2. 已知：在 $\triangle ABC$ 中，$\angle A$、$\angle B$、$\angle C$ 的对边分别是 a，b，c，分别为下列长度，判断该三角形是不是直角三角形，并指出哪一个角是直角。

$$a=1,\ b=\sqrt{2},\ c=1;\ a=3k,\ b=4k,\ c=5k(k>0)$$

归纳解题方法。

[6] 巩固强化，获得解这一类问题的解题方法和策略，明确勾股定理及其逆定理是三角形三边的一种什么样的特殊关系。

三、 讲评第 11、第 17 题，实现学习目标 1 和目标 4(15 分钟)

活动 3：讲评第 11 题[7]

1. 画示意图；

2. 提问：求什么？求边有哪些方法？这道题用什么方法求？

归纳：

1. 利用水平方向和铅直方向的垂直关系，将直角梯形分割成一个矩形和一个直角三角形，即将四边形的问题分割成特殊的四边形和特殊的三角形来解决。

2. 用勾股定理求边是常用的一种方法。

[7] 引导学生将实际问题中的已知条件转化为几何图形中对应的量（边或角），并掌握构造直角三角形的方法和策略。

活动 4：讲评第 17 题[8]

1. 审题：

定点 A 市，动点台风中心 P 在射线 BF 上移动，即台风中心 P 移动的路径是一条射线。

2. 提问：

（1）台风中心 P 从射线的端点 B 开始运动，随着时间的推移，与 A 市的距离如何变化，即线段 AP 的长度如何变化？并画示意图说明。

（2）当线段 AP 多长时，不受台风影响？

当线段 AP 多长时，受台风影响？

（3）在射线上找到 A 市开始受台风影响和影响结束、影响最大时的台风中心的三个位置，并说明理由。

3. 归纳：

当 $AP>200$ 时，A 市<u>不</u>受台风中心 P 影响；

当 $AP\leqslant 200$ 时，A 市受台风中心 P 影响；影响由弱到强，达到最强后，再由强到弱，直至结束。

方法：运用点到直线的距离中"垂线段最短"构造直角三角形，然后将实际问题中的相关量转化为直角三角形的边和角，运用勾股定理解决实际问题。

[8] 帮助学生理解题意，画出示意图；帮助学生掌握构造直角三角形的方法和策略。

测评 2：第 11、第 17 题的变式训练[9]

如图，A、B 两个小集镇在河流 CD 的同侧，到河的距离分别为 $AC=$

[9] 巩固强化，获得构造直角三角形的解题方法和策略。

10 千米, $BD = 30$ 千米, 且 $CD = 30$ 千米, 现在要在河边建一自来水厂, 向 A、B 两镇供水, 铺设水管的费用为每千米 3 万元, 请你在河流 CD 上选择水厂的位置 M, 使铺设水管的费用最节省, 并求出总费用是多少?

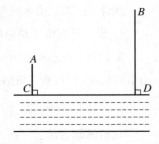

1. 参与小组讨论, 指导学生画示意图; 展示不同的画法。

2. 投影学生答案, 展示解题过程。

四、 讲评第 10、第 14 题, 实现学习目标 3(15 分钟)

[10] 帮助学生理解勾股定理中所包含的方程思想。

活动 5: 讲评第 10 题[10]

提问:

(1) 能直接在 Rt△ADB 求 AD 吗? 在 Rt△ADC 中求呢?

(2) BD、CD 能求吗?

(3) 已知三边, 运用什么知识能求出 AD?

反问, 直接设 AD, 可以吗?

归纳:

在直角三角形中, 如果只已知一边, 并知其他两边的数量关系, 运用勾股定理中所包含的方程思想可以求出另外两边。

[11] 通过老师点拨, 引出方程的思想。

活动 6: 讲评第 14 题[11]

1. 提问: 四边形 $ABCD$ 是特殊的四边形吗? 如何求面积?

2. 投影分析学生的错误。

3. 提问: 为什么做到这里没法往下做了? "四边形的周长为 32" 这个条件有什么用?

4. Rt△CDB 中有哪些已知条件?

归纳:

在直角三角形中, 如果只已知一边, 并知其他两边的数量关系, 运用勾股定理中包含的方程思想可以求出另外两边。

[12] 检测目标 3 的实现情况。

测评 3: 第 10、第 14 题的变式训练[12]

如图, △ABC 中, $AC = 4$, $\angle A = 45°$, $\angle B = 60°$, 求△ABC 的面积。

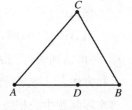

1. 参与学生小组讨论;

2. 投影学生的答案。

五、 课堂小结(2 分钟)

(一) 解题的三个基本步骤

1. 已知什么、求什么? (审题细致)

2. 怎么求?

"知识点＋解题方法＋解题策略"。

（知识点要熟练、多积累方法和策略）

3. 写出解题过程（书写规范、工整、排版合理）。

（二）运用勾股定理解决简单实际问题的解题方法和策略

1. 将实际问题转化为数学问题（几何图形），画示意图；

2. 构造相关的直角三角形；

3. 运用勾股定理，直接求边或列方程求边；

4. 运用勾股定理解决简单的实际问题。

点 评

　　这节课是典型的试卷讲评课，目的是巩固已经习得的规则和认知策略。虽然学生之前已经学习过勾股定理相应的规则并习得一定的认知策略，但是运用勾股定理解决几何问题和简单的实际问题仍是一个难点。根据广义知识模型中的六个步骤，本节课侧重于最后两个步骤，即对重点难点问题的变式训练，以促进规则的自动化。本节课中，教师首先对《勾股定理》期末单元复习试卷进行了总结，将学生错误率较高的问题根据考查内容分成了 3 类，并据此设定学习目标、学习活动和测评活动，和学生一起就错误率较高的题目进行了分析与反思，试图帮助学生进一步理解勾股定理的相关知识，并能够运用勾股定理及相关策略正确解决问题。该教学设计根据课程标准的要求和学生的考试结果确定了恰当的教学目标，并根据教学目标设计学习活动和测评活动，测评活动最终又指向学习目标的反思与检测，目标、活动与测评三者具有较高的一致性。例如目标 1—2、活动 2—3 和测评 3—6 相互对应，共同达成本课的学习任务。教学目标的陈述方式符合一定的规范，目标所涉及的知识类型与认知水平可实施、可测评。不同学习活动之间在认知上又具有一定的层次性，活动 1—2 奠定了活动 3—6 的基础，测评也是如此。通过试卷讲评课，学生对概念性知识和程序性知识的认知水平都得到了不同层次的提升。

第四章　学习者及其环境分析

第二章分析了学生在学习新的任务时必须具备的起点能力,如学习证明弦切角定理,其起点能力包括圆心角概念的掌握和用全局的观点分析问题的思维习惯。除了这些起点能力之外,学习者的一般能力、差别能力、认知能力、认知方式、动机特征以及认知发展水平等也会对教学有重要影响。这些特征也是教学设计者和教师必须考虑的。此外,学生的学习总是在一定的外部环境(包括物质环境和人文环境)下进行的。因此,本章先从差异心理考虑影响学生学习的特征,然后从发展方向来看影响学生学习的特征,最后论述影响学生学习的环境因素。

第一节　影响学习的学生差异特征

从素质教育的观点看,影响学习的学生差异因素也称学生的素质。学生有天生的、习得的和在发展中形成的三种不同素质。下面分别论述学生这三方面的素质差异及其对学习的影响。

一、先天素质

先天素质指人的发展的先天遗传基础,主要是指神经解剖基础。心理学的研究表明,从信息加工的观点看,人的先天素质可能影响信息的输入、信息的内部加工和信息提取。例如人的视敏度(即视力)有个别差异,它影响人的知觉,但视敏度在很大程度上是天生的,不可能通过学习来改善。又如,人的短时记忆容量为 7 ± 2 个信息单位。正如我们在打电话时,看一眼就能记住的电话号码位数不会超过 9 个。心算时,人要把相关数字记在心里,数字多了会有很多困难。研究表明,虽然可以通过组块的方式扩大每一个单位的信息量,但人在短时间能记住的信息单位数量基本上是天生的。这一点对于数学教学而言非常重要。如果教师在数学课上提供的数字太多、太快,而且缺乏组织,超过了学生的记忆容量,学习便会终止。这就要求教师在新授课时提供的新信息不宜过多、过快,而且新信息应与学生熟悉的信息一起呈现。

研究表明,个人从长时记忆中提取语词信息的速度存在差异。而且这种差异与智力测量有明显的一致性,即信息提取速度与智商呈正相关。心理学家认为这种信息提取速度的差异是天生的,不能通过教育来改变。

二、习得的素质

习得的素质指后天通过经验或接受系统教育所获得的素质。根据加涅的学习结果分类,学生后天习得的素质是由言语信息、智慧技能、认知策略、动作技能和态度构成的。就数学学习而言,学生的言语信息包括学生掌握的言语知识、日常生活经验以及题型图式知识。例如,学生解应用题时,他们必须利用言语知识读懂题目的字、词、句,然后利用日常生活经验理解题意。研究表明,在干旱山区生活的儿童从未见过河流,他们难以理解船在流水中航行的速度和行程问题。对数学学习来说,在习得的素质中,智慧技能尤为重要,因为数学知识具有严密的逻辑性。先前习得的概念、原理、定理、公式等是新学习的必要条件,所以在教学设计中,要求学生必须百分之百掌握先前的目标才能进入新的智慧技能学习。但由于学生学习速度有差异,许多学生并未百分之百掌握先前的目标就进入新任务的学习,结果导致学习失败。对于数学来说,先前习得的学习策略(如在解应用题时,先理解题意,之后才开始考虑解题计划;在解答之后反思答案是否符合题意等)也会影响新的学习。加涅说:"认知策略的两个特征值得注意:第一,它们是一些控制智慧技能的选择和运用的步骤;第二,策略的结构本身并不复杂。"[1]例如,在几何中通过作辅助线把新知识与旧知识联系起来,从而达到解决新问题的目的,这便是一个常用的策略。策略对新学习的影响起加速或减缓作用。好的策略可以加快学习;不良的策略(如死记硬背、题海战术等)会减缓学习。学习态度对新学习的作用类似于策略,也可以起加速或减缓新学习的作用,但态度也是学习的结果。数学学习成功的学生,对学习抱积极态度,积极的学习态度又会增强学生努力,取得新的成就;数学成绩不良,导致学生害怕学数学,甚至对学数学丧失信心。国外的研究表明,升入初中以后,女生比男生更害怕数学。但进一步研究的结果表明,女生并不比男生天生缺乏数学能力。女生之所以更害怕数学,是因为她们在遭受挫折后,容易采取回避的态度。如果这种态度未得到及时纠正,暂时的态度会逐渐形成一种稳定的人格特征,让她们成为见了数学就害怕的人。

三、 发展中形成的素质

学生在发展中形成的素质主要指学生的智商水平和其他人格特征。

(一)学生的智力差异

在心理学中,用智力测验测量学生的智力水平。智力测验的结果得出学生的智商(IQ)。智商是学生在智力测验中的得分与其实际年龄(即实龄)之比。在计算智商时,学生在智力测验中的得分要转化为智力年龄(即智龄)。$IQ=MA(智龄)/CA(实龄)\times100$。假定一个男孩,他的实龄是 8 岁,他得到的智龄分为 7 岁,代入上述公式,其 IQ 是 $7/8\times100=87$;若他的智龄分是 8 岁,那么其 IQ 是 100;如果其智龄分为 9 岁,则其 IQ 为 112。智商是影响学生数学学习的一个重要因素,因为在智力测验题中包括与数学推理有关的测验题。

心理学与遗传学的研究表明,人的智商水平是相对稳定的。来自各方面的研究证据表明,人的智商 60% 来自遗传,40% 来自后天影响。智商水平是学生在发展中形成的一个重要

① [美] R.M.加涅(R. M. Gagne)等.教学设计原理[M].皮连生,庞维国,等,译.上海:华东师范大学出版社,1999.

素质。它对学生的成就有重要影响，但难以通过教育改变。

智商水平只意味着学生学习速度有快慢之分，并不意味着学生能不能学习某个学科（如数学），因此教师在教学设计时必须重视学生学习速度上的差异。正因为这样，所以加涅说，他的教学设计是针对每一个学生的。但由于经费原因和其他条件的限制，适应个别差异的教学很难落实，为此教学设计者还要考虑学习困难的诊断与补救教学。

（二）学生的人格特征

对学生的学习有重要影响的人格特征是学习动机、焦虑水平、归因倾向和自我效能感。

1. 学习动机

学生的学习动机是推动学生学习的动力。学习动机既可以被视为一种暂时的唤醒状态，如在期终考试来临时，学生高度兴奋，注意力集中于课业学习。动机也可以被视为学生的人格特征。如有的学生成就动机水平高，总是希望取得学业成就，超越别人；有的学生成就动机水平低，他们在学业上得过且过，把精力放在交友、玩乐上，这种稳定的动机倾向已成为学生的人格特征。于是，为了改变学生的学习成绩，不得不从改变学生的学习动机入手。

2. 焦虑水平

焦虑是个人预料会有某种不良后果或某种威胁将出现时产生的不安和不愉快的情绪。其特征是高焦虑者感到紧张、不安、忧虑、烦恼、害怕和恐惧，可能伴随出汗、颤抖、心跳加快等生理症状。与动机一样，焦虑可能是一种暂时的心理状态，如有的人在大考来临时焦虑水平升高，大考一过，焦虑水平就降到正常状态。但焦虑可能成为一种人格特征，如有人时时为自己的前途担忧，时时觉得自己不被他人接受和认可。这种与事实不符、过分担忧的焦虑会影响个人的身心健康。

心理学的研究表明，应使学生焦虑水平维持在中等水平。中等水平的焦虑有助于调动学生的积极性。为此，当学生对学业的焦虑水平过低时，教师应适当增加压力，使学生的焦虑水平趋向中等；当学生的焦虑水平过高时，教师应为学生减压，同样使学生的焦虑水平趋向中等。

3. 归因与自我效能感

归因是指个人对自己事业成败的原因的认识。三维归因模型把影响个人事业成败的原因分为内部和外部两大类。内外部原因又都可分为稳定的和不稳定的。对学生来说，他们可能把自己学习成绩上的优劣归因为内部稳定的原因，如个人的能力，能力是个人内部难以改变的原因；也可能把学习成绩好坏归因为内部不稳定的原因，如近期身体状况不佳，而身体状况是可以改变的，故是暂时的内部原因；也可能把学习成绩好坏归之于外部原因。外部原因也有稳定的和不稳定的，如"这次考试运气不好"，这是不稳定的外部原因；"老师对我有偏见"则是难以改变的外部原因。原因也可以按可不可以控制分类，如把成绩优良归因于自己努力的结果，而努力是自己可以控制的；若把成绩不良归因于自己能力差或题目太难，而能力和题目难度都是学生自身不能控制的（表 4 - 1）。

表 4-1　三维归因模型及其举例

	内部(归因)		外部(归因)	
	稳定的	不稳定的	稳定的	不稳定的
可控的	平时努力	对特定任务的努力，随知识技能而增长的能力观	通常他人(如老师)对我的帮助	这次工作我得到帮助
不可控的	恒定不变的能力观	情绪、健康状况	任务难度	运气

归因研究表明，教师想要改变学生的学习态度和成绩，需要研究学生的归因情况，引导学生把学习成绩归因于努力，改变学生恒定不变的能力观。这就要求教师改变教学方法，针对学生的特点施教，使学生学有所得，使他切身体验到学习能力主要由陈述性知识、智慧技能和认知策略所构成。构成能力的这三个成分都是可以通过自己的努力而改变的。

自我效能感是与归因相联的概念。自我效能感指学习者亲身感受到自己有能力胜任某项任务。例如，数学成绩好的学生一般会感到自己具有适合学数学的逻辑推理能力，而数学成绩差的学生总感到自己不是学数学的料，头脑中缺乏数学细胞。个人总是喜欢从事自认为有能力的任务，回避自认为缺乏胜任能力的任务。当学生在学习当中缺乏自我效能感时，他就会停止努力，因为他感到再努力也无济于事，不如放弃学习。

从数学教学设计来看，如果目标定位太高，考试太难，就容易挫伤学生的自信心，这是应努力避免的。

第二节　学生认知发展阶段特征及其教学含义

一、学生认知发展阶段特征

以皮亚杰为首的日内瓦学派经过长期研究，确定了儿童认知发展一般要经过以下四个阶段：感知运动阶段(0—2岁)、前运算阶段(2—7岁)、具体运算阶段(7—11岁)以及形式运算阶段(11—15岁)。它们彼此衔接，依次发生，不能超越，也不能逆转，各阶段发生的时间大致对应于上述的年龄阶段，但也存在较大的个体差异。由于后三个阶段与学校教育关系较密切，下面就简述这三个阶段的主要特征。

(一)前运算阶段

"运算"是皮亚杰从逻辑学中借用的一个术语，指借助逻辑推理将事物的一种状态转化为另一种状态。例如，"3+2=5"可以说成"5是由3和2转化而来的"。又如，两只同样低而宽的杯子装着同样多的水，其中一只杯子中的水倒进另一只高而窄的杯子内，则两杯水的外表形状改变了；但经逻辑转换(运算)，即一个维度(高度)的增加被另一个维度(宽度)的减少抵消，便知两杯水数量不变。

处于前运算阶段的儿童不能进行这样的转换,他们的思维具有单维性、不可逆性及静止性等特征。单维性是指儿童只能从单一维度进行思维;不可逆性是指儿童无法改变思维的方向,使之回到起点;静止性则是指他们的认知被静止的知觉状态支配,不能同时考虑导致这个状态的转化过程。前运算阶段儿童的思维仍受具体知觉表象的束缚。

在语言方面,这个阶段的儿童已经掌握了口头语言,头脑中有了事物的表象,而且能用语言代表头脑中的表象。他们能进行初级的抽象,能理解和使用从具体经验中习得的概念及其之间的关系。

(二) 具体运算阶段

这一阶段出现的标志是守恒概念的形成,即指儿童认识到客体尽管外形上发生了变化,但其特有的属性不变。该阶段的儿童已能进行逻辑推理,相对于前运算阶段儿童,其思维具有多维性、可逆性和动态性。在语言方面,尽管这一阶段儿童已能通过下定义的方式获得概念,但在获得和使用此类概念时,需要实际经验或借助具体形象的支持。

(三) 形式运算阶段

形式运算是指对抽象的假设或命题进行逻辑转换。这一阶段儿童或青少年已完全具备进行以下思维的能力:假设-演绎思维,即不仅在逻辑上考虑现实的情境,而且根据可能的情境(假设的情境)进行思维;抽象思维,即能运用符号进行思维;系统思维,即在解决问题时,能够在心里控制若干变量,同时还能考虑到其他几个变量。在这一阶段,认知趋于成熟的儿童逐渐摆脱了具体实际经验的支持,能够理解并使用相互关联的抽象概念。

英海尔德和皮亚杰(1958)用下面的实验装置来检验儿童的逻辑思维能力。给被试玩用一根绳子挂着一个物体的摆,允许被试改变物体的长度、悬挂物体的重量和摆下落的高度,并用不同大小的力来推动摆锤。研究者要求被试发现和说明,是某一因素还是许多因素共同决定摆锤的摆动速度。这一问题的解决对于具体运算阶段的儿童来说有许多困难,但是对于形式运算阶段的儿童来说,他们则得出了正确结论。他们一般按三个必要步骤进行推理:在进行解决以前,计划如何试验;有系统地进行观察和记录;引出逻辑结论。英海尔德和皮亚杰给我们提供了一个 15 岁青年解答此问题的例子。

……先选择一根长的绳子和一根中长的绳子,各加上 100 克重的物体;然后又选择一根长绳子和一根短绳子,各加 2 克重的物体;再后,又选择长短不同的两根绳子,各加 200 克重的物体,她得出结论说:"是绳子长度决定摆锤的摆动快慢;摆锤的重量不起任何作用。"对于落点高低和推动力量,也同样被认为关系不大。

二、 学生认知发展阶段特征的教学含义

应当指出,皮亚杰所揭示的是儿童和青少年认知发展可能出现的一般阶段,他的主要目的在于说明发展阶段的存在及各阶段的一般特点。皮亚杰未进行适当的横向比较。研究表

明，许多学生甚至成年人终身处于具体运算阶段。有研究指出，在美国学校中，只有13.2％的中学生、15％的高中生和22％的大学生的思维水平真正达到皮亚杰的形式运算阶段。许多人虽然在一般问题解决上，思维达到形式运算阶段，但遇到困难的问题时，又会退回到具体运算阶段。[①] 所以皮亚杰认为，多数人只能在他们有经验和有兴趣的少数领域运用形式运算。皮亚杰的认知发展阶段理论对教学设计具有如下含义。

（一）借助形象与直观促进理解

对数学学习来说，每节新课都有学生不熟悉的内容。无论从皮亚杰的认知发展阶段理论还是信息加工心理学的形象与语义双编码理论来看，借助形象与直观促进理解这一策略可以说是被数学教师最普遍接受的策略，无论他们教什么年级还是教多么复杂的内容。研究表明，凭借双重编码，符号、语义的信息才能够比较容易提取。不同表征的储存特征给我们的启示是，教学中，在帮助学生理解知识的同时，要能够充分唤起学生的视觉表征能力。直观教具和直接经验是引起视觉表征的主要刺激，想象的发挥也是视觉表征产生的有效途径，教师用形象的教学语言来唤起学生的视觉表象，同样会产生双重编码的功用。[②] 由于直观形象反映了学生熟悉的事物联系，因此，教师通过图形、图像或图示能启迪学生的思维，一些抽象、概括的或难理解的数学结论或问题通过这些形象直观的表示有时会变得一目了然，更容易理解。

例如，对于完全平方公式的理解，有一些学生常常记不住，其实这一公式并不需要特别地去记忆。如果学生理解它的含义，不仅可以通过多项式的乘法法则或者多次使用乘法及加法分配律把这个公式构造出来，而且可以通过构造如右图的图形帮助学生理解和回忆该公式。

通过这个几何图形可见，整个大正方形的面积是$(a+b)(a+b)$，而这个大正方形的面积也可以看作是由四个部分组成的，分别是两个大小不一的正方形和两个相等的长方形，它们的面积之和为$a^2+ab+ab+b^2$，进而可以得出$(a+b)^2=a\times a+a\times b+b\times a+b\times b=a^2+2ab+b^2$。

（二）通过动手操作，在活动中学习数学

皮亚杰认为，学生认知发展阶段的变化是他们与环境相互作用的结果，进而十分重视儿童的亲身经验、尝试和发现。因此，学生学习数学不仅需要用眼睛看，仔细观察，还需要动手做，亲身操作。在数学教学中，必须通过学生的主动活动（如观察、操作、实验、猜测、验证、收集整理、描述、画图、推理、反思、交流和应用等等），让学生亲眼目睹数学过程形象而生动的性质，亲身体验如何"做数学"、如何实现数学的"再创造"，并从中感受到数学的力量，促进数学的学习。通过动手操作，有助于启迪学生理解数学、澄清数学概念以及提升学生学习数学的动机。

利用纸的折叠和裁剪，帮助学生通过实际动手操作在活动中学习和理解数学，也是数学

---

① 邵瑞珍.教育心理学［M］.上海：上海教育出版社，1988：289-290.
② 李晓文，王莹.教学策略［M］.北京：高等教育出版社，2011：77-80.

教师常常使用的一个策略。它有助于揭示较为抽象的，甚至超过学生所处年龄阶段所能期望达到的理解水平的一些概念或定理。

例如，理解定理"三角形的内角和等于180°"，可以通过实际的剪裁、拼摆和测量，发现并验证三角形的内角和等于180°。

步骤一：让学生在纸板上任意画一个三角形。

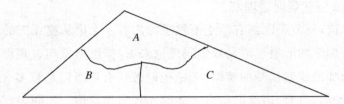

步骤二：剪裁掉三个角，把它们边靠边拼摆在一起，猜测三角形的内角和等于多少。

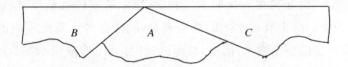

步骤三：观察剪裁下来的三角形的三个角拼在一起有什么特点。学生会比较容易地发现 B 中的一条边和 C 中的一条边在一条直线上，即三个角之和形成一个平角，由此得出，三角形的内角和等于180°。在此基础上，教师鼓励学生用量角器实际测量一下三个角的度数，看看加起来是否等于180°（不过这里允许有误差，借此机会也说明为什么通过实际测量进行的证明并不是严格意义上的证明）。

通过这些动手性很强的活动，学生不仅加深了对数学概念的理解，同时也提升了他们对数学学习的兴趣。你会惊奇地发现，学生会乐此不疲地从事这样的数学活动，并十分兴奋地与同伴分享他们创造和发现的喜悦。

（三）通过数学模型和实验促进自主探索与抽象思维

数学家不断地从一些实物模型出发，建立一些能更直接地研究数量关系和空间形式的抽象模型。比如，利用一次函数来研究具有线性关系的实物模型，诸如：在单价不变的情况下，总价与数量之间的正比例关系；在速度一定的情况，距离和时间的正比例关系；在加速度不变的情况下，距离与时间之间的关系；等等。实物模型使我们能借助这个素材、情境帮助我们理解问题，而抽象模型使我们能舍弃问题中一些无关的因素，抓住其中具有关键作用的数量关系或空间形式，简化问题，从而更有效地表达问题、分析问题和解决问题。事实上，现代的数学教学观十分强调数学学习应以"问题情境—建立模型—解决问题—拓展应用"的模式加以组织。为了建立模型，学习者需要通过数学实验去完成收集数据、猜测、推理、验证等一系列探索活动，因此通过数学模型和实验促进自主探索与抽象思维便成为中学数学教学中一个十分有用的教学策略。

例如，探索一个多边形内角的度数之和。

目的：探索每个多边形能分成几个三角形，并发现多边形内角的度数之和的计算公式。

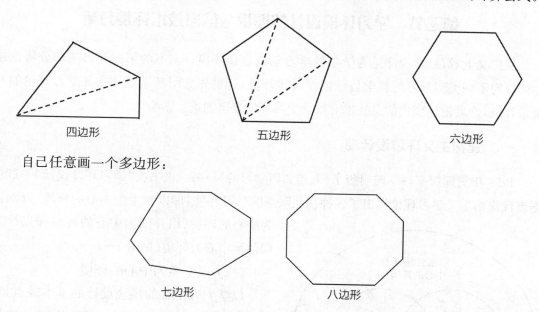

四边形　　　　　　　五边形　　　　　　　六边形

自己任意画一个多边形：

七边形　　　　　　　八边形

完成下表：

多　边　形	分成的三角形的个数	内角的度数和
四边形		
五边形		
六边形		
七边形		
八边形		
自己任意画的＿＿＿＿边形		
n 边形		

　　如果你在教学中鼓励学生开展以上方式的探索，多边形内角和公式实际上就不需要学生去死记硬背了。学生都知道一个三角形的内角和是 $180°$，因此，对于任意一个多边形，如果知道它能分成多少个三角形，也就知道它的内角和是多少个 $180°$。学生通过上述活动将会归纳发现出一个多边形将能分成 $(n-2)$ 个三角形，由此推知一个多边形内角的度数之和等于 $(n-2)×180°$。

　　总之，对学生思维发展特点及对发现问题、解决问题和推理能力的重视受益于认知心理学对于儿童认知发展阶段、数学知识结构以及对发现学习的研究。而当前的数学教育改革运动又开始受到建构主义范式的影响，使得我们清楚地认识到现实情境中第一手材料的重要性，发展学生数学反思的必要性以及体现人文关怀、因材施教进而促进学生全面发展的可能性。

第三节　学习环境设计的理论与信息技术环境分析

从广义上看,教学设计是为学生的学习创造最佳环境。本书的第二和第三部分将论述如何针对不同类型学习的教学目标创设具体环境,这里先介绍基于建构主义学习理论的环境设计观,然后论述现代信息技术对数学学习环境带来的重大影响。

一、建构主义环境设计观

1999年美国国家科学院出版了《人是如何学习的》一书。该书在"学习环境设计"一章根据现代建构主义学习理论提出了四种相互联系的学习环境,即以学生为中心的环境、以知识为中心的环境、以评估为中心的环境和以社会团体为中心的环境(见图 4 - 1)[①]。

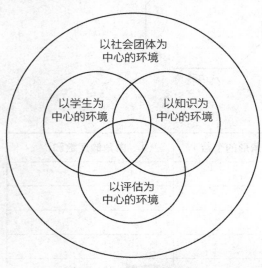

图 4 - 1　学习环境透视

(一) 以学生为中心的环境

以学生为中心的环境设计的基本观点是,在教学设计时应十分重视学生带到课堂中来的原有知识、技能、态度和信念。这一观点与奥苏伯尔的学习观是一致的。奥苏伯尔在其《教育心理学——认知观点》一书的扉页上说:"假如让我把全部教育心理学仅仅归结为一条原理的话,那么,我将一言以蔽之:影响学习的唯一最重要的因素,就是学习者已经知道了什么。要探明这一点,并据此进行教学。"[②]奥苏伯尔所说的知识是广义的,包括技能在内。加涅则把广义知识分为言语信息、智慧技能和认知策略。加涅在分析学生习得的素质时,既强调智慧技能学习有层次关系,也强调这三类学习结果的相互作用。因此,加涅的教学设计思想不仅与以学生为中心的环境观不矛盾,而且把这种思想落到了实处。

诊断性教学是以学生为中心的环境设计的一个很好的实例。诊断性教学的基本观点是,在实施教学前,先对学生原有的学习困难进行诊断。诊断的方法可以是观察、提问、谈话、分析学生的作业以及测验等。通过这些方法,发现学生在理解方面存在的困难,或者在情绪方面的障碍,然后有针对性地提供指导。例如,当发现学生对解逆水行舟应用题有困难时,教师可以在电脑上创设逆水行舟的情境,让学生感悟船在静水中航行和在逆水中航行的区别。

以学生为中心的环境设计还应注意学生的一般文化背景差异。如在同一课堂上,来自

---

① 约翰·D.布兰思福特等.人是如何学习的:大脑、心理、经验及学校[M].程可拉,等,译.上海:华东师范大学出版社,2002:149.引用时略有改动。

② [美] 奥苏伯尔(Ausubel, David P.)等.教育心理学:认知观点[M].佘星南,宋钧,译.北京:人民教育出版社,1994:扉页.

78

数学学习与教学论

城市知识分子家庭的儿童和来自普通工人家庭的儿童的文化背景是不同的；来自城市的儿童和农民工子女之间文化背景差异更大。这些来自不同文化背景的儿童的语言习惯、学习态度、行为方式会有很大差异，教师本人作为一个重要的环境因素，应尊重学生带来的这些文化上的差异。

（二）以知识为中心的环境

以知识为中心的环境设计的基本观点是，教学环境的设计必须重视学生对新信息的理解，使学习有意义，并使习得的知识能在新环境中迁移和应用。

以知识为中心的环境观要求改革课程设计。例如，在美国出现了一些开发数学课程的新方法，如逐渐成形法（progressive formalization），强调使学生在理解的前提下学习，鼓励学生寻求数学的意义。在运用逐渐成形方法时，教学从学生非正规的想法开始，逐渐使学生看清这些想法怎么样得到转换和正式化。教学单元鼓励学生以他们非正规的想法为基础，逐渐地但以结构化方式习得学科的概念和程序。例如，在代数教学时，最初让学生用自己的话语、绘画或图表来描述情境，以便组织他们的知识，并解释他们的策略。在接下来的单元里，学生逐渐使用符号描述情境，组织其数学问题，表达他们的策略。到了这一层次，学生发明了自己的符号，或者学会用一些非常规的概念，他们对问题情境的表征以及对工作的解释既有符号又有语词。再后来，学生学会了用标准和规范的代数符号来书写表达式和方程式，熟练运用代数表达式，并且解方程题，用图表示方程式。

以知识为中心的环境与以学生为中心的环境是相互重叠的。因为前者强调新学习的理解，而新学习的理解又基于学生原有的知识经验，新习得的知识在新更新的知识学习中又成了学生的原有知识。

以知识为中心的环境观还强调学生对学科总体的认识。先认识整体有助于随后认识局部，这是自格式塔心理学以来认知学习心理学家的共同观点。如奥苏伯尔强调教材组织自上而下不断分化，布鲁纳强调学生掌握教材结构，以促进迁移，加涅则更进一步认为中小学教学以智慧技能的教学为中心，认知策略不宜单独教，而宜渗透在言语信息和智慧技能中。正如《人是如何学习的》一书的作者所说："以知识为中心的环境设计面临的挑战是，如何能在为促进理解而设计的活动与为提高技能自动化程度而设计的活动之间达到平衡，这种自动化技能减轻注意负担，是有效工作所必需的。在阅读、写作、计算方面需要付出特别努力的学生会遇到许多严重的困难。"[1]

当前流行的建构主义观强调知识理解是十分可取的，但它们的共同缺点是不适合技能的学习。为此，教学设计还应注意其他环境设计观，如加涅的教学观强调中小学教学应以智慧技能为中心的观点以及信息加工心理学的陈述性知识向程序性知识（即技能）转化的观点等。这样，就易于找到知识理解与技能自动化之间的平衡点。

（三）以评估为中心的环境

以评估为中心的环境设计的基本观点是，教学除了重视学生原有知识经验促进新知识

---

[1] 约翰·D.布兰思福特等.人是如何学习的：大脑、心理、经验及学校[M].程可拉，等，译.上海：华东师范大学出版社，2002：154.

的理解之外，还应重视学习结果评估带来的反馈作用。评估的内容必须与学生的学习目标相一致，为此需要区分终结性评估和形成性评估。

从把评估作为改进学习的环境条件来看，当前需改进之处是：第一，应重视形成性评估。形成性评估是教师在日常教学中进行的，具有诊断学生学习困难的作用。从评估中得到信息，并可以及时提供给学生。第二，要重视理解方面的评估，特别是深层次理解的评估。

（四）以社会团体为中心的环境

以社会团体为中心的环境是指把班级和学校看作社会团体，以及学生、教师和教育管理人员感受到他们与更大的社会团体（即家庭、商业部门、地方政府、国家乃至全世界）联系的

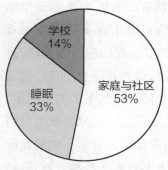

图 4 - 2 学生用于学校、家庭与社区以及睡眠的时间比较

注：百分比根据学生每年在校 180 天，每天估计为 6.5 小时算出。

程度。因为学生的学习不仅有知识与技能的学习，还有行为规范的学习。以社会团体为中心的环境设计观强调学校与家庭以及更大的社会组织的联系是合理的。理想的状态是学生、教师和其他感兴趣的参与者具有共同的评价学习的准则（norms）和高的标准，这样的准则能促进人与人之间的互动，获得反馈和相互学习。现代建构主义理论强调以社会团体为中心的环境的依据之一是，学生的大部分活动与休息时间不在学校之内，而是在家庭和社区（见图 4 - 2）。

社会建构主义者认为知识不在个人头脑中，而是分布在社会人群中。这是当代建构主义理论家强调的以社会团体为中心的环境设计的另一理论依据。

这种观点对于学生的态度与价值观方面的教育是很恰当的。班杜拉的社会学习理论支持这种观点。因为人类的行为准则主要是通过观察以及在与他人交往中习得的，但社会建构主义者"过分强调知识分布于人群中，否认知识贮存于个体内"的观点是片面的。

二、 现代信息技术对数学学习环境的影响

在学校数学教学中，现代信息技术包括从计算器到录像机、计算机、多媒体技术和互联网在内的所有工具和手段。这些技术的使用有助于学生更好地学习数学。教师可以借助这些技术改变学生的学习环境，包括改变教材呈现方式、学生的活动方式与反馈信息提供数量等，有利于实现上述建构主义环境设计的理念。

（一）现代信息技术给数学课程带来的变化

威洛比（Willoughby，1990）在其著作中指出："在科技上的高速发展正改变着（也必然改变着）我们教数学的方式，因为它们的出现和发展不仅改变了数学教育的目的，而且提供给我们能更好地达到目的的新工具。"[1]现代信息技术给课堂教学环境带来了很大的变化。

① Willoughby, S S. Mathematics education for a changing world［M］//*Association for Supervision and Curriculum Development*，Alexandria，VA，1990.

第一，现代信息技术的出现导致一些数学知识和技能的教学重点发生了变化。比如，繁难的纸笔计算技能以及计算速度上的要求现在已被现代信息技术所代替，而教学的重点则集中在概念、公式、原理、定理等的理解上。又如，过去在训练熟练地绘制统计图表的技能方面花费大量的时间，而计算机绘图工具的出现使得课堂教学的重点从手工绘图技能的培养转到讨论什么类型的图表能更恰当地表达数据的问题上。一旦学生理解什么样类型的图表最适合用来表达某一组数据时，计算机绘图技术就可以帮助他们完成最完美的绘制过程。因此，计算机、计算器、图形计算器等开始进入数学课堂，成为学生手中必备的工具。正如以前我们教学生使用算盘，使用笔算来学习计算一样，现在我们也有必要教学生使用计算器、计算机以及其他现代信息技术来学习计算，学习解方程，等等。

第二，现代信息技术的出现，使得学生的学习方式发生了改变。以前不可能进行的数学实验现在可以通过计算机实现模拟，以前需要花太多时间去处理的任务现在可以通过计算机编程来实现简化。作为一种可操作、可视化的材料，现代信息技术增加了学生与数学相互作用的方式。"图形与几何"是最明显地受多媒体技术影响的数学领域。过去动手能力差的学生，或者空间想象能力不够强的学生，现在通过绘图工具和多媒体软件可以方便地绘制出各种复杂而美丽的图形，形象地"看到"一个立体图形在二维和三维之间的转化，动态地感受一个立体图形的各个方位及其运动变化，以及充分地探索各种平移、旋转、对称、缩小和放大的变换，等等。几何的观念不再仅靠静止的画面和记忆各种定理、定义来发展，几何画板等几何工具使得学生能直观而感性地对几何图形的性质及其相互关系进行各种观察、猜想、复制、移动、分割、验证等操作。

第三，现代信息技术也使教师的教学工作发生了改变。借助现代信息技术，特别是多媒体技术，一些过去不能教或难教的数学概念、定理或原理可以得到充分的阐释，同时这种视觉感受比较强烈的体验也增加了学生学习的兴趣。比如，概率教学的难点是让学生理解概率是指大量重复事件中发生某一个结果的概率（可能性）。如果没有大量重复事件，某一结果出现的频率也许不等于理论概率，但是在一个大量重复的条件下，这一频率就将越来越接近理论概率。这一概率观念，过去只能通过言语让学生从理论上抽象地体会，所以在低年级有关概率的课题很少，现在可以用计算机来模拟，完成成千上万次的实验，从而使得学生有可能亲身感性地理解对于大量重复事件，某一个结果的实验概率最后将等于理论概率。又如，对于初中生来说，探索各种函数及其相应的图像是一件很困难的事，但现在通过图形计算器，绘制复杂的曲线函数与绘制简单的线性函数一样容易，而且通过图形计算器还能帮助学生探索发现逼近现实数据的函数方程，建立数学模型。

另外，在几何中的一些课题，如密铺、图形设计，过去一些不能深入探索的性质和不能实现的想象，现在通过几何画板能进行得更加深入。这就是说，运用现代信息技术既可以改变学生原有的知识准备，也可以改变新知识的呈现方法。它是有效实现以学生为中心和以知识为中心环境观的技术手段。

(二) 现代信息技术给学生提供了更好的学习数学的机会[①]

1. 提供反馈

计算机常常提供快捷而可靠的反馈,而且不带有任何偏见。这有助于学生敢于做出自己的判断,并通过反馈检验和修正自己的错误观点。例如,从超市的宣传单中找出 10 种食品,估计它们的总价值是多少,然后使用计算器验证你的估计。通过这样的活动,学生可以在与计算器交流它所提供的公正而不让他尴尬的结果(计算器不会批评任何人,只是忠实地报告计算的结果)中不断发展自己的估计策略和能力。

2. 观察模式

计算器和计算机的运算速度使得学生在探索数学问题时可以列举出更多的例子。这有

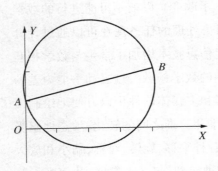

助于学生更好地观察模式,作出更合理的推测和归纳。例如,为了找出一元二次方程 $x^2 - 4x + 2 = 0$ 的根,你可以先找出点 $A(0,1)$ 和点 $B(4,2)$,然后把 AB 作为直径,构造出一个圆,这个圆和 X 轴相交的点的横坐标则是该方程的两个根(见左图)。

对于任何一个方程,找出确定直径的端点 A 和 B 的坐标的规律,并解释为什么这样的操作能帮助我们找到方程的根。

3. 看到联系

计算机非常容易地使公式、表格和图像三者联系在一起。在这三种不同表示方式的相互转换中,学生可以看到一种表示方式的变化对应于另一种表示方式的变化。这有助于学生理解它们之间的联系。例如,在图形计算器上画出 $y = 4x$ 的图像,探索如果把 4 变成其他数字后,对应的图像会发生怎样的变化。

4. 动态操作图形

学生可以利用计算机动态地操作图形。这有助于学生形象化地想象出几何图形(特别是立体图形),建构出他们自己的心理表象。例如,假设你试图说服学生认识到同一条弦或弧所对的角的度数相同,如果学生能在几何画板上将这个结论动态地演示出来(如右图所示),将有助于他们更好地理解和记忆这一结论。

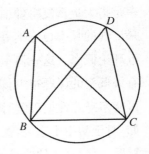

5. 探索数据

现代教育技术的应用中还包括对图形计算器的利用。图形计算器不仅能够减少学生进行一些繁难计算的负担,而且也能增强学生探索函数的可能性。比如,代数中有一个很经典的问题:一个 9 cm×12 cm 的长方形硬纸板,在它的四个角分别剪去一个相同的小正方形,制成一个无盖的长方体,如何才能使制成的无盖长方体的体积最大呢? 借助图形计算器,这

① Sue Johnston-Wilder, Peter Johnston-Wilder, David Pimm and John West-well (ed.). *Learning to Teach Mathematics in the Secondary School: A Companion to School Experience*[M]. Milton Park, Abingdon, Oxon New York: Routledge, 1999: 146.

数学学习与教学论

一探索活动会变得更加准确，也更加有趣。

我们假设剪去的小正方形的边长为 x cm，则无盖长方体体积的解析式为：

$$V = (12 - 2x)(9 - 2x)x$$

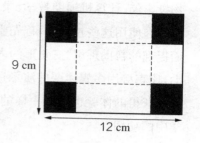

这是一个一元三次多项式，利用图形计算器，学生可以较容易地获得自变量和因变量对应变化的图表和相应的图像。图形计算器上的液晶显示屏显示如下图形，绘图工具正在帮助学生找到最接近最大值的点。

	X	Y_1
1	1.304	78.29
	1.435	80.31
	1.565	81.49
	1.696	81.87
	1.826	81.52
	1.957	80.49
	2.087	78.82

$X = 1.695\ 652\ 2$
$Y = 81.872\ 113$

计算机使得学生不仅可以处理一些真实的（常常也是复杂的）数据，而且可以用各种不同的方式表示数据。这有助于培养学生解释和分析问题的能力。例如，从互联网上查询某城市最近一个月的天气和温度，分析其天气变化的趋势。真实的数据反映真实的情况，学生分析时才真正有意义，否则靠教师主观拼凑的数据，学生在试图分析解释它们时，其实是毫无意义的，并且这种人为编造的情境，对于学生来说也是枯燥无味的。由于互联网的迅速发展，学生在互联网上通过搜索引擎输入要查找的信息名称就可以查到相关的网址，进而在相应的网址上十分容易地获得一些真实的数据，从而提供给他们处理和分析真实事物的机会。

6. 为计算机编程

当学生设计一个算法（一组指令）让计算机求解某个结果时，他们必须把这些指令表达得清楚而有序。这有助于培养学生有条理地进行数学思考的能力和习惯。例如，假设你的计算器有一些键（如 7 或 8）坏了，设计几种不同的方法帮助你求出 867×784 的结果。

在教学中使用现代信息技术的最终目的是加强学生的数学学习。无论现代信息技术如何发达，学生在未来社会中必需的基础数学仍然是放在首位的，但现代信息技术运用于学生的数学学习以及教师的教学，有利于学生更好地创造学习数学的机会及体验学习数学的快乐，以及教师更好地进行数学教学。如在教学中使用现代信息技术辅助教学（如幻灯机、实物投影仪、计算机辅助教学、录像机等）能使教学内容的呈现更加整洁、美观和有序。不过，教师在使用这些技术时，首先要考虑这一方法对于当前的教学任务或目标是否适合，比如前面提到的帮助理解"三角形的内角和等于180°"的策略，运用裁剪三个角的实际动手操作活动，比直接用多媒体课件演示这三个角拼起来以后成一个平角的设计更实用、更有效，学生从中获得的体验也是不一样的。只有适当地运用现代信息技术，才能真正发挥它在数学教学中的功用。

第二部分
数学基础知识和基本技能的学习与教学

第五章　数学陈述性知识的学习与教学

陈述性知识学习的重要程度并不比智慧技能学习低。现代认知心理学研究表明,丰富的陈述性知识是影响解决问题能力的重要因素之一。本章首先探讨数学陈述性知识学习的性质与教学目标,然后讨论数学陈述性知识学习的过程和条件,最后论述数学陈述性知识的教学设计。

第一节　数学陈述性知识学习的性质与教学目标

一、数学陈述性知识学习的性质

要了解数学陈述性知识学习的性质,先要知道现代认知心理学关于陈述性知识的本质的研究。前面在给知识下定义时,把知识定义为"信息在人脑中的表征",所以这里先阐述陈述性知识的心理表征(简述陈述性知识的表征),然后阐述数学陈述性知识的特点。

(一) 陈述性知识的表征

为了测量方便,心理学家常把陈述性知识定义为"回答是什么问题的知识"或"可以用言语陈述的知识"。这是一种操作性定义,而没有说明陈述性知识的心理实质是什么。

奥苏伯尔的有意义言语学习理论认为,知识是言语符号在学习者头脑中引起的心理意义。这些心理意义如何在人脑中记载、储存,在必要时又怎样被回忆或提取出来? 这是 20 世纪 60 代以来认知心理学探讨的中心课题。目前的一般观点是双编码理论。该理论主张,陈述性知识以形象和命题两种形式进行编码。例如,父母指着儿童看到的小狗,说"狗"。说出来的"狗"是声音符号,儿童看到的小狗在其头脑中留下的表象是其心理意义。"狗"这个声音符号与儿童见到的狗多次同时出现,以后说出"狗"的声音符号就可以引起儿童有关狗的心理意义。随着儿童与狗接触机会的增多,见到各种大小、毛色、用途的狗,儿童头脑中形成一般狗的表象。这时"狗"的声音刺激引起的心理意义被称为狗的一般意义,即狗的"概念"。当然这种概念是具体的,难以精确下定义。到中学阶段,儿童学过生物学,也许生物学书上说"狗是一种家养的,可以从事看家、捕猎、牧羊等活动的家畜"。儿童要理解这个定义,单凭狗的形象在其头脑中的表征就不够了。他们的头脑中必须有"家畜""看家""捕猎""牧羊"等概念。而且家畜是一个上位大概念,狗是从属于它的一个下位小概念。儿童要理解这些概念及其关系,他们头脑中需要另一种知识表征形式,即命题表征,也称语义表征。例如,如果儿童要理解上述定义,他们头脑中必须储存"家畜是家养的哺乳动物","狗是一种家养的哺乳动物","狗具有帮助主人从事某些工作的特点"这些命题。这些句子陈述的是语义关系。这些语义关系是以命题网络的形式在人脑中储存的。

关于陈述性知识的表征,除了双编码理论之外,还有图式理论。图式是围绕某个主题组织起来的知识结构。心理学家区分了两类表示不同外部事物的图式,即客体图式和事件图式。如人们头脑中关于狗的图式是客体图式;重复去医院看病的结果在人脑中形成看病挂号、医生问诊、开处方、病人付款、取药这样一套流程的图式,被称为事件图式。图式表征事物给人的认识带来了稳定性和灵活性。如可以从狗的上位概念推测它的特征,也可以从它的基本属性来认识它。这些基本属性是习性、毛色、形状、大小、功能,这些属性被称为"维度"(slots,也译作槽)。维度的数量是相对稳定的。人们总是可以根据狗不同于其他家畜的习性(如进食、叫声、与人的亲密关系)、毛色、形状、大小和用途来认识狗。但在同一维度上,不同的狗有很大差异。如根据用途(或功能)这个维度,可以把狗分为警犬、牧羊犬和宠物狗。从上面对狗的分析可见,图式中既包含命题表征,也包含形象表征。图式理论更贴近人们的生活经验,在教学设计中有重要的应用价值。

(二) 数学陈述性知识的特点

数学陈述性知识主要指数学符号及其组合在人脑中引起的心理意义。这种心理意义主要指数学概念和命题。如基数符号"1"表示的是一个概念,"一个人""一粒米""一杯水"中都有"1"这个概念,但这个"1"表示的客体是完全不同的。数概念是抽象的,儿童不到4岁很难掌握10以内的数概念。数学符号组合(如8+3=11)在人脑中引起的心理意义被称为命题。命题表示若干概念之间的关系。这里,"8""3""1""+""="都表示概念,数字符号表示基数概念,加号和等号表示关系概念。这里的数字小,成人可以用实物向儿童演示这些数字代表的概念之间的关系。儿童也可以动手摆弄不同数量的实物,进行排列和组合,使之相等或不相等。

现代认知心理学也把表示事物数量关系的知识称为图式知识。研究表明,图式知识是学生理解数学问题的关键知识成分。例如,国外心理学家(Hinsley, Hayes & Simon,1997)研究了解决代数问题非常熟练的中学生,发现他们掌握18种问题类型图式。[1] 这些题型中有学生熟悉的在河流的流水与静水中航行的速度问题,同向(或相向)行程问题,计算存款利息问题,量表转换问题等。问题类型知识不是孤立的。如果能找出相似或不相似问题类型之间的关系,就可以形成如第二章图2-1所示的较大范围的数量关系图式。

总之,数学陈述性知识尽管有符号记忆和数学事实记忆知识,但主要是数学概念和数学问题类型图式知识,这种问题类型也被称为心理模型。

二、 数学陈述性知识的教学目标

要理解数学陈述性知识的学习结果(或教学目标),需要理解陈述性知识与程序性知识之间的转化。现代认知心理学家认为,作为广义知识中的两类知识在个体身上不是孤立存在、互不相干的,而是可以相互转化的,即陈述性知识可以向程序性知识转化,程序性知识也可以向陈述性知识转化。由于现代认知心理学所说的程序性知识也就是传统上所说的技

① Richard E. Mayer. *The Promise of educational Psychology: Learning in the Content Areas* [M]. Upper Saddle River, N. J.: Merrill, 1999: 170-171.

能,所以也可说陈述性知识转化为技能,技能转化为陈述性知识。

在母语学习中,典型的发展顺序是,儿童先掌握言语技能,会正确运用字、词、句进行思想交流。这表明他们实际上已经掌握支配言语交流的程序性知识。这些知识属于默会知识(tacit knowledge),他们不能明确陈述支配自己的言语行为的规则。到中学阶段,经过系统学习和教学,儿童掌握了词法和句法规则。他们能明确意识到并能陈述他们言语行为背后的规则,这时他们实现言语的程序性知识向陈述性知识转化。

数学学习的情形恰好相反。学生在教师的指导下,总是先知道数学运算的规则,然后运用运算规则去做事。也就是说,先有数学知识,后有数学技能。例如,本章第三节介绍的《长方形、正方形面积的计算》,虽然最终达到的目标是规则的学习,但学生首先要经历知识的陈述阶段,即能结合给定的长方形、正方形说出它们面积公式的意义。学生理解了面积公式的含义并能用清晰的词语陈述这些规则,表明学生习得了面积公式的陈述性知识,或者面积公式的学习处于陈述性知识学习阶段。面积公式在今后的反复运用中变为以"如果—那么"($C-A$)形式表征的产生式规则,一旦 C 出现,A 便能自动产生,学生不需要意识到行为的规则,技能达到自动化。

总的来说,数学陈述性知识的教学目标包括:

(1) 数学符号的知识,如记住圆周率的符号是 π,圆的周长符号是 c、半径是 r 等;

(2) 数学事实性知识,如记住 1 公斤等于 1 千克,1 市斤等于 500 克,圆周率为 3.141 5……等;

(3) 习得作为智慧技能前身的概念和原理、定理、公式等表示事物数量关系的知识;

(4) 习得数学问题类型图式的知识。

《义务教育数学课程标准(2011 年版)解读》强调过程目标,但本书认为,重视学习过程,但不应把过程本身作为目标,而是应注意知识在不同学习阶段的目标,前期是陈述性知识目标,后期是程序性知识目标。因为在数学中程序性知识的前身是陈述性知识,而陈述性知识的本质是符号引起的表象、概念、命题网络或图式。教好数学中的陈述性知识意味着学生要"经历……过程",要亲身探究事物的数量关系,用奥苏伯尔的话来说是符号能引起学生头脑中相应的心理意义,用杜威的话来说是学生获得处理事物数量关系的经验。

第二节　数学陈述性知识学习理论及其应用分析

我们认为,到目前为止,奥苏伯尔的同化论是解释陈述性知识学习的最好理论。这一节将先介绍奥苏伯尔的同化论及其阐述的有意义学习的心理过程和条件,然后将举例说明同化论在数学教学设计中的运用。

一、奥苏伯尔的同化论

(一) 同化论概述

奥苏伯尔的学习理论将认知方面的学习分为机械学习和有意义学习两大类。机械学习的性质是形成文字符号的表面联系,学生不理解文字符号的性质,其心理过程是联想。这种学习在以下两种条件下产生:一种条件是学习材料本身无内在逻辑意义,在这种条件下必然产生机械学习;另一种条件是学习材料本身有逻辑意义(如乘法口诀、公式等),但学生原有认知结构中没有适当的知识基础可以用来同化它们,在这种条件下也会产生机械学习。第一种条件下的机械学习在数学教学内容中几乎没有,第二种条件下的机械学习在教学中是应力求避免的,教师应了解有意义学习的条件。只有在教学中满足了有意义学习的条件,才能保证学生有意义的数学学习。

有意义学习的实质是个体获得有意义的文字符号所表征的意义。如圆锥体体积的计算公式是:$V = \frac{1}{3}Sh$。

这一组文字符号,对教师来说是有意义的,这种意义被称为材料的逻辑意义。但对于未学过有关概念的学生来说,它们是无意义的。有意义学习过程就是个体从无意义到获得心理意义的过程。这种个体获得的意义又叫心理意义,以区别于材料的逻辑意义。因此,有意义学习过程就是个体获得对人类有意义材料的心理意义的过程。

心理意义的获得必须满足下列条件:

第一,学习材料本身有逻辑意义。学生学习的教材知识一般符合这一条件,无意义音节、配对联想词不符合这一条件。

第二,学习者认知结构中具有同化新材料的适当知识基础,也就是具有必要的起点能力。如果这种条件不具备,教学任务应是先教这种起点能力。

第三,学习者还必须具有有意义学习的心向,即积极地将新旧知识关联并区分其异同的倾向。

上述三个条件中,第一个为外部条件,第二和第三个为学生内部条件。其中,第二个为认知因素,第三个为情感或态度方面的因素。

在教学中,最不易处理的是第二个条件。因为根据学生原有的知识基础进行教学,乃是教育心理学中最重要的原理(奥苏伯尔语),奥苏伯尔提出的获得新知识意义的同化模式(见表5-1),为教师分析新知识与学生原有知识之间的关系,并依据原有知识基础进行教学设计提供了理论依据。[①]

表5-1 有意义学习中的三种同化模式

① 邵瑞珍,上海市教育委员会.教育心理学(修订版)[M].上海:上海教育出版社,1997:78.

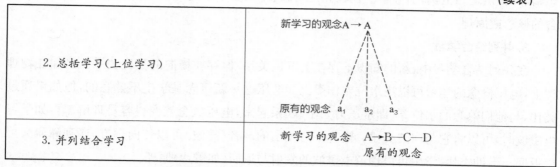

2. 总括学习（上位学习）	新学习的观念A → A 原有的观念 a_1 a_2 a_3
3. 并列结合学习	新学习的观念　A→B—C—D 原有的观念

（二）三种不同同化模式中蕴含的不同学习过程和条件

1. 类属学习（下位学习）

在类属学习模式中，新学习的知识（表 5-1 中 a_5 和 Y）与原有知识是一种上下位关系，原有知识处于上位，而且形成了一定结构，新知识处于下位。在这里，原有知识结构是学习的最重要内部条件。原有知识越巩固、越清晰，概括程度越高，新的下位知识学习越容易。这里的同化过程是学习者先回忆原有知识，将新知识归属于原有的概念或一般命题之中，新旧知识通过相互作用，学习者发现新旧知识之间的相同点，新知识便可归入原有知识结构的编码之中，同时还要辨别新旧知识之间的不同点，这种新知识才可以作为独立的意识内容存在，从而被回忆或提取出来。类属学习又分派生类属学习和相关类属学习两种。在派生类属学习中新的知识 a_5 被上位观念 A 同化，只增加了 A 的例子，A 的实质不变。数学学习中这类例子很多，例如已经掌握 $A \times B = B \times A$ 的学生，他不但能把 $7 \times 8 = 8 \times 7$ 这样的例子纳入 $A \times B = B \times A$ 这一公式中，遇到如 $(-7) \times 8 = 8 \times (-7)$ 这样的例子，借助原有的上位公式，他也能很快理解这一新的例子。新例子纳入原有上位结构，上位结构本质未变。在相关类属学习中，每增加一个下位的新例子（如 Y），原有上位结构（X）要发生部分质变，也就是说下位知识不能完全从上位知识中派生出来。例如，学生通过正方形、长方形和梯形的学习，形成四边形这一上位概念，如图 5-1 所示。图 5-1 中虽然新知识菱形可以纳入四边形这个上位结构，但菱形纳入以后，原有四边形概念将发生部分性质变化。

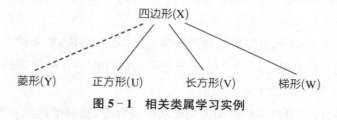

图 5-1　相关类属学习实例

2. 总括学习（上位学习）

这种模式适合解释概念和原理的发现学习。在表 5-1 所示的总括学习模式图中，a_1，a_2，a_3 表示能体现上位概念或原理的例子。学习时教师先呈现若干例子，这是学习的外部条件。学生需要对例子进行辨别；分析并提出它们的共同本质特征的假设，也可说是进行猜想;教师提供适当范例,引导学生检验和证实假设;最后学生通过抽象,概括出下位例子中包含的概念或原理。

3. 并列结合学习

在并列结合学习中,新的知识不存在上下位关系,但存在横向的类比关系。例如在物理课上,电压概念的学习可以用水位差作类比。电压这一新概念是学生不熟悉的,但如果通过类比,与他们熟悉的水位差(即水压力大小)联系起来,电压概念就变得容易理解。再如学习电磁波时,可以将它与声波类比。学生知道发出的声音(声波)可以传向远方,遇到障碍又可以返回。借助类比,学生可以理解电磁波的发射与返回(如雷达)原理。

上述模式只适合解释某个知识点的学习。为了解释一个单元或一门学科的知识组织,奥苏伯尔提出认知结构组织的两个原则。第一个原则是不断分化原则。奥苏伯尔认为,人的认知发展总是先认识一般的概念或原理,然后自上而下,从一般到个别不断分化。因此,他要求按照学生的认知发展顺序组织教学顺序,即先教一般知识,然后教具体的下位知识,其采用的方法是设计先行组织者。先行组织者是学习新教材之前,预先呈现的一种引导新学习的材料。它以通俗易懂的语言呈现,为学生同化新材料提供上位的认知框架。知识组织的第二个原则是综合贯通原则。前一原则指导知识的上下位组织,第二个原则指导知识的横向组织。

二、 同化论三种同化模式在数学教学中的应用分析

1. 上位学习

在统计中会用某些统计量来测量数据的形状。作为抽象概念,统计量在教学时不是通过下定义的方式,而是通过让学生接触各种具体的统计量,如平均数、中位数、众数等,然后再告诉学生这些都被称为统计量。因此,学生需要在理解各种统计量的意义的基础上自己概括出统计量这个上位概念。过去在教学中把重点集中在公式的记忆和运用上,而忽略对这些统计量的意义的理解,现在需要把教学重点转移到如何在实际情境中对这些统计量加以解释,让学生看到这些计算结果的实际意义,看到统计量在分析数据的分布、发展趋势中的作用,并且教师还要通过实际的例子对这三个统计量之间的区别作出解释,促进他们理解不同的统计量反映数据不同的性质。

平均数也称算术平均数,它反映数据的整体趋势,也就是说,如果把所有数据拉平,那么拉平后的那个数就是平均数。统计上倾向于把平均数看作一系列数据的中心平衡点,其计算公式为 $(x_1 + x_2 + \cdots + x_n)/n$。

在解释平均数时,如果有一个极端大或极端小的数据,这时平均数未必能如实地反映数据的整体趋势。比如,某个小山区 6 户人家的月收入分别为 700 元、800 元、500 元、600 元、400 元、600 元。他们的平均收入是 $(700 + 800 + 500 + 600 + 400 + 600)/6 = 600$ 元。 如果某天山区住进了一位月收入达 1 万元的富翁,那么这个山区的户平均收入就变为 $(700 + 800 + 500 + 600 + 400 + 600 + 10\,000)/7 \approx 1\,943$ 元, 显然这个平均数不能代表大多数家庭的收入

情况,更不用说代表整个山区的整体情况。

中位数是指在数据分布中居于中间的那个数,即有一半的数据在中位数之上,也有一半的数据在中位数之下。值得注意的是,对奇数和偶数个数据存在不同处理。比如,考虑如下两组数:"3、6、8、9、10"和"3、6、8、9",第一组数的中位数是8,第二组的中位数介于6和8之间,即7。

数量素养项目(Quantitative Literacy Project)中就更偏爱中位数,把中位数放在很重要的地位。该项目的研究认为中位数更容易被学生理解,更容易计算,并且也不像平均数那样容易受某一两个极端大或极端小的数据的影响,更能如实地反映数据的中心趋势。

众数是指在数据集合中出现频率最多的那个数。在平均数、中位数和众数三个统计量中,众数是用处最小,也许是终将会被完全忽略的数。如2,2,3,7,4,5,9这组数据,2是这组数据的众数,可它并不能很好地描述这组数据。有时还会出现两个众数。如果这组数据里的4是5的话,那么就会出现两个众数,而如果这里的2变成1,那么这里就根本没有众数。可见,只要数据稍微有点变化,众数就极可能发生变化,非常不稳定,并且也不一定能代表数据的中心趋势。只有通过对这三个统计量的意义及其适用情境进行分析,才能深刻理解统计量的本质属性——测量数据的形状。数学中许多概念,如"变量""多边形"等,都是通过这种方式教授的。一旦上位概念或命题形成,又可以成为下次新学习中同化下位知识的上位知识。

2. 下位学习

下位学习中的派生类属学习只是增加上位概念或原理的例子,这里不需再作说明。下面仅举例说明下位学习中相关类属学习的应用。例如,学习有理数,学生最初认识到有理数包括整数(正整数、负整数和零),以后知道也包括小数(包括有限小数和无限循环小数),而分数可以和小数互化,所以分数也包含在有理数之中,但如果让学生认识到分数就是有理数(因为任何整数都可以表示为分数,比如3可以表示为3/1),那么学生对有理数和分数的认识就被深化了。因此,在相关类属学习中,每次新知识类属于原有概念或命题,原有概念的本质属性或被扩展、深化,或被限制、精确化。

3. 并列结合学习

在并列结合学习中,新学习的知识与原有知识之间具有某些共同的关键特征而呈现并列关系。比如,对称、平移、旋转这几种变换都属于既没有改变图形形状也没有改变图形大小的几何变换,即合同变换或保距变换,因为这种变换保持两点间距离不变。在教学中可以抓住这些概念具有这一共同的关键特征进行并列结合学习。而只改变图形大小不改变图形形状的几何变换,即为相似变换,它包括缩小和放大两种。如图5-2所示的放大和缩小的变换,点O被称为相似变换的位似中心,而所有

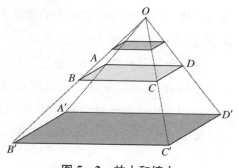

图 5-2 放大和缩小

变换后的对应点与原图上的点到点 O 的距离的比都相等,称为相似比,如 $OA'/OA = OB'/OB = OC'/OC = OD'/OD$。在地图制作中常常使用到这一技术,而相似比则被称为比例尺。教学中,也可以抓住这两个变换的共同特征进行并列结合学习。此外,我们还可以启发学生思考是否存在既改变图形的大小又改变图形的形状的变换(即拓扑变换)。可见,新关系是通过与原有关系的并列结合而获得意义的。

三、 数学命题知识的组织与结构化

在许多时候,学生不是学单一的命题或事实,而是成块的知识,如数学中函数的性质及其图像。认知心理学家认为,命题、命题网络宜解释小的知识单元的表征,对于那些较大的、有组织的知识,同化理论的解释并不合适,而应用图式来解释。在一个图式中,往往既含有概念或命题的网络结构,也包含着解决问题的方法步骤(即为程序性知识),甚至还有表象[①]。如函数图式不仅包含由关于函数定义和性质的命题组成的网络,也包含函数的表象。当学生利用函数来探索模式和关系时,学生头脑中形成的就是有关函数的图式知识。对于函数的理解,教师必须让学生暴露在大量关于函数的例子中,以便学生形成有关函数的图式知识。

下面就具体分析一下函数图式知识的教学。

函数是代数学习中最重要的概念,而且函数的思想贯穿整个中小学数学课程。但是,传统的函数教学课程集中在函数的符号、定义域、值域和画图方法上,而忽视函数作为刻画现实世界中模式和关系的有效手段。

实际上,函数研究的是一个量的变化影响另一个量的变化的方式。一个函数描述的是第一个变量如何影响第二个变量的法则,在数学中被称为两个集合之间的对应法则。通过这一法则,第一个集合中的每个元素都可以在第二个集合中找到唯一的元素与之对应。其中,表示来自第一个集合里的元素的变量被称为自变量;因为第二个集合里的元素是由第一个集合的元素通过对应法则而得到的,所以函数中的第二个变量被称为因变量。不过这一定义对于学生来说并不容易理解,他们更不清楚为什么数学中会产生这样一个定义,研究两个集合的对应法则有什么意义。因此,发展函数思想的最好途径是首先让学生去接触现实生活中蕴含函数关系的具体情境,让他们看到同一函数关系可以用不同的形式来刻画。下面用具体的情境来分析它蕴含的函数关系及其四种主要的刻画方式——列表、文字描述、图像、解析表达式。

一个俱乐部计划开办一个洗车场以增加赢利,会员认为将洗一辆车的价格定在 6 元是比较合适的,但是他们发现每天租用场地需花费 25 元,冲洗每辆车的水和其他费用将消耗 2 元。他们想知道每天最少需要洗多少辆车才能赢利。

显然,洗车的数量越多赢利越多。但不是洗一辆车就马上能赢利,因为他们还要付租用

① 皮连生.学与教的心理学[M].上海:华东师范大学出版社,2003:136 - 137.

场地的 25 元。无论如何，能不能赢利取决于洗车的数量，即纯收入是洗车数量的函数。

洗车数量与赢利的关系，我们首先可以利用表 5-2 来探索和刻画。

表 5-2 洗车数量与赢利的关系

洗车数量	支出(元)	收入(元)	赢利(元)
0	25	0	-25
1	25+2×1	6	-21
2	25+2×2	12	-17
3	25+2×3	18	-13
4	25+2×4	24	-9
5	25+2×5	30	-5
6	25+2×6	36	-1
7	25+2×7	42	3
8	25+2×8	48	7
9	25+2×9	54	11
10	25+2×10	60	15
11	25+2×11	66	19

从表 5-2 中容易看出，当洗车的数量达到 7 辆及以上时，洗车场就开始赢利；而且可以根据算式计算出不同洗车辆数产生的赢利。若洗 100 辆，则赢利数为 $6 \times 100 - (25 + 2 \times 100) = 375$；若洗 1 000 辆，则赢利数为 $6 \times 1\,000 - (25 + 2 \times 1\,000) = 3\,975$，当然实际上洗车场每天不可能洗这么多车。

此外，还可以利用文字对这一情境进行描述。学生可以说，赢利是洗车数量的函数。这里函数代表的意思是洗车数量是一个自变量，而赢利是一个因变量，赢利的多少将根据洗车数量的多少而定。文字描述还可以让学生思考在这一情境中两个变量反过来的关系。比如，赢利是关于洗车数量的函数，那么洗车数量是否也是赢利的函数呢？其实，从某种意义来说，洗车数量也是赢利的函数，因为当我们知道某一天的赢利是多少时，也能正确地推知那一天洗了多少辆车，这种将自变量和因变量的角色正好交换后形成的函数称为反函数。

表达函数的第三种形式则是图像。通过描点法可以绘制出这个函数的图像，如图 5-3 所示。

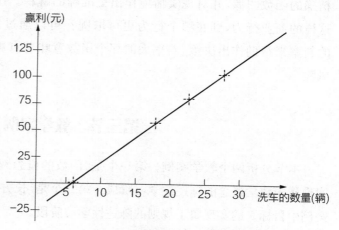

图 5-3 洗车数量与赢利的函数关系

图 5-3 中横轴表示的是洗车数量,纵轴表示的是赢利。通过描点,可以看到洗车的数量和赢利之间的函数关系:洗车数量越多,则赢利越多,即函数是一个增函数,而且这几个点连起来形成一条直线,这表明它们之间是一个线性关系。根据函数图像,还可以回答每天最少需要洗多少辆车才能赢利,直线与横轴的交点表示出零赢利的洗车数量(虽然不是一个整数),大于这个数的最小整数即是最少需要洗的车辆数(即介于 6 到 8 之间)。这个函数图像还能向横轴小于 0 的那边继续画下去,即出现更大的负赢利,但显然这是没有意义的。因为洗车数量不可能出现负数,即使某天没有洗一辆车,这天的最大损失也就是 25 元。

对于洗车赢利的问题,也可以用收入减去所付出成本得到实际的赢利,列出其解析表达式:$y=6x-(25+2x)$(式中 x 代表洗车数量,y 表示赢利数),进一步化简为 $y=4x-25$(可以理解为:每洗一辆车的纯收入是 4 元,但由于租场地要交 25 元,所以减去 25 元)。当把这个洗车赢利情境中的数量关系用抽象的解析表达式表示出来后,就可以抛开其具体的现实背景而在抽象层面上进行研究。比如,对这一类函数进行研究,而不是对单个函数进行研究,可以发现,蕴含 $y=ax+b$ 这样形式的函数,其图像都是一条直线,反过来具有线性关系的函数都可以表示为 $y=ax+b$ 的形式。此外,还可以用代数方法证明它是一个增函数,即对于任意的实数 x_1,x_2,如果 $x_1>x_2$,都有 $y_1>y_2$。还可以发现 a 表示的是斜率,即直线与横轴所形成的角度的正切值,而 b 表示的是截距,即直线与纵轴的交点距原点的距离。如果 $b=0$,表示该直线过原点,这时的函数也称为正比例函数。有些学生根据正比例函数都是线性的,而错误地认为所有线性函数都是正比例函数,就在于没有看到正比例函数的形式 $y=kx$ 其实是线性函数 $y=ax+b$(也称为一次函数)的特例($b=0$),它一定是经过原点的,而没有经过原点的直线所对应的 x 和 y 不成正比。为研究方便,有时把关于 x 的函数也表示为 $f(x)$。比如这时洗车赢利中的函数可以表示为 $f(x)=4x-25$,这样用 $f(30)$ 就能非常简明清楚地表示,洗车数量为 30 时所对应的赢利是多少。通过函数解析表达式,可以求出任意一个自变量所对应的函数值,并且反过来它也有助于画出更为精确的函数图像,并对现实情境作出更准确的解释。比如,如果现在有两种类似洗车赢利这样的商业行为,到底哪个行为更可取呢?可以通过比较这两个商业行为所对应的函数的斜率来帮助作出决策,斜率大的那个函数意味着有更快的经济增长比例,从而有更小的风险。

第三节　教学案例分析

本节分析两个教学案例。第一个是《函数的概念》教学设计,该案例中目标 1、目标 2 的实现属于数学概念的陈述性学习阶段。第二个是《长方形、正方形面积的计算》教学设计,该案例中目标 1 的实现属于规则的陈述性学习阶段。

1.《函数的概念》教学设计

冯村中学　谢壁

【课标要求】

1. 探索简单实例中的数量关系和变化规律,了解常量、变量的意义;

2. 能举出函数实例;

3. 能结合图像对简单实际问题中的函数关系进行分析。

【教学目标】

1. 能够举例说明函数的概念(概念性知识的理解);

2. 能够在实际问题中建立两个变量的函数关系(概念性知识的理解);

3. 能够根据函数图像或取值情况判断两个变量间的关系是否为函数关系(概念性知识的分析)。

【任务分析】

(一)使能目标分析(寻找"先行条件",建立逻辑关系)

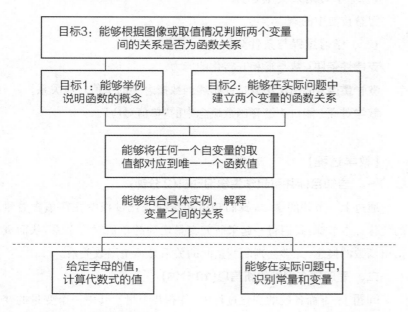

(二)起点能力分析

1. 在小学阶段学习过正比例关系和反比例关系,知道具有正(或反)比例关系的两个量中,一个量随着另一个量的增大而增大(或减小);

2. 在字母表示数中,接触过当字母取值变化时,代数式的值随之变化;

3. 在生活中体验到两个量之间的依存关系,如气温随时间的变化

而变化,单价固定时总价随着数量的变化而变化;

4. 会指出一个变化过程中的常量与变量。

【教学策略】

(一)目标分类

表1　目标、教学活动和测评在分类表中的位置

	认 知 过 程					
	记忆	理解	运用	分析	评价	创造
事实性知识						
概念性知识		目标1 目标2 问题1—6 练习1—4		目标3 问题7 课后作业		
程序性知识						
元认知知识						

(二)学习结果类型分类

智慧技能中的概念学习。

(三)学习过程与条件分析

支持性条件：数与形相互转化的能力。

教学重点：能用文字概括并阐述函数概念中的单值对应关系。

教学难点：能口头解释函数概念中的"单值对应"。

【教学过程】

一、 告知目标并引起学生学习动机(2分钟)[1]

通过上一节课的学习,我们知道在运动变化过程中往往蕴含着量的变化。本节课,我们将一起来研究变量之间的单值对应关系,从而概括出函数的概念,并学会判断变量间的关系是不是函数关系。

二、 呈现精心组织的新信息(10分钟)[2]

问题1:下面各题的变化过程中,各有几个量?其中一个变量的变化是怎样影响另一个量的变化的?

(1) 汽车以 $60 \, \mathrm{km/h}$ 的速度匀速行驶,行驶的时间为 $t \, \mathrm{h}$,行驶的路程为 $s \, \mathrm{km}$;

(2) 每张电影票的售价为10元,设某场电影售出 x 张票,票房收入为 y 元;

(3) 水中涟漪(圆形水波)不断扩大,在这一过程中,记它的半径为

[1] 从旧知识出发引发新知,告知学生学习目标,吸引学生注意。

[2] 教师提供案例,引导学生发现函数可以用解析式来刻画,让学生体会变量之间的对应关系,培养学生发现问题、分析问题、灵活变化的能力。完成目标1:能举出函数的实例,并判断变量之间的关系是不是函数。

r,圆周长为 C,圆周率为 π;

(4) 把 10 本书随意放入两个抽屉(每个抽屉内都放),第一个抽屉放入 x 本,第二个抽屉放入 y 本。

结论:

变化过程(1)有两个变量 s、t,当 t 取定一个值时,s 有唯一确定的值与之对应;

变化过程(2)有两个变量 x、y,当 x 取定一个值时,y 有唯一确定的值与之对应;

变化过程(3)有两个变量 r、C,当 r 取定一个值时,C 有唯一确定的值与之对应;

变化过程(4)有两个变量 x、y,当 x 取定一个值时,y 有唯一确定的值与之对应。

问题 2:这些变化过程中,变量之间的关系有什么共同特点?

共同特点:变化过程中有两个变量,当一个变量取定一个值时,另一个变量有唯一确定的值与之对应。

问题 3:下面是我国人口数统计表,其中年份与人口数可以分别记作两个变量 x 与 y,对于表中每一个确定的年份 x,都对应着一个确定的人口数 y 吗?

年份 x	人口数 y(亿人)
1984	10.34
1989	11.06
1994	11.76
1999	12.52
2010	13.71

问题 4:下图是首都北京某一天的气温变化图。

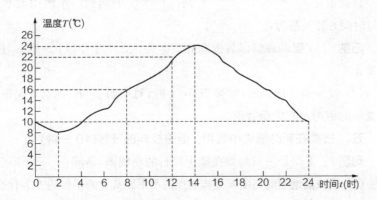

（1）这一天 6 时的气温是_____℃、12 时的气温是_____℃；22 时的气温是_____℃。

（2）一天中，当时间确定时，气温的数值是不是也是唯一确定的？

三、 师生共同总结，得出新的知识(5 分钟)[3]

问题 5：你能归纳出上面实例中变量之间关系的共同特点吗？

问题 6：函数是反映一个变化过程中的两个变量之间的一种特殊对应关系，请你根据上述 6 个实例中两个变量之间对应关系的共同特征，用恰当的语言给函数下定义。

概念：一般地，在一个变化过程中，如果有两个变量 x 和 y，并且对于 x 的每一个确定的值，y 都有唯一确定的值与其对应，那么我们就说 x 是自变量，y 是 x 的函数。

四、 变式练习，促进知识转化为技能(13 分钟)[4]

下列问题中哪些量是自变量？哪些量是自变量的函数？试写出用自变量表示函数的式子。

（1）改变正方形的边长 x，正方形的面积 S 随之改变。

自变量是_____，_____是_____的函数。面积 S 与边长 x 的关系为：_____。

（2）每分钟向一水池注水 0.1 m³，注水量 y（单位：m³）随注水时间 x（单位：min）的变化而变化。

自变量是_____，_____是_____的函数。注水量 y 与注水时间 x 的关系为：_____。

（3）义山村的耕地面积是 10^6 m²，这个村人均占有耕地面积 y（单位：m²）随这个村人数 n（单位：人）的变化而变化。

自变量是_____，_____是_____的函数。人均占有耕地面积 y 与人数 n 的关系为：_____。

（4）水池中有水 10 L，此后每小时漏水 0.05 L，水池中的水量 V（单位：L）随时间 t（单位：h）的变化而变化。

自变量是_____，_____是_____的函数。水池中的水量 V 与时间 t 的关系为：_____。

归纳：（1）强调理解函数概念的关键为：① 两个变量；② 唯一对应关系。

（2）设 y 是 x 的函数，如果当 $x=a$ 时，对应的 $y=b$，那么 b 叫作当自变量的值为 a 时的函数值。

五、 技能在新的情境中应用，促进技能的迁移(10 分钟)[5]

问题 7：下图是一只蚂蚁在墙上爬行的路线图，请问：

（1）蚂蚁离地面的高度 h 是离起点的水平距离 t 的函数吗？为什么？

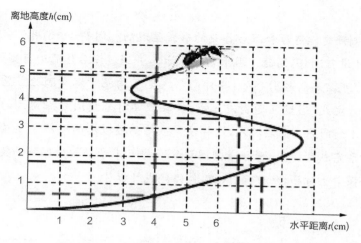

（2）反过来说，t 是 h 的函数吗？为什么？

（3）你能举出一个函数的实例吗？

全课总结：

（1）在一个变化过程中，对于变量 x 和 y 而言，满足什么对应关系时，y 才是 x 的函数？两个变量满足"一对多"的关系是函数吗？

（2）如何确定函数值？

课后作业： 书本第 82 页复习巩固第 7 题。

如图：下列各曲线中哪些表示 y 是 x 的函数？

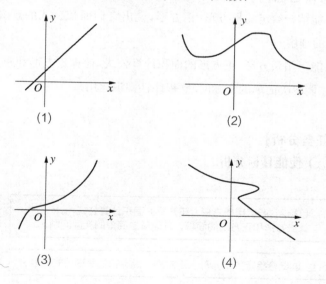

点 评

　　本节课所达到的学习结果是智慧技能中的概念学习，其中目标 1 和目标 2 对应概念学习的陈述阶段。分类表显示，本节课的目标、活动和测评三者的一致性是较高的。其中活动是以问题的形式呈现的,测评是以练习和课后作业的形式呈现的。问题1—6用于完成目标1—2,并通过练习1—4进行测评,问题7用于完成目标3,并通过课后作业进行测评。这节课让我们看到教学活动可以是问题引领的,测评的形式也不拘泥于课堂测验。总的来说,本课采用以实际问题为主线,通过问题由浅入深,并在教学时采用问题探究式的教学方法进行教学,通过问题1到问题4逐层深入,这样使学生对函数概念的理解也逐层深入,体会变量之间的对应关系完成目标1。紧接着用问题5、问题6来帮助学生理解函数从而准确概括函数的概念,加强学生对函数概念的认识,最终完成目标2。

2.《长方形、正方形面积的计算》教学设计

花都区教育局教研室　杨焕娣

【课标要求】

1. 探索并掌握长方形、正方形的面积公式;
2. 会计算给定长方形、正方形的面积。

【教学目标】

1. 能结合给定的长方形、正方形,说出它们面积公式的意义(程序性知识的理解);

2. 能运用长方形、正方形的面积计算公式,计算长方形和正方形的面积,并能解决简单的实际问题(程序性知识运用)。

【任务分析】

(一) 使能目标分析

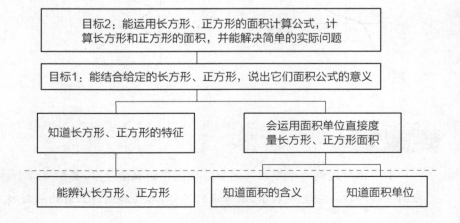

（二）起点能力分析

1. 学生已经认识了长方形、正方形的特征；

2. 掌握了面积的含义和面积单位；

3. 会运用面积单位直接度量面积，知道平面图形里面含有几个面积单位，面积就是多少。

【教学策略】

（一）目标分类

表1　目标、教学活动和测评在分类表中的位置

知识维度	认知过程维度					
	记忆	理解	运用	分析	评价	创造
事实性知识						
概念性知识						
程序性知识		目标1 活动1 测评1	目标2 活动2 测评2 测评3			
元认知知识						

（二）学习结果类型分类

根据加涅的学习结果分类，此项学习属于智慧技能中的规则学习。

（三）学习过程与条件分析

支持性条件：渗透"实验—猜想—验证"的数学学习方法，为今后学习其他平面图形的面积计算打下基础。

教学重点：经历长方形、正方形的面积计算公式的推导过程，并会运用公式计算长方形和正方形的面积。

教学难点：长方形面积公式的发现过程。

教学准备：课件、边长1分米的正方形若干、每小组准备记录表两张、记录表汇总表一张。

【教学过程】

一、复习与本课题有关的原有知识(3分钟)

师：老师考考你们。（课件出示题目）

哪个图形的面积大？[1]

[1] 让学生大胆猜想所出示不同的长方形、正方形面积的大小，让学生回想起度量面积的方法，有利于活跃课堂气氛，调动学生学习的积极性。而且测量的方法从摆满到部分摆，再到脑中摆，让学生在脑中形成一个模型，有利于学生进一步探索学习。

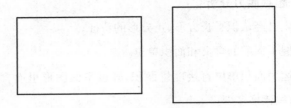

让学生猜,然后问:有什么办法可以验证?

课件出示方格图,回顾数方格的方法,让学生说出图形的面积,并说清楚图形摆了几个面积单位,图形的面积就是多少。方格图引导学生得出:总个数＝每行摆的个数×行数(并板书)。

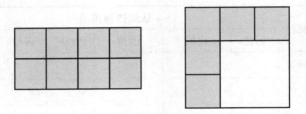

二、 告知目标并引起学生学习动机(2分钟)

1. 师:如果我们要测量这块长方形地的面积(课件出示一块长方形地),或者学校、花都区的面积,还是用这种方法,你觉得方便吗?[2]

2. 提示课题。

师:这节课,我们就来研究长方形和正方形面积的计算。(板书:长方形、正方形面积的计算)

三、 呈现精心组织的新信息(20分钟)[3]

1. 观察与猜想

(1)出示两张长方形纸,老师将它的长折短些,问:什么变了?什么没变?老师再把它的宽折短些,问:什么变了?什么没变?

(2)请你猜一猜长方形面积的大小与它的什么有关呢?根据学生的回答板书:长方形的面积、长、宽,为后面板书公式做准备。

2. 探究与发现

活动1:究竟长方形的面积与它的长、宽有什么秘密?想不想将它找出来?

(1)出示1平方分米,问:认识它吗?它的边长是多少?老师接着将两个1平方分米一拼,问:变成什么图形了?它的长和宽各是多少?你是怎么知道的?

(目的是让学生知道:每行的个数与长、行数与宽的关系,为后面做准备。)

[2] 制造学生的认知冲突,激发学生探索新知的欲望,也为下面求解长方形面积中容易出现的问题做好必要的铺垫。

[3] 本环节分三个层次进行教学:第一个层次通过直观演示,让学生感受到长方形的面积大小与它的长和宽有关;第二个层次通过指定学生摆一个12平方分米的长方形,观察、发现长方形的长、宽及面积的关系,为学生进行大胆猜想提供方向和依据;第三个层次通过安排学生与同桌合作自由摆一个长方形,验证出长方形的面积就是长乘宽,让学生通过自己的努力得出最终结论,从而获得成功的喜悦,也感受到探索道路的艰辛,数学知识的宝贵。

数学学习与教学论

104

（2）与同桌合作动手拼一个面积是 12 平方分米的长方形。

师：老师在每张桌子上准备了一些 1 平方分米的小正方形，请你们动手拼一个面积是 12 平方分米的长方形，并填写记录单 1。

长（分米）	宽（分米）	面积（平方分米）

（3）分别让三种情况的学生上台汇报，课件出示相关长方形，然后追问：这三个长方形的长是怎么找出来的？宽呢？根据学生的回答在原来板书的基础上标上↓，具体如下：（目的是沟通每行的个数与长、行数与宽的关系。）

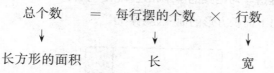

（4）认真观察，发现规律。

教师将三张记录单一起投影出来。

① 师：同学们观察这三张记录单，你能发现什么？先自己独立思考，想好的同学再和同桌说一说。

② 学生汇报发现。

③ 小结。师：是啊，面积是 12 平方分米的长方形，无论它怎么摆，它的面积都等于长乘宽，所以我们有理由猜测"长方形的面积＝长×宽"（在原来的基础上板书：长方形的面积＝长×宽），但我们的猜想正不正确呢？（在公式后面打个"?"）这就需要我们进一步验证。（先后板书：猜想→验证）

3. 操作与验证

（1）活动 2：同桌合作，动手用 1 平方分米的小正方形拼出一个长方形。

师：请同学们用刚才那些 1 平方分米的小正方形，动手拼出一个长方形，并填写记录单 2。在拼之前，老师有个建议：用到的小正方形的个数不限，想用几个拼就用几个。

长（分米）	宽（分米）	面积（平方分米）

（2）让多名学生汇报，老师将学生记录的情况汇总在同一个表上。

（3）有没有哪组同学摆的长方形面积不等于长乘宽？看来所有长

方形的面积都可以用长乘宽来表示。(老师将公式旁边的"?"去掉)

四、师生共同总结，得出新的知识(5分钟)

1. 师生归纳得出长方形的面积公式，并追问：在面积公式中，"长×宽"实际上表示的是什么？[4]

2. 课件的动态演示，使学生直观地看到：长是几厘米，沿着长边就可以摆几个面积是1平方厘米的小正方形，宽是几厘米，就可以摆这样的几排。由此使学生理解："长×宽"实际上表示的是长方形中所包含的面积单位的个数。

3. 让学生齐读公式，教师问：以后我们要求长方形的面积还需不需要一个一个去摆放呢？只要知道什么就可以求长方形的面积了？

五、促进学习结果的运用和迁移(10分钟)

1. 说出下面长方形的面积(测评1)。

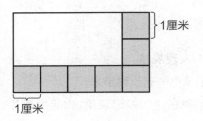

2. 知识迁移，探索正方形面积公式。[5]

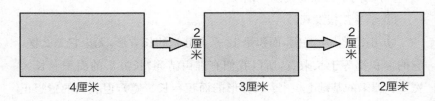

(1) 老师指着以上第4幅图问：这个实际上是什么图形？为什么？

(2) 师：是啊，正方形是特殊的长方形，所以正方形的面积等于什么？老师根据学生的回答板书公式，并让学生齐读公式。

3. (书上第68页第1题)计算下面各图形的面积。(单位：厘米)(测评2)

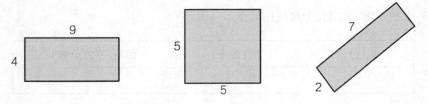

让学生独立完成，然后集体订正。

4. 课件出示课始的情境图：怎样计算这块长方形地的面积？课件

[4] 通过概括归纳和动态演示，让学生的思路更清晰，由表象认识上升到理性认识，加深学生对长方形面积公式的理解，使学生主动完成知识的建构工程，提高了学生分析、交流、概括的能力。

[5] 通过测评1加深学生对长方形面积公式的理解，由长方形的面积计算很容易类推出正方形面积计算公式，在这一过程中不仅回顾了长方形与正方形的关系，同时培养了学生的推理与逻辑思维能力。

接着出示长和宽的数据,让学生口头说出算式。[6]

5. 判断(**测评 3**)。

(1)一个长方形,长 6 厘米,宽 3 厘米,它的面积是 18 厘米。（　　）

(2)一个正方形,边长 9 分米,它的面积是 36 平方分米。　（　　）

6. 总结,谈收获。[7]

通过这节课的学习,你有什么收获? 我们是怎样推导出长方形的面积公式的? 在生活中我们还会遇到很多数学难题,大家也要像今天这样去"猜想—验证",做一个小小的数学家。

[6] 这一环节的设计既巩固了长方形、正方形面积的计算,又与前面开头相呼应,让学生真切感受到数学与生活的联系。

[7] 在引导学生对本课进行总结时,使学生在兴趣盎然的活动中再次理性地对所学内容有一个系统完整的认识,"回味"反思自己的学习过程。

点 评

　　根据布卢姆认知教学目标分类学,这节课的目标类型属于程序性知识中原理与概括知识的理解、运用。对应到加涅的学习结果,它属于智慧技能中的规则学习。其中,目标 1 的完成属于规则学习的陈述阶段。由于在学习长方形、正方形的面积计算前,学生已经认识了长方形、正方形的特征,知道了面积的含义和面积单位,会运用面积单位直接度量面积,因此,在这节课中,教师能抓住学生的教学起点,引导学生在活动中学数学,设计了两次不同目的的操作探究活动,力求通过让学生"做"数学,逐步达到知道长方形、正方形的面积公式的目标,在大脑中建立起为什么长方形、正方形的面积公式是"长×宽"和"边长×边长"的表象,较好地获得对计算方法的理解,并有效地促使目标的完成。这样的设计准确定位了学生的学习起点,规范陈述了教学目标 1 和目标 2,并且目标、活动和测评三者的一致性较强。在这节课中,教师抓住新旧知识之间的联结点,将长方形和正方形进行有机的衔接,在练习的过程中,将长方形渐变为正方形,因为正方形是特殊的长方形,让学生由一般到特殊地得出正方形面积的计算公式。这样,进一步沟通长方形与正方形面积公式的联系,促进数学知识的系统化,同时,也将新知识纳入原来的知识系统中,促进学生对知识的建构、理解、内化、吸收,思维也得到了发展。

第六章　数学概念的学习与教学

根据广义知识观,概念和规则可以作为陈述性知识学习,其教学重点是解决概念和规则的理解问题;概念和规则也可以作为程序性知识学习,其教学重点是解决它们的应用问题。从基本技能学习来说,还应使概念和规则的应用达到自动化。下面两章论述的概念和规则,是作为程序性知识学习考虑的。

加涅认为,智慧技能是运用概念、规则和高级规则对外办事的能力。概念学习以知觉辨别学习为基础,但知觉辨别学习主要是通过日常生活进行的,故不安排专章论述。概念是知识的细胞,是构成智慧技能的基本成分,而且心理学中概念的研究特别多,故设专章加以论述。

当前我国教育领域流行的技能概念与现代认知心理学中的技能概念相去甚远,为了论述智慧技能的学习与教学,先要澄清有关技能的一般观点。因此,本章先介绍技能的定义和分类,然后论述作为智慧技能基本成分的概念学习的性质、教学目标及其学习与教学的一般过程,最后用教学案例分析作为智慧技能的概念的教学设计。

第一节　技能的性质与分类的概述

一、关于技能的定义

我国中小学教师经常使用"基础知识"和"基本技能"这两个术语(简称"双基"),但由于我国教育理论界至今未接受现代认知心理学的广义知识观,导致广大教育工作者的知识概念陈旧落后,技能概念也是如此,没有反映现代认知心理学的新成就。

当前广为流行的三维目标,把"知识与技能"作为教育目标三维中的一维,即学习结果。课程专家在对三维目标进行解读时,知识被分为"了解、理解和应用"三级水平,技能被分为"模仿、独立操作和迁移"三级水平。知识概念在前几章已经有深入讨论,这里只分析技能概念。

顾明远主编的《教育大辞典》把技能定义为"主体在已有知识经验基础上,经练习形成的执行某种任务的活动方式。由一系列连续性动作或内部言语构成"。[1] 这一定义源于苏联 20 世纪五六十年代的心理学。其缺点一是未揭示知识与技能的关系,二是该定义最多只适合解释与身体有关的动作技能,与教师所讲的"双基"中的"基本技能"无关。

那么,教师常说的"双基"中的基本技能到底指什么呢? 在我国教育理论界很少有人对这个问题进行认真思考,其实现代认知心理学中早已有得到国际公认的解释。例如,加涅在

---

① 顾明远.教育大辞典[M].上海:上海教育出版社,1998:650.

数学学习与教学论

20 世纪 70 年代提出的学习结果分类把技能分为动作技能和智慧技能(也可称为智力技能,其英文都是 intellectual skills)。加涅认为,动作技能是一套规则支配人的肌肉协调活动的能力;智慧技能是概念规则支配人的认知活动的结果,它具体由辨别、概念、规则和高级规则构成,所以智慧技能主要指人们运用概念和规则办事的能力。如给出" $\frac{1}{3} + \frac{2}{5} =?$ "这样的分数加法题,学生回答这个问题所需要的能力是一种典型的智慧技能。这种技能的本质是分数概念及"分数的分子与分母同时扩大或缩小若干倍,分数值不变"的原理的应用。动作技能可以通过模仿他人的操作进行学习。由于智慧技能学习的第一步是掌握概念,概念不可能通过模仿学习,因为智慧技能学习的心理过程是内潜的,他人无法直接观察到,也就谈不上模仿。因此,我们应在更新知识观的同时,也要更新我国教师的技能概念。如果用加涅的智慧技能的思想来解释我国广大教师所接受的"基本技能"概念,那么教师的教学设计就将能得到现代学习理论的直接指导。

二、 广义技能的分类

本书把技能定义为"在练习基础上形成的按某些规则或操作程序顺利完成某种智慧任务或身体协调任务的能力"。[①] 广义技能可以分为三类:(1)动作技能,即运用规则支配肌肉协调活动的能力;(2)智慧技能,即运用概念、规则和高级规则对外办事的能力;(3)认知策略,一种特殊的智慧技能,即运用规则对自己的认知活动进行调控的能力。

在数学教学中,纯粹动作技能的教学很少,主要是智慧技能和认知策略的教学。基本技能一般在短时间内可以教会,而作为认知策略的高级技能一般需要较长时间才能掌握。

三、 技能与程序性知识的关系

现代认知心理学借助计算机类比来分析技能与程序性知识的关系。计算机能进行计算、打字、画图等,这些工作类似于需要人的技能才能完成的工作。计算机为什么能完成这些需要人的技能的工作呢? 大家都知道,计算机储存了完成这些任务的程序。计算机程序是以"如果/那么"形式的产生式规则编写的,许多规则连成一串,便构成程序系统。根据计算机类比,信息加工心理学家认为,人的技能的心理本质是一套程序性知识支配了人的认知活动或身体动作活动的结果。认知心理学家通过大量的计算机模拟实验,证实了上述假设。根据这一假设,当学生掌握了某个概念或原理,但如果这一概念或原理未被转化为"如果/那么"形式的产生式规则,学生则难以应用这一概念或原理;习得的概念和原理转化为技能的一个重要条件是,将命题表征的陈述性知识转化为产生式规则表征的程序性知识。例如,我国教师一般学过教育学和心理学,传统的教育学和心理学讲了很多抽象的概念和原理,但未告诉教师如何应用这些概念和原理,知识未实现向技能的转化。

---

① 皮连生.教育心理学[M].上海:上海教育出版社,2004:127.

本书为了使学习心理学原理转化为教师的教学设计技能,要求教师在教学设计时做好以下几件事:(1)用学生的学习结果陈述具体的教学目标;(2)通过任务分析,明确目标中蕴含的学习结果类型和有效学习条件;(3)针对学习类型选择或开发相应的教学策略。通过这样一套操作程序的练习,学过本书的教师在其认知结构中将逐步形成如下产生式规则:

● 如果想运用心理学知识达到理想的教学效果,那么要采用现代教学设计中的目标陈述技术清晰地陈述教学目标。

● 如果要合理安排学习的步骤、方法或活动方式,那么应分析蕴含在教学目标中的学习结果类型和有效学习条件。

● 如果学习结果类型和有效学习条件已知,那么应针对学习类型选择与开发适当的教学策略,做到"学有定律,教有优法"。

● 如果教师通过学习和练习,在头脑中牢固形成了上述程序性知识(即产生式规则),那么他习得的心理学知识便转化成教学技能了。

学生习得的数学知识也应通过这样的应用联系转化为办事的技能。

第二节　数学概念学习的过程和条件

在数学教学中,概念既可以作为陈述性知识来学,也可以作为智慧技能的程序性知识来学。但不管在陈述性知识学习还是在程序性知识学习中,掌握概念都十分重要。在上一章,我们已经阐述了作为陈述性知识的概念学习,在这里将进一步阐述作为程序性知识构成要素的概念学习。本节先阐述概念及其学习的含义,然后再阐述数学概念学习的过程和条件。

一、 概念的性质

我们可以从概念的定义、概念的分类两方面解释概念的性质。

(一) 概念的定义

在日常生活中,人们把对某事物有所了解,说成是对该事物有了概念。如外地人到了上海,到了上海的商店,与上海人有了交往,常说这个人对上海有了"概念"。在心理学中,概念不是指对单个事物的认识,而是指对一类事物的认识,即指符号所代表的具有共同属性的一类事物。而同类的个别事物便是概念的例证。判断一个符号是代表概念还是代表例证,关键是看它是不是独一无二的。例如,"上海"这个符号代表单个城市,上海是城市概念的例证;"城市"这个符号代表一个概念,代表所有城市。

概念不仅有正例(即肯定例证),而且还有反例(即否定例证)。如3、7、11、13等是"质数"这个概念的正例,4、9、15等是它的反例。一切正例都具有概念的共同本质特征,如3、7、11、13等,除了1和它们自身之外,不能被其他正整数整除。所有的反例都不含这个特征,如4、9、15还能分别被2、3、5整除。在进行概念教学时,呈现正反例非常重要。人们最初通过概念的正反例学习概念,而不是通过给概念下定义认识概念。概念的定义是对一个类的正例所包含的共同特征的概括。如可以把"质数"定义为"除 1 和它本身之外不能被其他正整数整除的数",把"三角形"定义为"具有三条边且它们互相连接的平面图形"。

（二）概念的分类

我们可以依据不同标准对概念进行分类。

按概念的抽象水平可以将概念分为具体概念和定义性概念，前者指一类事物的共同本质特征，可以直接通过观察获得，如有理数、实数、线段、多面体、对称等；后者指一类事物的本质特征不能通过直接观察获得，必须通过下定义来揭示，如方程、映射、集合、理论概率等。

根据一类事物的正例是否与其他类的正例发生交叉，可以区分为能精确定义的概念和难下精确定义的概念。如"游戏"和"运动"其正例发生交叉的情形很多。儿童踢毽子，若发生在体育课上，可以称为运动，若发生在儿童玩耍时，可称为游戏。由于概念的例子交叉，这给数学统计与计算带来模糊性，为此，数学中出现模糊数学分支学科。

二、 概念学习的含义与教学目标

（一）概念学习的含义

概念学习意味着学生掌握一类事物的共同本质属性，也就是说，发现一类事、物、形状、数的共同本质特征。由于概念的正例除了共同本质属性之外，还有许多非本质属性（又称无关属性或无关特征），所以概念学习也意味着学生能区分同类事物的本质属性与非本质属性。而教师在引导学生建立数学概念时使用例证的无关特征，为学生更好地理解概念扮演着关键的角色。教师使用的例证中越能帮助学生排除无关特征的干扰，学生建构错误概念的机会就越少。比如，在偶数的肯定例证中除了包含正整数之外，还包含负整数，就能帮助学生排除"不是负数"的无关特征，不会形成错误概念——偶数不能是负数。可见，教学中引入无关特征并不总是有弊无益。

在设计教学时，要考虑无关特征的各种变化。当正例变化时，无关特征不断在变，但关键特征始终不变。例如，苏联心理学家研究发现，教师教垂线时，出现的垂线例子都是一条直线与水平线垂直，后来发现，当出现直线与非水平线垂直的例子时，学生不认为这是垂线。这里的教学失败明显是由垂线概念的正例缺乏变式引起的。

另外，对于那些难下定义的概念来说，学生应能列举有关概念的多个例证，同时辨别它们与邻近概念的异同，如独立事件、非独立事件等。对于那些间接推测出来的概念，学生还必须掌握概念被推测出来的一套操作方法。

（二）概念教学的目标

概念教学有双重目标：一是理解概念，也就是对符号表示的事、物、数、形形成正确的心理表征；二是应用概念做事，使概念的本质特征支配学生的行为。就数学学习而言，数学是一门工具性学科，习得的数学概念最终要转化为学生做事的技能，因此应创设教学生应用概念的情境。

一是可以鼓励学生对概念进行分类。如下面这些图形哪些既是轴对称图形，又是旋转对称图形？学生在小学的时候就已经认识这些图形，并且按照角的特征、边的特征进行过分类，现在学习了对称，而且知道有两种不同的对称方式，鼓励学生根据它们不同的对称性质进行分类，可以拓展学生先前的认知结构，使其对图形的认识更深入，对各种概念的联系更丰富。

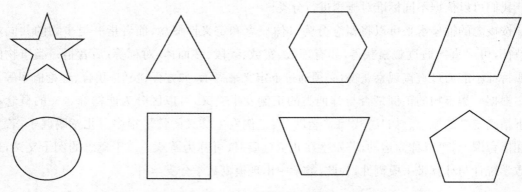

图 6-1　对称图形示例

二是可以通过考察学生能否运用概念解决问题来检测学生是否掌握概念。比如，下面这个问题，就是鼓励学生运用"预期"这个概念来解决问题：

他有机会吗？

小李即将投出他保龄球决赛的最后一球。他前面的得分分别是 134、99、109、117 和 101。为了赢得比赛，他的平均分至少要达到 114 分。考虑到他前面的表现，估计一下他能赢得比赛的概率。

对现实世界中许多带有概率的事情，我们常常希望在它们真正发生之前能够作出预测。有时候我们是通过分析其样本空间，从而得出其理论概率，有时候我们是根据过去事件的结果，根据它们发生的相对频率来估计未来发生某事件的概率，我们称之为"预期"。在现实中的许多问题，如预计保险金、棒球击中率和医疗治疗冒险性等，都用过去事件来估计其概率。在上面的问题中，为了赢得比赛，小李的平均分至少要达到 114 分，而他前五次的总分是 560 分，因此第六次的分数只有达到 124 分以上他才可能获胜，从小李前五次投球的结果来看，只有一次超过了 124 分，因此，我们可以预期小李赢得这场比赛的概率是 20%。

三、数学概念学习的过程与条件

数学概念的学习遵循概念学习的一般过程和条件。根据概念类型的不同，数学概念学习的过程和条件也不同。

（一）数学具体概念的学习

具体概念的学习在数学教学中比较常见，如各种几何图形的认识。具体概念一般是难下定义的概念，其学习过程是从例子中学，可以采取概念形成的方式进行教学。例如，在教"独立事件和非独立事件"这样难下定义的概念时，教师首先要给学生一些例子，然后告诉他们哪些是独立事件，哪些是非独立事件。如抛两次硬币观察每次的结果，求两次都正面朝上的概率,就属于求独立事件的概率,这时一次硬币的结果不影响另一次硬币的结果。而如果从一副纸牌中抽出了一张红桃,接着再抽一张(不放回),求这两张牌都是红桃的概率,就属于求非独立事件的概率,因为一副纸牌中只有 13 张红桃,第一次已经抽走一张,剩下的纸牌中就只有 12 张红桃,从中抽到红桃的概率显然与第一次抽取红桃的概率不一样,即第二次的结果受第一次结果的影响。

当学生通过知觉辨别对独立事件和非独立事件有了感性认识以后,他们会对这两个概念作出一些假设,比如:独立事件是放回的,非独立事件是不放回的;独立事件中每次的概率都是一样的,而非独立事件中第二次的概率和第一次的概率是不一样的。接着,教师就需要帮助学生检验这个假设。通过寻找实验概率,然后分析其理论概率,将实验概率的结果与理论概率的结果统一起来,也就是将学生的假设与概念的本质联系起来。

从这个例子可以看出,具体概念的习得过程经历了知觉辨别、假设、检验假设和概括四个阶段。概念越是复杂,检验和假设间的往复次数就越多。在这个过程中,外界必须为学习者提供概念的正反例证,正例要有变化,否则学习者会将非本质属性作为本质属性来概括。而反例的呈现有助于学生辨别,使概念的概括精确化。另外,学习者必须从外界获得反馈信息,以检验他的假设是否正确。在课堂教学中,这两个外部条件必须由教师来提供,以促进学生具体概念的学习。

这种从辨别例证出发,逐渐发现概念属性的方式被奥苏伯尔称为概念形成,其心理机制可用奥苏伯尔提出的上位学习模式来解释[1]。而通过直接下定义的方式,只通过一两个例证来验证和理解概念定义中概念的本质特征的学习模式,奥苏伯尔称之为概念同化。

(二) 数学定义性概念的学习

在数学学科中,有许多概念属于定义性概念,它可以通过直接下定义的方式来揭示某类事物的共同特征。比如,下面这段介绍实验概率与理论概率的话,涉及许多概念,都是用下定义的方式来揭示其本质特征的。

讨论概率时,实际上是在对某个实验中的某个事件出现的机会进行测量。所谓实验,是指可能产生两个或更多个可以清晰分辨的结果的任何活动。比如:抛硬币会出现正面朝上或是反面朝上,掷骰子会出现 1 到 6 的任意一个数字。所有的结果所构成的集合一般我们称之为样本空间,如刚才我们说到的抛硬币的样本空间中有两个结果,而掷骰子的样本空间中有 6 个结果。事件是指样本空间中某个结果或某几个结果组成的子集,如在掷骰子实验中,事件可以是一个结果,如掷到数字 6,也可以是一个子集,如掷到单数的数字。当某个实验中所有可能的结果出现的机会相等时,某个事件的理论概率就等于:

$$\frac{该事件中的结果数}{样本空间中所有可能的结果数}$$

---

① 皮连生.学与教的心理学[M].上海:华东师范大学出版社,2003:142.

不过,在现实世界中,所有的实验中的结果出现的机会并非都是均等的,比如,一年之中下雨和天晴的概率,结果都很难预测,而且机会都不相等,像这样的情境,我们只能在大量实验次数中根据所观察到的某事件出现的相对频率来确定该事件出现的概率,即实验概率,它等于:

$$\frac{实验中观察到的出现该事件的次数}{总的实验次数}$$

仅靠这样抽象地下定义,学生理解起来会很困难,因此教师要通过具体例子来帮助学生理解概念的本质特征,并对近似的概念进行对比分析,帮助学生形成正确的概念与概念之间的联系。比如,要理解实验概率和理论概率,教师首先必须让学生理解实验概率与理论概率之间的对立统一关系,强调大量重复事件对于确定实验概率的意义,即根据有限的实验得出的实验概率未必和理论概率相一致,但如果实验次数足够多,我们就可以非常自信地说,其实验概率必然会接近于理论概率。

如随意地抛出两个硬币,正面都朝上的概率是多大?教学中教师可以鼓励学生先猜测其概率,然后全班分组开展实验,将全班的实验结果累加在一起,并用表格和图像表示出来。

实验次数	1	2	3	4	5	6	7	8	9	10	11	12	13	14	15	16	17	18	19	20
两个正面	√						√						√	√				√		
至少有一个反面		√	√	√	√	√		√	√	√	√	√			√	√	√		√	√
概率	$\frac{1}{1}$	$\frac{1}{2}$	$\frac{1}{3}$	$\frac{1}{4}$	$\frac{1}{5}$	$\frac{1}{6}$	$\frac{2}{7}$	$\frac{2}{8}$	$\frac{2}{9}$	$\frac{2}{10}$	$\frac{2}{11}$	$\frac{2}{12}$	$\frac{3}{13}$	$\frac{3}{14}$	$\frac{4}{15}$	$\frac{4}{16}$	$\frac{4}{17}$	$\frac{4}{18}$	$\frac{5}{19}$	$\frac{5}{20}$

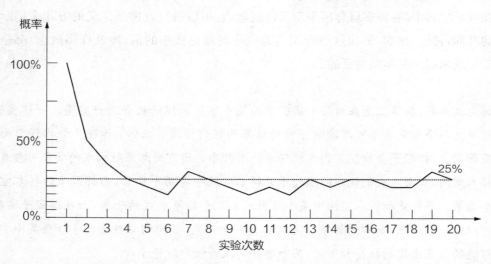

通过这个活动,学生能够形象、直观并且深刻地感受到实验概率与理论概率之间的关系,而且还有助于矫正学生在概率推理过程中的错误,比如有些学生会错误地推论得出两个硬币都朝上的理论概率是$\frac{1}{3}$,理由是两个硬币可能出现的情况有三种:第一种是两个都正面

朝上,第二种是一个正面朝上,一个正面朝下,第三种是两个都正面朝下,由此推出两个都正面朝上的理论概率是$\frac{1}{3}$。这里推理错误的地方在于样本空间分析得不全,只有一个正面朝上的情形是由样本空间中的两个结果,而不是一个结果导致的。当第一个硬币正面朝上,第二个硬币正面朝下,或者恰恰相反,第二个硬币正面朝上,第一个硬币正面朝下时,都会导致只有一个正面朝上的情形,因此样本空间里有 4 个结果,而不是 3 个结果。

样本空间 共有 4 个样本	硬币 1/硬币 2	硬币 1/硬币 2	硬币 1/硬币 2	硬币 1/硬币 2
	正面　正面	正面　反面	反面　正面	反面　反面

而且这 4 个可能的结果出现的概率是一样的,由此推出两个都正面朝上的理论概率是$\frac{1}{4}$。通过实验,学生能够更好地理解和掌握这两个概念的本质属性。

这种获得概念的方式被奥苏伯尔称为概念同化,其心理机制可用奥苏伯尔提出的下位学习方式模式来解释。概念同化是从上位到下位的学习,所需的条件与概念形成不同。它要求学生认知结构中具有同化新概念的适当的上位结构,而且这一上位结构越巩固、越清晰,新的下位概念的同化就越容易发生。在满足这一条件的情况下,教师可以用下定义的方式将概念的本质特征呈现给学生,同时举少量具有典型意义的例子作分析说明,证实定义中涉及的那些共同属性。尽管都是呈现例子,这里举例子是给学生证实定义中所揭示的共同属性,概念形成中的正反例证不仅要有一定的数量,而且其目的是让学生从中发现蕴含的共同属性[①]。

定义性概念的教学也可用概念形成的方式,如对棱柱的认识。通过观察,让学生首先区分出棱柱和棱锥的区别,归纳出棱柱是具有一对全等(相同大小和形状)的面,称为底面,并且这两个底面相互平行的多面体。两个平行的底面的对应顶点连接成的线段称为侧棱,所有的侧棱共同围成棱柱的侧面。然后再通过下定义的方式,把棱柱根据它们底面的形状而命名,比如具有四边形底面的棱柱称为四棱柱。根据侧棱与底面的垂直关系,还可以把棱柱分为直棱柱和斜棱柱。前者的侧棱和底面垂直,后者的侧棱与底面不垂直(如图 6-2 所示)。

概念同化和概念形成,是学生掌握概念的两种重要形式,而且也都是积极的有意义学习。这两种学习形式所要求的心理过程不同,在概念形成中,要求学生进行辨别,提出假设和检验假设并发现概念的本质属性。在概念同化中要求学生辨别新学习的概念与认知结构中原有上位概念的异同,同时要将概念组成按层次排列的网络系统。学习条件方面,在概念形成中,学生必须辨别正、反例证,同时还必须从外界获得反馈信息。在概念同化中,学生认知结构中必须具有同化新材料的有关概念,外界给学生呈现的是新概念的定义或概念特征的描述,在概念同化与概念形成中,都要求学生将自己原有的知识与新呈现的材料在头脑里

---

① 皮连生.学与教的心理学[M].上海:华东师范大学出版社,2003:144.

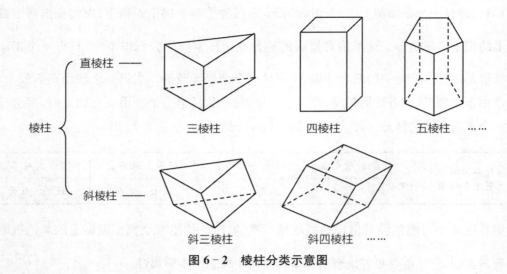

图 6-2　棱柱分类示意图

发生积极的相互作用,才能将外部提供的材料转化为自己的认知内容。当然,随着学生知识结构越来越复杂,学生理解抽象定义的能力越来越强,这时概念同化这种学习形式就会变得更为重要。

第三节　数学概念教学模式

一、概念的发现教学模式

概念的发现教学是鼓励学生借助归纳推理从实例中发现数学概念的教学,其学习理论基础是概念形成,一般可以概括出以下四个阶段:辨别和分类;假设和解释;概括;验证和调整。[①]下面就逐一分析。

第一阶段,辨别和分类。在这一阶段,教师呈现给学生的应是一些要求学生对事物进行知觉辨别或分类的任务。这个时候,教师应更多地作为引导者,不要过多地干涉学生感知事物的活动,更不要包办代替,而要为学生提供动手操作的机会,让学生充分地利用多种感觉器官参与活动,这样有利于学生全方面地感知概念,分析概念的共同特征。

第二阶段,假设和解释。在这一阶段,学生需要对他们所分类的事物加以假定或解释,比如,为什么把这些事物归为一类,假定这类事物具有的共同特征是什么? 这时教师应该扮演一个促进者的角色,通过提出一些启发性的问题,激发学生思考,引导他们把假设和解释表达得更为清晰。

第三阶段,概括。在这一阶段,学生应该试着根据概念的属性对概念加以描述(也就是找到那些正例才有而反例却没有的属性),甚至进一步对概念下一个定义。不过对概念的命

① James S. Cangelosi. *Teaching Mathematics in Secondary and Middle School: An Interactive Approach*, 3rd ed.［M］. Merrill Prentice, Upper Saddle River, New Jersey, Columbus, Ohio, 2003：179.

名可能不是通过学生的独立探索就能够发现的,这时教师应该把传统上我们给这个概念赋予的名称告诉学生。

第四阶段,验证和调整。在这一阶段,学生将用一些其他的例子(不是自己用来归纳出概念的那些例子)来检验自己关于概念的定义或描述是否正确:把已经知道的那些属于该概念的正例拿来检验是否符合自己给出的概念的定义或描述,同时也把那些已经知道不属于该概念的反例拿来检验是否确实不符合自己给出的概念的定义或描述。如果发现有不适合的情况,就需要对定义或描述进行适当的修订。如果必要的话,可能还要回到前三个阶段重新考虑。

总之,"观察—猜想—操作—验证"是进行实验的基本方法和步骤。在几何学习和教学中,有许多知识点,比如欧拉公式的发现、图形的变换、勾股定理的证明、多边形内角和的探索,等等,都是鼓励学生开展数学实验的好素材。

这里仍然可以用第五章第三节介绍的《函数的概念》教学设计来说明。在第五章使用这一案例的目的是说明概念的陈述性阶段的学习与教学设计。由于这一教学案例也包括变式练习和课后的运用练习,概念教学经过陈述性阶段到程序性阶段,所以也可以用来说明概念的发现教学模式。

1. 观察实例与辨别实例的特征

在函数教学中教师提供了反映函数概念的实例,如汽车行驶时间与行驶路程之间的变化关系,电影售票数量与票房收入之间的变化关系。学生观察实例中的数据,知觉到两组对应数据的变化情况。

2. 假设与解释

通过教师引导性地提问,学生可以发现两组数据之间的关系,如在两组数据中,有些数量是不变的,有些数量是变化的。由于数据排列整齐,这种发现并不难。但常量和变量这两个数学术语是不必由学生发现的。当教师提供这两个术语之后,学生对照他们见到的数据,不难理解常量和变量这两个概念。

3. 抽象和概括

根据上述两个例子,学生要概括函数的定义是有困难的。这里教师直接提供函数的定义。由于事先有两个实例的分析,学生对照实例能初步理解函数定义和与之相关的 x 变量(自变量)和 y 变量(自变量的函数)。但这种理解是初步的,所以可以说定义性概念学习处于陈述性阶段。

4. 概念的变式练习

变式练习是把习得的定义性概念运用于解决日常活动的问题,包括解决正方形边长与面积的关系、水池注水时间与注水量之间的关系、人均占有耕地面积与人口数的对应关系等问题。在这些练习中,学生必须应用习得的函数定义,分析实例中的常量、变量、自变量和自变量对应的函数等相关概念。应指出的是,这是在教师指导下的发现学习形式。函数学习的关键性部分不是学生发现的,而是教师或教科书提供的,但教师让学生参与了发现的过程。完全要求发现的教学设计是不现实的。

二、概念的接受教学模式

概念的接受教学是利用学生原有概念,特别是上位概念来同化新概念的教学,其学习理论基础是概念同化。教学步骤如下。

1. 复习原有上位(相关的)概念

例如,在小学教百分数概念时,常用接受教学模式。因为百分数的上位概念是分数,教学时应先复习分数概念,使之清晰、稳固,才能有效同化其下位的百分数概念。而中学数学中的许多概念难以通过观察例子学习,如对数概念是从指数概念中推导出来的。在这种条件下必须通过下定义学习,但与新概念相关的概念必须预先掌握并在新概念学习时被激活。

2. 教师向学生呈现新概念的定义

概念的定义可以通过一个例子引出,也可以在呈现定义后举例说明。与发现教学不同,这里不存在学生的发现,但要求学生理解呈现的定义。理解的关键是通过实例澄清新概念与同化它的原有相关概念(包括上位概念)之间的异同。找到相同点,新概念就可以被原有概念同化,如分数与百分数是上下位关系,百分数只是分数的特例。找到不同点,新概念就可以作为独立的知识被保存下来。

3. 在变式的情境中应用习得的概念的定义

这一步与发现教学模式中的变式练习是相同的。

第四节　教学案例分析

本节分析两个教学案例,旨在通过《圆的认识》教学设计阐明概念的发现过程;通过《算术平方根》教学设计阐明概念的接受过程。

1.《圆的认识》教学设计

北京市七一小学　王真

【课标要求】

通过观察、操作,认识圆,会用圆规画圆。

[1] 本课的教学目标是智慧技能中的规则应用,教学目标首先完成事实性的知识性目标,再基于生活经验完成概念性的知识理解,最后通过实践操作完成程序性知识的运用。

【教学目标】

1. 能够指出圆各部分的名称(事实性知识的记忆水平);

2. 能够用生活中的现象来解释圆的特征(概念性知识的理解);

3. 会用圆规画圆(程序性知识的运用)。[1]

【任务分析】

（一）使能目标分析[2]（寻找"先行条件"，建立逻辑关系）

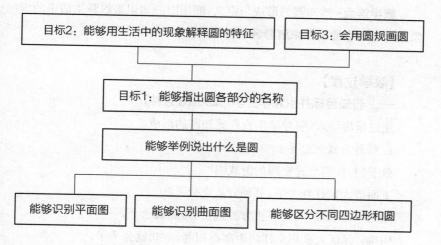

[2] 通过寻找先行条件，利用逻辑关系图确定不同的教学目标学习。

（二）起点能力分析

（学生与本节课内容相关的起点能力，包括知识基础和生活经验）

学生在一年级已接触过圆的直观图形，并看到在生活中处处存在着圆。

【教学策略】

（一）目标分类

表1　目标、教学活动和测评在分类表中的位置[3]

	认 知 过 程					
	记忆	理解	运用	分析	评价	创造
事实性知识	目标1 活动2 测评1					
概念性知识		目标2 活动3 测评2				
程序性知识			目标3 活动1			
元认知知识		活动4				

[3] 基于认知过程的种类将教学目标、教学活动在表中进行归类，可利用其深化教师对教学目标的理解。

（二）学习结果类型分类

智慧技能中的概念学习。

（三）学习过程与条件分析

支持性条件：能使用除圆规外的其他工具非正规地画出圆。

教学重点： 能用圆的知识来解释生活中的现象或用生活中的现象来解释圆的特征。

教学难点： 感知圆的形成与定义，能用圆的知识来解释生活中的现象或用生活中的现象来解释圆的特征。

【教学过程】

一、 告知目标并引起学生学习动机(5分钟)

通过情境导入，引导学生直观感知圆的形成。

1. 哪种方式更公平？

孩子们，你们玩过套圈的游戏吗？

下面请大家评判一下，哪种方式更公平？

站在一条直线上；站在正方形边上；站在圆形上。

明确：保证大家到立柱的距离都相等，游戏就公平了。[4]

2. 还有同学来做游戏，他们可以站在哪儿？

量一量，这几位同学到立柱的距离有多远，其他同学只要也站在离这个立柱相同的距离就可以了。

把立柱看作一个固定的点。现在这几个点到这个固定点的距离都是 2 cm。

如果把符合条件的所有点都找出来，会如何？

形成一个圆。

小结：到一个固定的点距离相等的所有点围成的图形是一个圆。这节课，我们就一起来走进圆的世界，认识圆。

二、 复习与本课题有关的原有知识(3分钟)

关联对比，感受外观——圆是曲线图形。

观察我们研究过的长方形、正方形、平行四边形、梯形、三角形，我们从外观上看，圆与它们相比，有什么不同的地方呢？

以前研究过的都是直线围成的图形，而圆是一种曲线图形。

你想不想试着画画这种曲线图形？[5]

三、 呈现精心组织的新信息(17分钟)

活动1： 操作画圆，感知圆的形成(12分钟)

老师在信封里给大家准备了一些材料，有扎钉、一根线、一个皮筋儿、一根铅笔。

学习单活动1：

(1) 请选择信封中的材料，试着画出一个圆；

(2) 简单记录你们成功的方法或失败的经验；

(3) 班级交流。

[4] 在游戏中让学生产生认知冲突——"哪种排列方式的游戏更公平?"，从而激发学生学习的好奇心和求知欲。

[5] 通过回顾旧知识与其他学过图形的比较迁移，认识到圆是曲线图形的特质，并巩固之前学过的原有知识。

小结：在刚才试着画圆的时候，要保证两点：扎钉固定的点一定不能动，缠着铅笔的线一定要抻直。这样才能保证笔尖画出来的曲线到中间固定点的距离都是相等的，这样才能画成圆。[6]

[6] 利用辅助工具简单画圆，帮助学生直观地感知圆的特征。

活动 2：认识圆，探究圆的特征（5 分钟）

（1）观察圆的动态形成，认识圆

中国有句古话："无以规矩，不成方圆。"

规，就是大家都知道的圆规，是古代木匠用来画圆、制作圆的工具。

刚才你们利用手里的材料画出圆的过程，跟圆规的发明原理就非常接近了。

谁能给大家说一说，如果用一个圆规画圆，你打算怎样画呢？

教师演示圆规画圆的过程，学生尝试用圆规画圆。

（2）认识圆心、半径和直径

课件演示圆规画圆的过程。

一个固定点叫作圆心，用字母 O 表示。

圆上的一点到圆心的距离叫作半径，用字母 r 来表示。

两端都在圆上，并且通过圆心的线段叫作直径，用字母 d 来表示。[7]

[7] 感受圆的应用价值，并动手操作，感受动态的画圆过程，通过圆规画圆认识圆心、半径和直径。

四、师生共同总结，得出新的知识（5 分钟）

活动 3：操作学习，探究圆的特征

以小组为单位，折一折手中的圆形纸片，看看你都发现了什么？

把情况记录在学习单活动 3 的表格里。

小结：

墨子：圆，一中同长也。

一中：圆心。

同长：半径、直径。[8]

[8] 小组合作探究，尝试自己总结圆的特征，完成目标 2。

五、促进学习结果的运用和迁移（10 分钟）

活动 4：1.在生活问题中进一步感受圆的特征（6 分钟）

正是因为圆有那么多的特征，圆才能在生活中帮助我们解决很多问题。可以说，圆，在我们的生活中无处不在。[9]

[9] 在认知圆的基本特征的基础上，通过联系实际生活情境感受圆的特征，了解圆在生活中的应用，感受圆在生活中的应用以及数学的美。

预设：

（1）车轮如何能滚动？　　曲线图形　距离相等　受力均匀

（2）井盖为什么是圆的？　　直径最长　掉不下去

（3）篮球场上的圆形？　　篮球架立在什么位置？　圆心　距离相等

2. 在数学文化中感受圆的魅力（3 分钟）

欣赏圆的美。

毕达哥拉斯：在一切平面图形中，圆是最美的。

3. 小结（1分钟）

通过今天的学习，你有哪些收获？[10]

点评

　　这节课是典型的概念学习课，并且属于具体概念的学习。由于学生之前已具备对圆的直观认识，并在生活中接触过大量的圆，再遵照教材中"不用对圆下定义"的要求，故教师采用了上位学习模式，鼓励学生结合生活经验在观察、操作等活动中来感受和认识圆的各部分名称，进而探究圆的特征。该教学设计中学生的学习起点定位准确，教学目标1和目标2的设置与陈述规范准确，所开展的教学活动符合具体概念的学习规律。比如，教师让学生判断哪个形状的套圈游戏活动最公平，就是将学生已有的生活经验作为学习的起点，在学生指出圆形的套圈形式最公平之后，教师很巧妙地把每个小朋友抽象成一个点，让学生猜测如果新的小朋友要加入应该站在哪里，新加入的小朋友可以有多少个，从而揭示出圆上每个点到圆心的距离处处相等，即到定点的距离等于定长的关键属性，以及圆是由许多个点围成的图形。这种具体的结合儿童生活经验的数学活动，正是小学教学中常采用的教学方法，它不是直接对圆的概念下定义，但是具体的对比观察、结合具象的感知却恰到好处地揭示出了圆的这一定义，促进了儿童对圆的关键属性的理解。

　　另外活动1（能借助一些工具非正规地画出圆）是为了促进目标2的实现而开展的一个开放性的活动，目的是帮助学生更直观地感受圆的特征，符合儿童探索和认识事物的规律，具有实效性，但教师也注意到任务难度和要求的适度性，并不需要每个学生都掌握该技能，有些学生只要能在观察中理解就可以了，故不作为教学目标，这正好体现了"最近发展区"的教学理念，即教学活动的认知水平要求可以超过教学目标的认知水平。活动4（感受圆的应用价值和美）是一个体现情感、态度和价值观的过程性目标。这种过程性的活动和过程性的目标不必出现在教学目标中，但设计相应的教学活动却是必要的。最后，表1中指出针对学习结果目标1和目标2都需要安排相应的课内或课外练习和评价活动。

2.《算术平方根》教学设计

雅居乐中学　　李雄彬

【课标要求】

1. 了解算术平方根，会用根号表示数的算术平方根；

2. 会计算百以内整数的算术平方根。

【教学目标】

1. 能准确表述算术平方根的定义，并能举例说明（概念性知识的理解）；

2. 会用根号表示正数的算术平方根，会用平方的逆运算求某些非负数的算术平方根（概念性知识的运用）。

【任务分析】

（一）使能目标分析

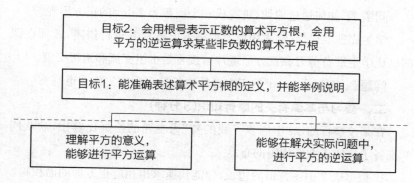

（二）起点能力分析

学生已经学习了有理数、有理数的乘方和用字母表示数等知识，这为过渡到本节起着铺垫作用。但学生对于无理数的知识非常陌生，对于根号"$\sqrt{}$"，觉得抽象，难以理解。

【教学策略】

（一）目标分类

表1 目标、教学活动和测评在分类表中的位置

	认知过程					
	记忆	理解	运用	分析	评价	创造
事实性知识						
概念性知识		目标1 活动1 测评1	目标2 活动2 测评2			
程序性知识						
元认知知识						

（二）学习结果类型分类

概念的学习。

（三）学习过程与条件分析

支持性条件：言语信息。

教学重点：算术平方根概念的探索过程，体验算术平方根的价值。

教学难点：求算术平方根。

教具、学具准备：两个 $1\ dm^2$ 的正方形小卡片。

【教学过程】

一、告知目标并引起学生学习动机(5分钟)

同学们，你们已经剪好了两个 $1\ dm^2$ 的正方形小卡片。

问题1：如何通过剪切，拼凑成一个面积为 $2\ dm^2$ 的正方形呢？[1]

学生先独立操作(学生用剪刀剪正方形纸片并进行拼凑，教师在课前已让学生准备剪刀和正方形纸片)，接着是小组交流和班级交流。

问题2：面积为 $2\ dm^2$ 的正方形的边长是多少呢？你知道吗？[2]

二、复习与本课有关的原有知识(3分钟)

在某校举行的以"中国梦·我的梦"为主题的绘画比赛中，欢欢同学准备了一些正方形作画的布。

1. 根据表2中正方形的边长，你能快速求出相应正方形的面积吗？

表2　正方形的边长与面积

正方形的边长 x(dm)			0.5	$\dfrac{2}{3}$
正方形的面积 a(dm²)				

2. 根据表3中正方形的面积，你能快速求出相应正方形的边长吗？

表3　正方形的面积与边长

正方形的面积 a(dm²)			0.36	$\dfrac{4}{9}$
正方形的边长 x(dm)				

三、呈现精心组织的新信息(12分钟)

问题1：表2是知道边长求面积。这个运算过程是乘方；表3是知道面积求边长，那么这两个运算是什么关系？

问题2：如果表2中正方形的边长用 x 表示，面积用 a 表示，可以得到 $x^2 = a$。在这个式子 $x^2 = a$ 中，a 叫作 x 的二次幂，正数 x 是二次幂运算中的什么数？

活动1：归纳概念

一般地，如果一个正数 x 的平方等于 a，即 $x^2 = a$，那么这个正数 x 就叫作 a 的算术平方根。[3]

根据表3，当面积为9时边长为3；面积为0.36时边长为0.6；面积

---

[1] 由于问题的背景为学生所熟知，因此它激活了学生已有的知识经验，激发了学生的好奇心和求知欲，学生自觉地尝试想办法解决这个问题。

[2] 此处构成学生的认知空缺：$x^2 = 2$，x 的值为多少？需要新的知识——算术平方根来解决。引出课题，并激发学生的求知欲。

[3] 由乘方运算定义算术平方根，由"旧知识"定义"新知识"，从具体到抽象，建构概念，进而准确地运用数学语言表达算术平方根的概念。学生亲身体验了概念的形成过程，从而抓住概念的本质特征，让学生体会到知识的来源与发展。

数学学习与教学论

为 $\frac{4}{9}$ 时边长为 $\frac{2}{3}$。写出 9、0.36、$\frac{4}{9}$ 的算术平方根。[4]

教师先给出示范解答过程,并给予评价和鼓励。对照概念,学生先独立完成,再交流互补,不断完善。

1. ∵ $3^2 = 9$ ∴ 9 的算术平方根是 3。

2. ∵ $0.6^2 = 0.36$ ∴ 0.36 的算术平方根是 0.6。

3. ∵ $\left(\frac{2}{3}\right)^2 = \frac{4}{9}$ ∴ $\frac{4}{9}$ 的算术平方根是 $\frac{2}{3}$。

四、 师生共同总结,得出新的知识(6分钟)[5]

活动 2:算式平方根的符号表示

同学们,如果我们每次求算术平方根都要说"几的算术平方根是几"这些文字的话,是不是很麻烦?加、减、乘、除都有它简单的运算符号,那么求算术平方根有没有简单的运算符号呢?

教师介绍根号的由来,一种符号的普遍采用是多么的艰难,它是人们在悠久的岁月中,经过不断改良、选择和淘汰的结果,它是数学家们集体智慧的结晶。

教师用第一题做示范,学生完成剩下两道题的化简,让学生尝试用数学符号表示算术平方根,掌握其书写及读法,并比较"文字语言"与"符号语言"叙述算术平方根的不同。

1. ∵ $3^2 = 9$ ∴ 9 的算术平方根是 3。化简为:∵ $3^2 = 9$ ∴ $\sqrt{9} = 3$。

2. ∵ $0.6^2 = 0.36$ ∴ 0.36 的算术平方根是 0.6。化简为:∵ $0.6^2 = 0.36$ ∴ $\sqrt{0.36} = 0.6$。

3. ∵ $\left(\frac{2}{3}\right)^2 = \frac{4}{9}$ ∴ $\frac{4}{9}$ 的算术平方根是 $\frac{2}{3}$。化简为:∵ $\left(\frac{2}{3}\right)^2 = \frac{4}{9}$ ∴ $\sqrt{\frac{4}{9}} = \frac{2}{3}$。

五、 促进学习结果的运用和迁移(12分钟)[6]

测评 1:概念理解

(1) 16 的算术平方根是_____,简记:_____。

0.25 的算术平方根是_____,简记:_____。

$\frac{16}{81}$ 的算术平方根是_____,简记:_____。

3 的算术平方根是 _____,简记:_____。

(2) ① 16 的算术平方根是_____,记作_____;

② $\sqrt{49}$ 的意义是 _____,$\sqrt{49} =$ _____;

③ $\sqrt{81} =$ _____,_____ 的算术平方根是 $\sqrt{25}$。

[4] 结合概念,运用文字语言叙述一个具体正数的算术平方根,进一步增强对概念的理解,强化对算术平方根概念的认识。使学生能熟练地运用"文字语言"叙述求一个能开得尽方的实数的算术平方根的解答过程。

[5] 文字语言重在对概念的内涵进行语言方面的描述,符号语言则体现了数学的简约美。在本教学片段,教师分别运用"文字语言"与"数学符号语言"求解和表示一个正数的算术平方根,经历"能表示成有理数平方"的数的算术平方根求解过程,进一步理解算术平方根的概念、意义,感受数学符号的简洁美,培养学生的符号感。

[6] 通过质疑,引发学生的积极反思和总结,自主构建本节课的知识串,内化算术平方根的概念及符号。

测评2：概念运用

（1）求下列各数的算术平方根：

① 100；② $\dfrac{64}{49}$；③ 0.000 1。

（2）求下列各式的值：

① $\sqrt{1}$；② $\sqrt{\dfrac{49}{25}}$；③ $\sqrt{0}$。

学生独立完成，时间为 5—10 分钟；学生完成后，组内交换批改并打分，互纠互帮；教师巡视、关注弱势群体并做适当批改；教师针对学生的共性问题、典型错误进行集体矫正，进一步强调注意点。

六、小结(2分钟)

通过学习与交流，你有哪些收获和体会？

（1）你是如何正确理解"$\sqrt{a}$"的？（2）你是如何求算术平方根的？通过求算术平方根，你有哪些体会？（3）你还有什么问题或疑惑？

点　评

　　本节课所习得的学习结果是智慧技能中的定义性概念，对应接受概念的过程。本节课共需达到两个目标，其中目标2上位于目标1，从目标1到目标2是陈述性知识向智慧技能转化的过程，也就是从接受概念到理解概念，再到运用概念的过程。算术平方根概念的教学是由一个现实问题的需要而产生的，教师创设问题1的生活情境让学生动手操作，学生在操作中体验，从而得到数学模型 $x^2=2$，此时学生虽然不知道如何去求 $x^2=2$ 中的 x，但已感受到算术平方根概念产生的直观背景，理解了数学知识与现实生活之间的联系，为真正理解算术平方根概念积累了活动经验。教师在学生经验的基础上，给出算术平方根的定义。接着，教师结合具体的例子，促进学生对算术平方根这一概念的理解。如带领学生围绕着 $x^2=2$ 中的 x 是什么，用探索性的语言顺着学生的思维让学生独立思考，并驱动学生对操作活动阶段进行反思、抽象。通过用文字语言和符号来表征算术平方根，并进行二者的转化来丰富算术平方根概念的表象。

第七章　数学规则的学习与教学

概念和规则的学习是中小学生智慧技能学习的主要内容。在数学学科中，学生要学习大量的数学概念和规则。上一章介绍了数学概念学习与教学的规律，本章就来介绍数学规则学习的规律以及促进规则学习的教学措施。

第一节　数学规则的性质及其习得的规律

一、数学规则的性质

数学规则是数学知识的重要组成部分。现代心理学对规则做了许多研究。根据心理学的研究，我们对数学中的规则从如下三方面进行解释。

（一）规则表示的是若干概念之间的关系

规则是在概念基础上形成的，它揭示了若干概念之间的关系。如"实验概率与理论概率是一致的"表示的是"实验概率"和"理论概率"之间的关系，这就是一个规则。数学中的定理、公式、运算程序等，表示的都是概念之间的关系，都属于规则。

（二）规则属于程序性知识范畴

程序性知识是关于如何做的知识。作为程序性知识的规则，也要体现出这一点。在加涅的理论体系中，规则是运用概念之间的关系对外办事的能力。看一个人是否掌握了规则，是看他能否通过实际行动"演示"规则，演示若干概念之间的关系。仅仅在口头上陈述出规则的含义，并不表明学生掌握了规则。

（三）规则的运用是以对规则的理解为基础的

规则属于程序性知识，程序性知识的运用离不开陈述性知识的支持。这里陈述性知识是关于规则为什么是这样的知识，即理解规则是如何得来的。研究表明，这类陈述性知识对规则的灵活运用至关重要。有人发现，一些日本儿童可以熟练地运用珠算进行乘法运算，速度快而且正确率高。但还是这些儿童珠算的题目，让他们用笔算，大多数儿童却难以完成。[①]珠算与笔算的原理是一样的，这些儿童会珠算而不会笔算，缺乏的并不是乘法运算的程序性知识（这类知识在珠算中已有体现），而是缺乏理解乘法运算原理的陈述性知识。可见，离开了陈述性知识的支持，程序性知识的作用是非常有限的。这两类知识同等重要，不存在谁比谁更重要的问题。在西方心理学界，心理学家也已在数学教学方面发起了克服单纯强调程

---

① Stevenson, R J. *Language, Thought and Representation*[M]. Chichester: John Wiley & Sons, 1993: 248.

序性知识而忽视陈述性知识作用的运动。[1]

综上所述，我们可以对学生规则学习的目标做出如下描绘：学生学习数学规则，不是学习规则的言语表述，而是学习运用概念之间的关系对外办事的能力，这一能力要以学生对构成规则的概念的掌握为前提，也以学生对规则得来过程的理解为基础。可见，规则的学习并非简单地让学生知道勾股定理 $c^2 = a^2 + b^2$，然后用这一公式求直角三角形的边长。

二、 数学规则的习得过程

现代心理学研究指出，程序性知识是由陈述性知识经过变式练习转化而来的，这就是说，规则的学习首先要以陈述性知识的方式习得，而后再在变化情境中练习才能转化为以产生式系统表征的程序性知识。据此，我们将规则的学习过程分为两个阶段：理解规则阶段和变式练习阶段。

（一）理解规则

由于规则是表示若干概念之间的关系，因而理解规则的前提条件是学生先要理解构成规则的若干概念。由于数学学科知识体系明确，在编写教材时基本上能做到环环相扣，因而在实际教学中构成规则的概念一般是先学习的。如果学生在学习某项规则之前没有掌握或遗忘了所学习的概念，则这名学生就需要先复习巩固相关的概念，然后才能进入规则的学习。学生在理解概念的基础上来理解规则，主要涉及两个方面：了解规则是什么以及为什么。是什么，主要是指了解构成规则的若干概念之间存在什么样的关系。这一点比较容易实现。一般来说，如果学生具备良好的语言（书面语言和口头语言）理解能力，他就能通过阅读教材或听教师的讲解来了解规则是什么。

但理解规则为什么是这样就不那么简单了。从心理学的角度看，理解的实质就是指新的知识与学生头脑中的原有知识相互作用，最后新旧知识建立联系，整合在一起贮存起来的过程。根据新知识与原有知识建立联系的方式不同，可以区分出以下两种实现理解的方式。

一种方式是学生头脑中习得了或积累了体现规则的若干例子，然后在此基础上经过比较、分析、归纳，发现例子蕴含的概念之间的关系，从而在原有的若干例子和新的规则之间建立联系。在这一过程中，学生运用的是归纳推理。比如，要理解"三角形内角和等于 $180°$"的规则，可以先让学生量一下不同三角形（直角三角形、钝角三角形、锐角三角形）三个内角的和，最后再比较得出结论。

另一种方式是学生头脑中具备了与新规则相关的概念、规则，然后从原有的概念规则出发，经过逻辑推理，推导出新的规则，从而将新旧规则联系起来。这一活动就是学生和教师非常熟悉的数学证明。如理解"平行四边形的面积等于底乘高"这一规则时，学生已具有"长方形面积等于长乘宽"的规则。理解的关键就在于利用割补法对平行四边形进行变换，使平行四边形的高和长方形的宽联系起来，平行四边形的底和长方形的长联系起来，这样新旧知

---

① 皮连生.智育心理学[M].北京：人民教育出版社，1996：139.

识就建立起了联系,新的规则也就被学生理解了。

(二) 变式练习

变式练习是陈述性知识转化为程序性知识的关键环节。就规则的学习来说,在理解规则的基础上,经过变式练习才能形成运用规则的技能。规则的变式练习主要是将规则用于有一定变化的情境当中。例如,对上述平行四边形的面积公式,在设计变式练习时,可以给出不同形状的平行四边形(见图 7-1),要求学生测量并计算其面积。这些练习之间的变化,主要体现在平行四边形的高的变化上。

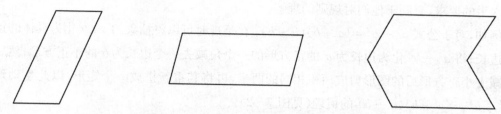

图 7-1　几种平行四边形的变式

变式练习要反映出“变”来,就不能只有少数几个题目。在有一定数量的变式练习题中,还有一个题目的安排顺序问题。一般来说,变式练习的题目宜由易到难,由相似到新颖地安排。最初的练习题可以与例题较为相似,最后再过渡到学生感到陌生的新颖题目上。这样做是为了让学生在练习过程中不至于遭到过多挫折而丧失继续练习的信心。

变式练习在规则习得中除了起到促进陈述性知识向程序性知识转化的作用之外,还起到促使已形成的程序性知识自动化或熟练化的作用。为满足进一步学习的需要,数学中的许多规则是要达到自动化的水平的,以便在学习其他知识时减轻认知负担。在设计变式练习题时,同一题型的题目最好要有一定数量,以保证练习的充分性。这样看来,形成运用规则的技能,仅凭一节课内有限的几道题目是不够的,在课余时间,适量的练习还是需要的。

最后需要提及的是,变式练习是有反馈的练习。学生运用规则练习后,还要得到有关其练习状况的信息,以便强化正确的练习,纠正练习中的错误。如果教师没有时间为每一个学生的练习提供反馈,不妨让学生之间相互提供反馈,有时也可以训练学生为自己的练习提供反馈。

第二节　数学规则的教学

上一节论述了规则的学习要经历理解规则和变式练习两个阶段,本节在此基础上介绍一些引发和促进上述两个学习过程的教学措施。

一、 数学规则学习的内部条件

促进学生对规则的理解可以采用如下一些方式方法。

（一）将抽象的规则转化为具体形象的模型或图表

根据皮亚杰的认知发展阶段理论,小学生的思维发展大多处于具体运算阶段,可以依托具体内容理解抽象概念,部分小学生和大多数中学生的思维发展则更多地处在形式运算阶段,可以进行抽象的逻辑思维。但后来的研究发现,皮亚杰的这一描述太过乐观。即使是抽象思维发展较好的中学生,他们在较为熟悉的领域可以进行逻辑思维,但在遇到新颖、不熟悉的内容时,还会回退到具体形象思维,因而对于较为抽象的数学规则,完全让学生通过抽象逻辑思维加以理解确实不切实际。将抽象的规则化为具体形象的模型,能够降低对学生思维水平的要求,有利于他们对规则的理解。

例如,对于公式 $a^2 - b^2 = (a+b)(a-b)$,在呈现时可以将抽象的 a、b 化为具体的正方形的边长;将 $a^2 - b^2$ 化为边长为 a 的正方形的一个角减去一个边长为 b 的小正方形;然后演示把减去小正方形后的图形剪成面积相同的两半,再将其重新拼成一个矩形,以此生动地说明 $a^2 - b^2 = (a+b)(a-b)$ 的道理(见图 7 - 2)。

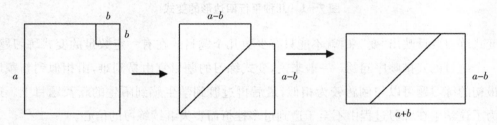

图 7 - 2　平方差公式的图示说明

（二）演示规则的证明过程

这里证明的主要目的不是让学生习得证明的思路或方法,而是让学生理解规则得来的道理。在证明过程中,一方面要注意将规则与学生头脑中已知的概念、原理联系起来,另一方面在阐明逻辑联系时,要注意适合学生思维发展的特点。这种方法教师都很熟悉,这里就不作过多介绍。

二、 数学规则学习的外部条件

通过各种方式方法让学生理解规则是什么以及为什么的道理后,接下来就要让学生在练习中去掌握规则。规则的变式练习要体现出"变"来,这种"变"是看练习的规则而定的,没有一成不变的法则。下面我们举两组设计得较好的变式练习题。

（一）两角和与差的正弦公式:$\sin(\alpha \pm \beta) = \sin\alpha\cos\beta \pm \cos\alpha\sin\beta$ 的练习题目[①]

1. 不查表求值:① $\sin 75°$;② $\sin 15°$;③ $\sin 105°$;④ 已知 $\cos\varphi = 3/5$,$\varphi \in (0, \pi/2)$,求 $\sin(\varphi - \pi/6)$ 的值。

2. 不查表求值:① $\sin 13°\cos 17° + \cos 13°\sin 17°$;

② $\sin 70°\cos 25° - \sin 20°\sin 25°$;

① 刘长春,张文娣.中学数学变式教学与能力培养[M].济南:山东教育出版社,2001:60.

③ $\sin 14°\cos 16° + \sin 76°\cos 74°$；

④ $\sin(36°+x)\cos(54°-x) - \sin(54°-x)\sin(54°-x)$。

3. 解答下列各题：

（1）求证：$\cos\alpha + \sqrt{3}\sin\alpha = 2\sin(\pi/6 + \alpha)$；

（2）求函数 $f(x) = \sin x + \sqrt{3}\cos x$ 的最大值与最小值；

（3）求证：$a\sin x + b\cos x \leqslant \sqrt{a^2 + b^2}$。

4. 应用公式编制习题：

（1）在公式 $S_{\alpha+\beta}$ 中，令 $\beta = -\pi/6$，则得题目 1；

求证：$\sqrt{3}\sin\alpha - \cos\alpha = 2\sin(\pi - \pi/6)$

（2）在公式 $S_{\alpha+\beta}$ 中，令 $\alpha = x+y, \beta = x-y$，则得题目 2；

化简：$\sin(x+y)\cos(x-y) + \cos(x+y)\sin(x-y)$；

$\sin(x+y)\cos(x-y) - \cos(x+y)\sin(x-y)$。

（二）椭圆的标准方程的变式练习问题[1]

1. 写出符合下列条件的椭圆的标准方程：① $a=4, b=1$，焦点在 x 轴上；② $a=4, c=\sqrt{15}$，焦点在 y 轴上；③ 中心在原点，焦点在坐标轴上，而焦点间的距离为 8，长轴长为 10；④ 两焦点坐标为 $F_1(-2, 0), F_2(2, 0)$，且过点 $P(5/2, -3/2)$。

2. 回答下列问题：① $\triangle ABC$ 的边长 $BC = 6$，周长为 16，求顶点 A 的轨迹方程；② 已知定圆 $x^2 + y^2 - 6x - 55 = 0$，动圆 M 和已知圆内切且过点 $D(-3, 0)$，求圆心 M 的轨迹方程。

在第一组练习题中，练习有运用公式求值、求证和自编习题三种形式，而且题目也由与公式相对应、相似，逐渐过渡到与公式在外形上有明显差异，既体现了练习的统一，也体现了练习的变化。第二组练习题中的第一题基本上套用公式就可以解决，第二题表面上看与公式没有关系，需要学生经过思考后再运用公式，与第一题相比，有一定难度，也有一定变化。让学生实际去练习时，两题各自还可再分化出类似的题目，保证练习的充分性。

在学生完成变式练习题后，教师还要给学生练习的情况提供反馈。对数学题而言，提供反馈最简单的方式就是把题目的答案告诉给学生，但在有些情况下，学生错误地运用规则也得到了正确的答案。因此，提供反馈还要针对学生运用规则的过程进行，这样也可以使规则运用错误的学生知道自己错在什么地方，从而提高练习的效率和目的性。

第三节　教学案例分析

本节分析两个教学设计，分别是《分数的基本性质》和《平行四边形的性质1》。其意图在于阐明规则经过理解和变式练习，最终达到自动化的过程。

---

[1] 刘长春，张文娣.中学数学变式教学与能力培养[M].济南：山东教育出版社，2001：61.

1.《分数的基本性质》教学设计

花都区教育局　杨焕娣

【课标要求】

1. 能结合具体情境,理解分数的意义;

2. 能运用分数解决简单的实际问题。

【教学目标】

1. 能结合具体的分数说明分数的基本性质(程序性知识的理解);

2. 能运用分数的基本性质,把分数化成分母不同而大小相等的分数(程序性知识的运用)。

【任务分析】

(一) 使能目标分析

```
┌──────────────────────────────────────────┐
│ 目标2:能运用分数的基本性质,把分数化成     │
│        分母不同而大小相等的分数            │
└──────────────────────────────────────────┘
                    │
┌──────────────────────────────────────────┐
│ 目标1:能结合具体的分数说明分数的基本性质   │
└──────────────────────────────────────────┘
         │            │             │
┌──────────────┐ ┌──────────────┐ ┌──────────────┐
│ 能够结合具体情境,│ │ 能够举例说明除法 │ │ 能够解释分数   │
│ 理解分数的意义  │ │ 的商不变的规律  │ │ 与除法的关系   │
└──────────────┘ └──────────────┘ └──────────────┘
```

(二) 起点能力分析

1. 能够结合具体情境,理解分数的意义;

2. 能够举例说明除法的商不变的规律;

3. 能够解释分数与除法的关系。

【教学策略】

(一) 目标分类

表1　目标、教学活动和测评在分类表中的位置

	认　知　过　程					
	记忆	理解	运用	分析	评价	创造
事实性知识						
概念性知识						

	认 知 过 程					
	记忆	理解	运用	分析	评价	创造
程序性知识		目标1 活动1 测评1	目标2 活动2、3 测评2			
元认知知识						

（二）学习结果类型分类

根据加涅的学习结果分类，此项学习属于智慧技能中的规则学习。

（三）学习过程与条件分析

必要条件：已经掌握除法的商不变的性质，知道分数的意义，能说出分数与除法的关系。

支持性条件：将旧知识迁移到新知识的思想方法。此处表现为将已知的除法的商不变的性质迁移到分数的基本性质。

教学重点：能结合具体的分数说明分数的基本性质。

教学难点：能举例验证分数的基本性质。

教学准备：课件，每个小组3张大小相同的正方形纸、水彩笔、直尺。

【教学过程】

一、 复习与本课有关的原有知识(4分钟)[1]

1. 口算。

$120 \div 30 =$

$(120 \times 3) \div (30 \times 3) =$

$(120 \div 10) \div (30 \div 10) =$

师：你是根据什么想出来的？什么是商不变的性质？

2. 之前我们学习了分数与除法的关系，谁能说说它们有什么关系？

二、 告知目标并引起学生学习动机(3分钟)[2]

1. 引导猜想。

（1）师：分数与除法有这样的关系，除法中有商不变的性质，那你们猜分数中会不会也有类似这样的性质呢？根据商不变的性质，大胆地猜一猜：在分数中会有怎样的性质？

（2）学生汇报。

2. 师：你们的猜想到底是不是正确的呢？分数的基本性质是怎样的呢？今天我们一起来学习"分数的基本性质"。（板书课题）

[1] 通过口算练习，让学生回忆起学习这节课必须具备的旧知，找准新知的最佳切入点，为学生后面的联想和猜想巧设"孕伏"。

[2] 让学生利用新旧知识的类比进行迁移猜想，建立知识之间的联系，渗透猜想是一种合情的推理。

三、 呈现精心组织的新信息(20分钟)[3]

课前为每个小组(四人)准备好 3 个同样大小的正方形。

(1) **活动 1:折一折,涂一涂(6分钟)**

① 明确活动要求。

A. 将 1 号纸对折 1 次,用阴影表示其中 1 份;将 2 号纸对折两次,用阴影表示相邻的两份;将 3 号纸对折 3 次,用阴影表示相邻的 4 份。

B. 用分数表示阴影部分,再观察阴影部分,比较 3 个分数的大小。

② 小组活动。

③ 学生汇报,并根据学生回答形成板书。

(2) **活动 2:引导观察,发现规律(7分钟)**

① 师:这三个分数的分子、分母都不相同,但它们的大小却相等,它们的分子、分母各是按照什么规律变化的呢?先观察,想一想,然后和你的同桌说一说。

② 师:观察以上的例子,同学们可以得出什么规律?(板书规律)

(3) **活动 3:验证规律(7分钟)**

师:这是同学们根据这组例子得出的结论,是不是所有的分数经过这样的变化,大小都不变呢?(在板书后面画上一个大大的"?")下面请同学们以小组为单位进行验证,步骤如下:

A. 任意写一个分数;

B. 把分数的分子和分母同时乘或除以一个不为 0 的数,得到一个新分数;

C. 想办法证明这两个分数是否相等。

(4) 学生汇报,再次验证、得出规律。

四、 师生共同总结,得出新的知识(4分钟)[4]

1. 师生共同总结出分数的基本性质:分数的分子和分母同时乘或除以相同的数(0 除外),分数的大小不变。

2. 师:这个分数的基本性质中有哪几个词是比较重要的?(学生读性质)

3. 看书、质疑。

五、 促进学习结果的运用和迁移(7.5分钟)[5]

(一) 变式练习

把下面的算式补充完整,并说出你是怎样想的。(3分钟)

$$\frac{2}{7} = \frac{2 \times (\quad)}{7 \times 5} \qquad \frac{9}{12} = \frac{9 \div 3}{12 \div (\quad)} \qquad \frac{1}{3} = \frac{(\quad)}{6}$$

$$\frac{10}{15} = \frac{(\quad)}{3} \qquad \frac{1}{4} = \frac{5}{(\quad)}$$

（二）测评

1. 判断(3分钟)

① 一个分数的分子乘6,要使分数的大小不变,分母也要乘6。

② $\dfrac{9}{16}=\dfrac{9\div 3}{16\div 4}=\dfrac{3}{4}$

③ 分数的分子、分母都乘或除以相同的数,分数的大小不变。

④ 一个分数的分子、分母同时加上2以后,分数的大小不变。

2. 说出与 $\dfrac{2}{3}$ 相等的分数。(1.5分钟)

$$\dfrac{2}{3}=\dfrac{(\qquad)}{(\qquad)}$$

六、 课堂小结(1.5分钟)

通过今天的学习,你有哪些收获?

点 评

　　根据加涅的学习结果分类,本节课以培养智慧技能中的规则学习为主。就学生的学习过程来说,商不变的性质、分数的意义、分数与除法的关系是本节课学习分数基本性质的基础。新知识是旧知识的延伸与发展,学生的认识活动也以已有的旧知识和经验为前提,以此为基础开展的教学活动符合学习的基本规律。如通过口算复习了"商不变的规律"和"分数与除法的关系"两项内容后,引导学生思考"分数中会不会也存在类似的性质",意图将新知识纳入原来的知识系统中。由于规则的运用以规则的理解为基础,本节课目标1的完成将为目标2的完成奠定基础。为了完成程序性知识的理解这一目标,教师让学生用三张同样大小的长方形纸动手折一折,再涂色表示出每张纸的 $\dfrac{1}{2}$、$\dfrac{2}{4}$、$\dfrac{4}{8}$,在观察涂色部分的基础上,学生用比一比等方法来验证 $\dfrac{1}{2}=\dfrac{2}{4}=\dfrac{4}{8}$。通过动手操作,让学生直观地感知分数的分子和分母虽然不同,但分数的大小却相等,从而加深了对分数基本性质的理解。为了实现程序性知识的运用这一目标,教师引导学生将分数转化为分母不同而大小相等的分数。因此,在这节课中,教师通过复习相关旧知,大胆利用"猜想—验证—运用"的方法,实现学生对分数基本性质的探索与运用。

2.《平行四边形的性质 1》教学设计

花都区教育局　高宏伟

【课标要求】

1. 理解平行四边形的概念；了解四边形的不稳定性；

2. 探索并证明平行四边形的性质定理。

【教学目标】

1. 能正确辨认平行四边形，并归纳出平行四边形的概念（概念性知识的理解）；

2. 能猜想并证明出平行四边形的性质定理（边、角关系）（概念性知识的运用）；

3. 能利用平行四边形的性质定理（边、角关系）解决简单的几何问题（程序性知识的运用）；

4. 能将多边形合理分割成三角形（化归思想）（元认知知识的分析）。

【任务分析】

（一）使能目标分析（寻找"先行条件"，建立逻辑关系）

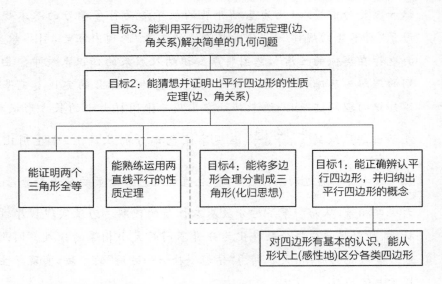

（二）起点能力分析[①]

（学生与本节课内容相关的起点能力，包括知识基础和生活经验）

1. 对四边形有基本的认识，能从形状上（感性地）区分各类四边形；

[①] "能证明两个三角形全等""能熟练运用两直线平行的性质定理"是学生学习本节内容之前已经具备的起点能力，并与"目标 4""目标 1"同属于达到目标 2 的前提性条件，故与"目标 4""目标 1"在同一层次水平上。

2. 能熟练运用两直线平行的性质定理；

3. 能证明两个三角形全等。

【教学策略】

（一）目标分类

表1　目标、教学活动和测评在分类表中的位置

知识维度	认知过程维度					
	记忆	理解	运用	分析	评价	创造
事实性知识						
概念性知识		目标1 活动1 测评1	目标2 活动2			
程序性知识			目标3 活动3 测评2—5			
元认知知识				目标4		

（二）学习结果类型分类

言语信息的学习、智慧技能中的规则学习以及认知策略的学习。

（三）学习过程与条件分析

支持性条件：转化思想、语言概括能力。

教学重点：猜想并证明出平行四边形的性质定理（边、角关系）。

教学难点：能将多边形合理分割成三角形。

【教学过程】

一、 告知目标并引起学生学习动机①(5分钟)

欣赏图片：我们一起来观察下面的图片，想一想它们是什么几何图形？[1]

 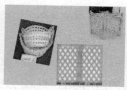 

二、 提示学生回忆原有知识(5分钟)[2]

活动1：将以下的图形进行合理的分类，说说你的分类依据：

[1] 从生活实例入手，引导学生感知平行四边形，正确辨认平行四边形，并归纳出平行四边形的概念。

[2] 引导学生正确辨别出一般四边形、梯形、平行四边形；唤醒学生的感性认识；引导学生提炼特征，从而形成概念——两组对边分别平行；强调数学语言的精练与严谨。

---

① "告知目标并引起学生学习动机"与"提示学生回忆原有知识"可以根据教学内容调整顺序。

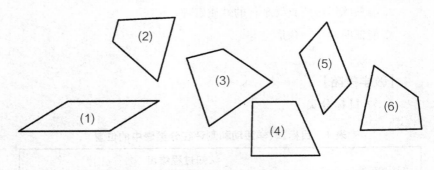

请你说说所找出的"平行四边形"的典型特征是什么：_____。

三、 呈现精心组织的新信息(5分钟)[3]

阅读课本 P41(对概念精练、准确地表达)，再来填写：

平行四边形的定义：_____的四边形是平行四边形；

右图的平行四边形可以用符号记作：_____。

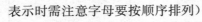

(教师强调关键词：两组对边,分别平行,符号表示时需注意字母要按顺序排列)

等腰三角形有什么性质：_____；

等边三角形有什么性质：_____；

直角三角形有什么性质：_____。

请你猜猜看,平行四边形有什么性质？

_____。

四、 新知识进入原有命题网络(10分钟)[4]

活动2：你能证明所猜想的结论是正确的吗？

1. 先写出已知和求证：

已知：

求证：

2. 再利用所学知识进行证明：略。

阅读课本 P42(巩固定理,突出关键词"对角、对边")。

平行四边形性质定理的符号表示：

∵ 四边形 $ABCD$ 是平行四边形,

∴ $AB=CD$, $BC=DA$, $\angle A=\angle C$, $\angle B=\angle D$。

五、 促进学习结果的运用和迁移(20分钟)[5]

活动3：(学生根据题意画示意图,并解答以下问题)

1. 在 ▱$ABCD$ 中,$\angle B=65°$,则 $\angle A=$_____,$\angle D=$_____,$\angle C=$_____。

2. 在 ▱$ABCD$ 中,$\angle A：\angle B：\angle C：\angle D$ 的值可以是(_____)。

[3] 引导学生回顾旧知,进行迁移猜想(类比推理);引导学生感受"化归思想",将四边形转化为三角形来解决问题。

[4] 强化规则：只要满足条件,可直接利用结论。

[5] 检验目标实现情况,第4题重点讲解,给予规范样例(板演)。

A. 1：2：3：4   B. 1：2：2：1

C. 1：1：2：2   D. 2：1：2：1

3. 在□$ABCD$ 中，$AB=5$ cm，$BC=3$ cm，则其周长=_____。

4. 在□$ABCD$ 中，$DE\perp AB$，$BF\perp CD$，垂足分别为 E，F。求证：$AE=CF$。

【测评1】

1. 判断下列图形哪些是平行四边形？在正确的序号下面打√。

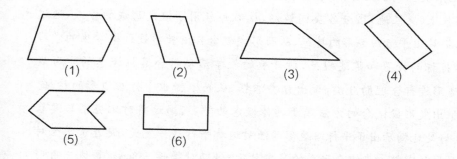

(1)   (2)   (3)   (4)

(5)   (6)

2. 判断下列说法的正误，如果是错误的，请加以改正：

(1) 对边平行的四边形是平行四边形。   （   ）

(2) 平行四边形的两个角相等。   （   ）

(3) 平行四边形的两条边相等。   （   ）

(4) 平行四边形的对角线相等。   （   ）

【测评2】

如图，□$ABCD$ 的一个外角∠DCE 是 50°，求这个平行四边形每个内角的度数；若连接对角线 AC 与 BD，交于点 O。与△AOD 全等的是_____；证明你的结论。

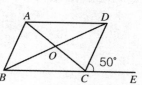

【测评3】

如图，在□$ABCD$ 中，∠ABC 的平分线交 CD 于点 E，∠ADC 的平分线交 AB 于点 F，请你猜想：AF 与 CE 有怎样的数量关系？请证明你的猜想。

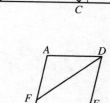

【测评4】

如图，BD 是□$ABCD$ 的对角线，过点 C 作 DB 的平行线，分别与 AB、AD 的延长线交于点 E、F。

求证：$CF=CE$。

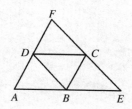

【测评5】

（附加题）如图所示，△ABC 中，点 D 是 AB 边上的中点，DE // BC。求证：AE = CE。

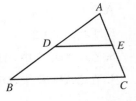

点 评

　　这节课的学习结果类型属于概念、规则的学习，由于学生在学习之前已经对四边形有基本的认识，能从形状上（感性地）区分各类四边形，故教师采用了概念形成的方式，通过正反例的正确辨别，提炼出平行四边形的特征，从而形成概念。该教学设计中学生的学习起点定位准确，教学目标的设置和陈述规范，所开展的教学活动符合具体概念的学习规律。比如对多个四边形进行合理的分类，说出分类依据，从而概括出平行四边形的特征。这种从具体图形特征出发形成概念的方法属于具体概念的学习，通过将对比观察与具象的感知相结合，恰到好处地揭示出了平行四边形两组对边都平行这一定义，促进了学生对平行四边形的关键属性的理解。在概念形成的基础之上，借助对等腰三角形、等边三角形和直角三角形性质的认知，对关键特征进行回顾和迁移，从而提炼规则，进而得到平行四边形的性质定理。一方面，形成规则的过程借助三角形的性质，体现了数学中的转化思想；另一方面，教师通过给出平行四边形性质定理的数学符号语言，规范学生在运用这一性质定理进行几何证明时的步骤。活动 1 和活动 2 是为了实现目标 1 和目标 2 而设置的，其最终目标是为了促进目标 3 的实现，目标 3、活动 3 和测评 2 的一致性程度高，测评 1 检测学生对平行四边形概念的理解，测评 3—5 设置的认知水平达到运用层次，是对学生能力的拓展训练。

第三部分
数学高级技能和情感态度的学习与教学

第八章 数学认知策略的学习与教学

数学教育家波利亚曾统计发现,学生毕业后,研究数学和从事数学教育的人占 1%,使用数学的人占 29%,基本上不用数学的人占 70%。联合国教科文组织的数学教育论文专辑中也指出,很多人在校外生活中使用三角形面积公式至多不超过一次。[①] 这样看来,对大多数将来不和数学打交道的学生来说,不就没有必要学习数学了吗? 事实并非如此,许多数学教育家已认识到,数学课程中蕴含的数学思想方法在学生未来的工作和生活中有更加广泛的应用,应加强这方面的教学。这里的数学思想方法是一种特殊的学习结果,现代心理学称之为认知策略,与前几章介绍的数学概念、数学规则有所不同。本章就来论述数学课程中认知策略的学习与教学问题。

第一节 数学认知策略的性质及其学习规律

一、数学认知策略的性质

为了了解数学认知策略的性质,我们先从广大数学教师较为熟悉的数学思想方法谈起。如教学"一元二次方程的根与系数的关系"时,教材首先让学生求出若干一元二次方程的两个根 x_1,x_2,并分别计算出 $x_1 + x_2$ 和 $x_1 \cdot x_2$ 的值,如表 8-1 所示。

表 8-1 求出若干一元二次方程的几个值

方 程	系 数			两个根		两根的和	两根的积
	二次项系数	一次项系数	常数项	x_1	x_2	$x_1 + x_2$	$x_1 \cdot x_2$
$x^2 - 5x + 6 = 0$							
$x^2 + 2x - 3 = 0$							
$2x^2 - 3x + 1 = 0$							
$4x^2 + 3x - 1 = 0$							

接下来,引导学生猜测一元二次方程 $ax^2 + bx + c = 0(a \neq 0)$ 两根的和、积与方程系数 a、b、c 之间有什么关系。由于经验归纳猜测出的结论不一定正确,因此,还要借助一元二次方程的求根公式加以证明,最后得出韦达定理。

---

① 朱成杰.数学思想方法教学研究导论[M].上海:文汇出版社,2001:81.

14

在上述教材或教学中,除了明确教授韦达定理之外,还蕴藏着"归纳—猜想—证明"的数学思想方法。这一数学思想方法没有在教材中明确地表达出来,需要教师、学生认真分析、揣摩才能体会到。大多数教师往往注重韦达定理的教学,而忽视其中蕴含的数学思想方法。

这里"归纳—猜想—证明"的思想方法,与求方程的两个根、两根的和与积,以及定理的证明等数学运算不一样,它是在这些数学运算之外调用、支配这些数学运算的。求出了第一个方程的两根及其和、积等内容后,根据归纳的要求,要有多个方程的根与系数的信息,因而就计算其余几个方程的根与系数;计算出四个方程的根与系数的信息后,根据这一思想方法的要求,进行猜想,推测根与系数之间的关系;形成猜想后,还要根据这一思想方法对猜测进行检验、证明。这些数学运算之所以能从教材的编写者或教师头脑中"调"出来,并有组织地加以执行,主要是教材编写者的头脑中除了这些数学运算之外,还有一个调用、支配这些数学运算的程序,即"归纳—猜想—证明"的数学思想方法。如果我们将求方程的两个根、求两根的和与积的运算看作是数学学习活动中涉及的认知过程,那么这一数学思想方法就是对这些认知过程进行组织、调用和调控。显然,数学思想方法作用的对象不是外在的数学符号,而是内在的学习或认知过程。加涅把这种用以调控自己注意、学习、记忆和思维的内部过程的技能称为认知策略。[①]

从上述分析可知,数学认知策略是一种技能,或称程序性知识,它对数学学习的过程进行组织和调控,或者说这一技能是为完成一定目的而组织调用数学的专业知识。数学课程中的思想方法大都属于数学认知策略。

当前的基础教育课程改革十分重视"过程",并将"过程"作为课程目标的重要组成部分。在数学新课程中,这一思想表现得尤为突出。从教学的角度讲,过程是指教学的过程,是相对于教学的结论而言的,是达到教学目的或获得所需结论而必须经历的活动程序。[②] 用上述例子讲,教学的结论是韦达定理,教学的过程是得出韦达定理的"归纳—猜想—证明"的过程。显然,这一过程的实质是特殊的程序性知识,即数学认知策略。新课程重视的过程,在数学课程中,一定程度上可以认为是现代心理学所讲的策略,或者数学中强调的数学思想方法。

二、 数学认知策略的习得

数学认知策略本质上属于程序性知识,其习得要服从程序性知识习得的规律,要经历从陈述性知识经由变式练习转化为程序性知识的过程。但数学认知策略又属于一种对内调控的程序性知识,因而其习得过程还与作为智慧技能的数学概念、规则的学习有所区别。在考虑到数学认知策略特殊性的基础上,我们将数学认知策略的习得过程划分为如下三个阶段。

---

① [美] R.M.加涅(R. M. Gagne).学习的条件和教学论[M].皮连生,等,译.上海:华东师范大学出版社,1999:64.
② 教育部基础教育司,朱慕菊.走进新课程:与课程实施者对话[M].北京:北京师范大学出版社,2002:117.

（一）孕育阶段

这一阶段是学生在学习数学知识与技能的过程中，接触蕴含数学认知策略的例子。此时学生学习的主要目标是获得数学知识与技能，对知识技能获得过程中蕴含的思想方法并未明确意识到，只是在学习过程中附带"体验"一下思想方法的运用。这一阶段持续的时间比较长，而且学生接触、"体验"的数学认知策略的例子也不止一个，但仅仅都是"体验"而已，并未上升到明确认识。

如数学课程中有一种思想方法叫"化归法"，这是把未知的或新问题转化为学生已知的旧问题的方法。学生习得这一方法，要先在数学学习中接触许多化归法的例子。如在小学，学习平行四边形的面积公式时，是将求平行四边形的面积（新问题）通过割补的方法转化为求长方形的面积（旧问题）。到初中，学习二次方程组时，又是通过代入消元、加减消元等方法，将其转化为已学会的一元一次方程。在解四次方程 $(x^2+2x)^2-14(x^2+2x)-15=0$ 时，令 $x^2+2x=y$，将原方程化为 $y^2-14y-15=0$，这是学生会解的一元二次方程。上述三个教学内容相隔的时间都比较长，而且学生在学习时，主要是学习平行四边形的面积公式如何得来、如何应用，如何求出二元一次方程组或四次方程的解，其中化归的思想方法隐含在所学的具体内容之中，通常学生难以明确意识到。

（二）明确阶段

在这一阶段，学生明确意识到学习内容中蕴含的数学思想方法。在孕育阶段，学生学习了许多蕴含数学思想方法的例子，在这一阶段，学生要对这些例子进行有意识的分析、比较，从这些内容不同的例子当中抽取出共同涉及的数学思想方法。这种抽取活动的进行，要以学生能同时注意到这些例子为前提。之所以要同时注意到这些例子，是因为学生对这些例子的加工要在工作记忆中进行。心理学的研究发现，工作记忆是建立新知识的内部联系、新旧知识之间联系的地方。[①] 例子与例子之间的类同，例子与数学认知策略之间的联系，都要借助工作记忆。在工作记忆中加工处理的信息，都是我们能直接意识到的，因而在这一阶段，学生能同时注意到这些例子，是保证其学习得以进行的重要条件。

这一阶段学生学习的过程可以用从例子到规则来刻画。也许有人认为，从例子到规则的过程耗时太长，既然数学思想方法对学生非常重要，为什么不先把数学思想方法明确地告诉学生，然后再举例子来说明呢？我们认为，这种从规则到例子的方法对于学生学习数学认知策略来说并不适用。一方面，呈现出数学认知策略的言语陈述后，学生要运用头脑中已有的概念、规则加以同化、理解。但由于数学认知策略描述的是人的思维活动的规律，要涉及有关思维的概念和规则，而学生学习的内容大都是具体学科内容的概念和规则，用后者难以理解前者。另一方面，在用例子说明数学认知策略时，例子要易于为学生理解。如果例子本身涉及的数学概念和规则学生难以理解，就谈不上明确认识其中蕴含的思想方法。此外，数学教材的编排不是按照数学认知策略学习的线索来组织的。这样，在集中的一段时间内，学

① 邵瑞珍，上海市教育委员会.教育心理学（修订本）[M].上海：上海教育出版社，1997：44.

习的内容不可能都蕴含某种我们想教的策略,这也限制了例子的数量。出于以上考虑,我们认为较为稳妥的学习方式是从例子到规则的学习。

(三) 应用阶段

在这一阶段,学生练习使用已明确的数学认知策略,从而形成调节和支配自己数学认知活动的技能。与概念规则的学习一样,数学认知策略的学习也要进行变式练习,并在练习中获得反馈,但数学认知策略的练习还有其自身的特点。

1. 变式练习的范围更加广泛

由于数学认知策略是描绘人类思维活动的规律,因而具有较高的概括性,可以解释多种领域的思维活动。同一个数学认知策略,可以适用于多种数学内容的学习,甚至还可以超出数学领域,应用于物理、化学等其他学科中。如数学中有一种特殊化的思想方法,即当研究的问题比较复杂时,先研究问题的特殊情况,找到特殊的解决办法,然后从特殊的解法中受到启发而导致对问题的最终解决。如方程 $(m+1)x^4-(3m+3)x^3-2mx^2+18m=0$,对任意实数 m 都有一个共同的实数解,并求此实数解。对这一问题,可以运用特殊化方法,如取 $m=-1$,$m=0$,则方程变为 $2x^2-18=0$ 和 $x^4-3x^3=0$。它们只有一个公共解 $x=3$,故只要验证 $x=3$ 为所求的公共解即可。①

练习使用这一方法时,可以设计一些涉及不同领域的问题,如:

(1) 设有两个边长为 1 的正方形,其中一个正方形的某个顶点位于另一个正方形的中心 O,并且绕 O 点旋转。试证明无论旋转到什么位置,这两个正方形的重合部分的面积都是一个定值。对这个问题,可以先从两个正方形的边互相平行这一特殊位置入手,尝试证明这一结论。

(2) 两个同样大小的硬币轮流放置在一个长方形台面上,不允许互相重叠,谁放最后一枚谁就能获胜。现在问,是先放的人能获胜,还是后放的人能获胜。这个问题没有指明台面的大小,我们可以考虑一种极其特殊的情况,即这个台面仅能放下一枚硬币,这时先放的获胜。再应用中心对称图形的性质,可以推知一般情况下也有相同结论。②

特殊化方法不仅适用于数学领域,在物理学领域也有人发现了这一方法。心理学家克莱门特(J. Clement)研究了物理学专家如何解决物理领域内的新问题。最初,专家是利用其丰厚的物理学专业知识来尽力寻求问题的深层结构,并尝试运用一些物理学原理来解决,但这些努力并不能解决新问题。于是,专家就采用了许多一般性的策略,如采用"极端法",将问题的各个参数置零或无限大来加以研究,或者将问题简化,然后将解决简化后的问题的方法用于解决新问题。③ 这里的一般性的策略其实也是特殊化方法。数学认知策略的特点为其变式练习提供了广阔的空间。

① 朱成杰.数学思想方法教学研究导论[M].上海:文汇出版社,2001:216.
② 同上,第 217 页.
③ 王小明.思维训练的研究历程[J].全球教育展望,2002(02):64-66.

2. 练习的内容要为学生所熟悉

对呈现给学生的练习题,学生要具备相关的原有知识,否则,学生对内容不熟悉,也难以将策略应用于其中。心理学的研究发现,如果给儿童呈现一些熟悉的名词,他们会用分类的策略加以记忆;如果呈现的是儿童不熟悉的词语,则儿童缺乏对其进行分类的知识,就不会运用分类的策略进行记忆。这说明,策略的运用受学生原有知识背景的制约。因此,如果要集中进行策略的练习,至少要等到学生对不同领域的数学知识(如数与代数、空间与图形、统计与概率等)都较为熟悉时才能进行。这也从另外一个角度说明数学认知策略的教学不能过早进行。

3. 练习中学生要获得数学认知策略运用条件和效益的信息

早期的策略训练研究发现,教会学生执行某种策略的程序很容易,但教会学生主动运用策略却很难,即遇到问题时,如果没有外来提示,学生一般不会主动运用已习得的策略。造成这种现象的一个原因是学生没有认识到策略适用的条件,所以在遇到具体问题情境时不知道该用什么策略,虽然学生已掌握许多策略。另外一个原因是学生在练习中没有体会到运用策略给他们的学习与问题解决带来效益。意识不到策略可以有效解决问题,那么再遇到问题时就不大可能想到以前用过的策略。而对于使用效果好的策略,学生以后还倾向于继续使用。总之,在运用数学认知策略的练习中,学生还要获得所用策略的条件和效益的信息。

第二节　数学认知策略的教学

在明了数学认知策略学习的过程与条件的基础上,我们可以据此有目的地进行策略教学过程与方法的设计。

一、 分析教学内容中蕴含的数学认知策略,加强例子教学

根据数学认知策略学习过程的分析,数学认知策略教学的第一步是做好渗透工作,即把数学认知策略渗透到具体内容的教学中,这是数学认知策略教学的基础性工作,需要教师扎实地做好。

(一)教师要明确数学课程中常用的数学认知策略有哪些

数学认知策略在数学课程中主要是以数学思想方法的形式表现出来的。数学教育界对数学思想方法甚为重视,总结出不少思想方法。这在一般的数学教学论或数学教育学教材中都有论述。朱成杰在《数学思想方法教学研究导论》一书中列出并介绍了若干种数学思想方法,共有抽象概括方法、化归法、数形结合方法、数学模型方法、归纳猜想法、演绎方法、分类方法、类比方法、特殊化方法、完全归纳法十种思想方法。[1]

---

① 朱成杰.数学思想方法教学研究导论[M].上海:文汇出版社,2001:255-289.

（二）教师还要分析并明确教学内容蕴含的数学认知策略

在具体内容的教学中，学生可以不明了其中蕴含的数学教学认知策略，但教师要明确。这种明确不仅指正在教学的内容中蕴含何种数学认知策略，还要明确学生以前学过的数学知识中蕴含的策略。在这种调查分析的基础上，教师还要对涉及的各种策略做出统一安排或组织，如哪种策略涉及的例子比较多，各个例子学习的时间间隔及例子内容变化的情况。如化归法，教师至少要明确小学时学习平行四边形、梯形、三角形、圆的面积公式时都用了化归法。在初中学习有理数加减法时，也是将有理数加减法化归为小学学习的加减法的。化归法的例子从小学到初中，从代数到几何都有。之所以强调教师要做这种工作，主要是因为当前数学教材并不是以数学认知策略的学习为主线编排的，而且数学认知策略又是渗透于具体内容的教学中，因而数学认知策略在整个数学课程中显得零碎、不系统。为加强数学认知策略教学的目的性和有序性，教师有必要做这种分析整理工作。朱成杰对他提出的十种数学思想方法在数学课程中的体现做了较好的梳理，可供教师参考。[①]

（三）要加强蕴含数学认知策略例子的教学

从数学认知策略学习的全过程看，蕴含策略的例子起着奠基性的作用，因而在教学时，教师要重视例子教学。在进行例子教学时，教师可能非常重视例子涉及的概念、规则的学习，如一元二次方程的根与系数的关系，教师教学时主要目标定在让学生理解韦达定理、会用韦达定理解题。但同时，教师还要让学生清晰地记住教材是如何一步步地引出韦达定理的，因为这引出的过程蕴含了"归纳—猜想—证明"的思想方法，而这一方法此时又不便明确点出，而且引出韦达定理的过程将在以后作为学习思想方法的例子，因而有必要让学生对这个例子留下深刻印象。当然，一字不差地将例子记住也没有必要，但学生至少要能用自己的话陈述出教材是怎样推导出韦达定理的。当前课程改革重视"过程"，但实践中许多教师对为什么重视过程及重视什么样的过程不是很清楚。如果将"过程"视作未来策略教学的例子，则教师的上述困惑就迎刃而解了。

二、 促进学生对例子的加工

在学生积累了蕴含同一数学认知策略的若干例子以后，就可以在这些例子的基础上对学生进行明确的策略教学。这一阶段教师的主要任务就是帮助学生从例子中抽取出蕴含的共同策略。为了完成这一任务，教师至少要做好如下两方面工作。

（一）创设条件，让学生能同时意识到以前学过的例子

例子的学习是分散进行的。一个例子与另一个例子学习的间隔时间可能很长，在进行明确的策略教学时，有些例子学生可能已经淡忘。为此，教师要通过复习、提问，让学生回想起以前学过的例子。对例子的复习与回忆，不能满足于只回忆起一个例子，最好要同时回想

① 朱成杰.数学思想方法教学研究导论［M］.上海：文汇出版社，2001：255－289.

起以前学过的有代表性的例子。为此,教师要安排比较集中的教学时间,如一节课或两节课,通过言语提示让学生依次回想起以前学过的例子。如果可能的话,可以以视觉的方式将学生回想起的例子板书在黑板上,或通过课件展示出来。

(二) 引导学生对例子进行自我解释

让学生回想起以前学过的例子,不是为了加深印象,而是要学生"挖掘"出例子中蕴含的支配思维的程序。如何实现这一目的呢?现代心理学有关样例(worked example)学习的研究对我们不无启发。所谓样例是指一种教学手段,它给学习者提供了专家的问题解决过程以供其研习模仿,一般由问题陈述和解决问题的程序两部分组成,这两部分可以提示学生如何解决其他类似问题。[①] 显然,这里的样例和我们所讲的例子是一样的。

研究发现,学生在研习样例时,会有对样例进行自我解释的活动。这种活动的实质是学生在利用样例来构建样例中蕴含的规则。在这里,就是学生在尽力构建出例子中蕴含的支配思维的程序,即数学认知策略。为此,教师要注意引发和促进学生对例子的这种自我解释活动。在具体的方法上,心理学研究证实,对样例的结构进行适当安排有助于学生的自我解释。如在呈现样例时,教师在样例中添加一些小标题之类的文字说明,标出解题过程的子目标,以便指引学生注意到某些解题步骤是组织在一起的,从而引发学生思考为什么将其组织在一起。后来又有人发现,教师添加的文字说明的具体内容并不重要,重要的是文字说明本身将样例的解题过程进行了分割,从而引发了学生的自我解释,于是他们主张,在呈现样例时以横线或空行对样例的解题过程进行分割,其效果和添加小标题是一样的。还有一种更有效地促进学生自我解释活动的方法,就是呈现残缺的样例,即把其中某些解题步骤略去,留下空行或空格,这样学生在研习样例时,就要思考其中缺少的是什么,并尽力去把空行补全。上述这些技术都能有效地促进学生自我解释的活动。

以"归纳—猜想—证明"的思想方法为例,对上述观点进行说明。下面例题就蕴含"归纳—猜想—证明"的思想方法。

观察下列平方数:$5^2 = 25$、$15^2 = 225$、$25^2 = 625$、$35^2 = 1\,225$、…

很容易发现,所有平方数的末两位数字都是 25,经进一步观察可以得到:$2 = 1 \times 2$、$6 = 2 \times 3$、$12 = 3 \times 4$、…也就是说,这些平方数的百位以上的数字组成的数等于原来的十位数与此数加 1 的积。

于是我们可以猜想:如果已知某数为 $10a + 5$(a 是整数),则此数的平方数,即 $(10a + 5)^2$ 的末两位数字是 25,百位以上的数字组成的数等于 $a(a + 1)$。

对这个猜想可作如下证明:$(10a + 5)^2 = 100a^2 + 100a + 25 = 100a(a + 1) + 25 = a(a + 1) \times 100 + 25$。

这个表达式表明,$(10a + 5)^2$ 的末两位数字是 25,百位以上的数字组成的数等于

---

① Atkinson, R. K. et al. Learning from example: instructional principles from the worked examples research[J]. *Review of Educational Research*. 2000, 72(2): 181.

$a(a+1)$。

为促进学生对该例子的分析、加工,可以在呈现形式上添加小标题,变成如下形式:

第一步:

观察下列平方数:$5^2=25$、$15^2=225$、$25^2=625$、$35^2=1\,225$、…

很容易发现,所有平方数的末两位数字都是25,经进一步观察可以得到:$2=1\times2$、$6=2\times3$、$12=3\times4$、…也就是说,这些平方数的百位以上的数字组成的数等于原来的十位数与此数加1的积。

第二步:

于是我们可以猜想:如果已知某数为$10a+5$(a是整数),则此数的平方数,即$(10a+5)^2$的末两位数字是25,百位以上的数字组成的数等于$a(a+1)$。

第三步:

对这个猜想可作如下证明:$(10a+5)^2=100a^2+100a+25=100a(a+1)+25=a(a+1)\times100+25$。

这个表达式表明,$(10a+5)^2$的末两位数字是25,百位以上的数字组成的数等于$a(a+1)$。

其中的小标题也可以省略,变成空行留着;还可以把某些关键步骤拿掉,变成如下形式:

观察下列平方数:$5^2=25$、$15^2=225$、$25^2=625$、$35^2=1\,225$、…

( )

于是我们可以猜想:如果已知某数为$10a+5$(a是整数),则此数的平方数,即$(10a+5)^2$的末两位数字是25,百位以上的数字组成的数等于$a(a+1)$。

对这个猜想可作如下证明:$(10a+5)^2=100a^2+100a+25=100a(a+1)+25=a(a+1)\times100+25$。

这个表达式表明,$(10a+5)^2$的末两位数字是25,百位以上的数字组成的数等于$a(a+1)$。

或者变为:

观察下列平方数:$5^2=25$、$15^2=225$、$25^2=625$、$35^2=1\,225$、…

很容易发现,所有平方数的末两位数字都是25,经进一步观察可以得到:$2=1\times2$、$6=2\times3$、$12=3\times4$、…也就是说,这些平方数的百位以上的数字组成的数等于原来的十位数与此数加1的积。

于是我们可以猜想:如果已知某数为$10a+5$(a是整数),则此数的平方数,即$(10a+5)^2$的末两位数字是25,百位以上的数字组成的数等于$a(a+1)$。

( )

需要指出的是,后一种例子形式最好在学生研习过几个完整的蕴含"归纳—猜想—证明"思想方法的例子以后再呈现。当然也可以把先前完整呈现的例子再改编成不完整的例子。做这些变动的目的只有一个:就是让学生自己解释一下空掉的是什么,该补充些什么内容,以此找出其中蕴含的思想方法。

三、 提供练习与反馈

在明确数学认知策略以后,要想让策略真正支配学生的思维活动,就必须通过实际的练习。由于策略的应用受学生原有知识背景的影响,因而教师在设计变式练习时要保证练习的内容为学生所熟悉。在策略的明确教学结束后进行练习设计时,所选的习题应主要从学生以前学过的内容中寻找。当然,策略的练习并不局限于明确教学结束后的集中练习,在以后新的教学内容学习过程中,只要有练习的机会,也要让学生进行策略的练习。可见,由于受原有知识背景的制约,策略的练习过程要延续较长的时间,不是集中于一节课的练习时间所能奏效的。

练习的目的除了让学生能顺利执行构成数学认知策略的一套程序之外,还要让学生习得策略运用的条件,即在什么条件下运用所习得的策略。这种练习不是让学生执行策略的程序,而是让他们针对具体的问题,判断能否采用所学的策略,在这类练习中,逐步领悟到策略适用的条件。

此外,练习中学生获得的反馈主要是有关策略效用的信息。为此,在提供反馈时,教师可以通过言语提示让学生将注意力集中到策略的效用上来。如学了特殊化方法后,呈现一道练习题:

正方形纸片内有1 998个点,连同正方形的顶点共有2 002个。在这2 002个点中,任何三点都不在同一直线上。现在要将该正方形全部剪成三角形,这个三角形的每个顶点都在这2 002个点中选取,并且这2 002个点都是这种三角形的顶点,问一共可剪成多少个三角形? 如剪成这些三角形需要剪多少刀(沿一条线剪开算一刀)?

学生运用特殊化方法,先从正方形内有一个点、两个点、三个点的简单情况开始研究,最终找到正确答案[三角形个数:$4+2\times(1\,998-1)=3\,998$),剪的刀数:$4+3\times(1\,998-1)=5\,995$],这时教师的反馈不能仅仅停留在最后两个数字是否正确上,还要提示学生回想一下,这道题之所以成功解决的关键是什么,以此让学生注意到是使用了特殊化的策略才打开解题的突破口。练习中不一定每次都要教师提示反馈,随着练习的深入,可以训练学生解完题后对自己的解题过程进行反思,找出导致题目解决的关键所在,这其实是训练学生自己为自己提供反馈,培养学生自主学习的能力。

第三节 教学案例分析

本节将以《待定系数法》和《数学广角——集合》为例,分别阐明数学方法与数学思想的教学过程。由于数学思想不能作为独立的知识进行学习,而是伴随其他类型知识一起学习,因此本节选取"数学广角"的案例,用以解释问题解决中集合思想的渗透。

1.《待定系数法》教学实录①

上海市贵州中学　何若华（北京景山学校远洋分校　潘晓霞　修改）

[1] 本课对应的学习结果是认知策略，教学目标首先是基于几个事例完成概念性知识的理解，再基于不同条件下的问题完成程序性知识的运用，在这个过程中提升和完善策略性知识的运用。

[2] 通过寻找先行条件，利用逻辑关系图确定不同的教学目标学习。

【课标要求】

会利用待定系数法确定函数的解析式。

【教学目标】[1]

1. 理解并概括出待定系数法求函数解析式的步骤（元认知知识的理解）；

2. 会用待定系数法求函数的解析式（元认知知识的运用）。

【任务分析】

（一）**使能目标分析**[2]（寻找"先行条件"，建立逻辑关系）

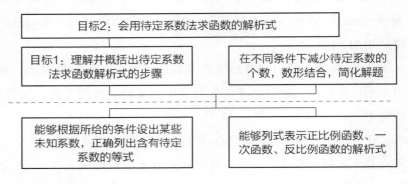

（二）**起点能力分析**

（学生与本节课内容相关的起点能力，包括知识基础和生活经验）

1. 能够根据所给的条件设出某些未知系数，正确列出含有待定系数的等式；

2. 能够列式表示正比例函数、一次函数、反比例函数的解析式。

【教学策略】

（一）目标分类

[3] 基于认知过程的种类将教学目标、教学活动在表中进行归类，可利用其深化教师对教学目标的理解。

表1　目标、教学活动和测评在分类表中的位置[3]

知识维度	认知过程维度					
	记忆	理解	运用	分析	评价	创造
事实性知识						
概念性知识						

① 朱成杰.数学思想方法教学研究导论[M].上海：文汇出版社，2001：248-253.引用时有改动。

知识维度	认知过程维度					
	记忆	理解	运用	分析	评价	创造
程序性知识						
元认知知识		目标1 活动1	目标2 活动2 测评			

（二）学习结果类型分类

认知策略的学习。

（三）学习过程与条件分析

支持性条件：由特殊到一般的概括能力、语言概括能力。

教学重点：运用待定系数法求出函数的解析式。

教学难点：在不同条件下减少待定系数的个数，简化解题。

【教学过程】

一、 告知目标并引起学生学习动机(1分钟)

师：我们已经学过正比例函数、反比例函数和一次函数的定义、图像及性质，也学习了求正、反比例函数及一次函数的解析式，现在请大家一起来做几道练习。

二、 师生共同总结，归纳整理知识

活动1：在对比中发现和总结待定系数法(15分钟)

出示练习题：

1. 若正比例函数图像经过点(1，2)，求此函数解析式。

2. 若反比例函数图像经过点(1，−2)，求此反比例函数解析式。

3. 若一次函数图像经过点(1，5)和点(−1，1)，求此一次函数解析式。

三位同学同时板演（各做一题）。[4]

生1：解　设　$y = kx \ (k \neq 0)$，

$2 = k \cdot 1$，

$k = 2$，

$\therefore y = 2x$。

生2：解　设　$y = k/x \ (k \neq 0)$，

$-2 = k/1$，

$k = -2$，

[4] 这里呈现蕴含待定系数法的三个例子供学生概括出其中的思想方法。从接下来学生的表现看，学生基本上能正确解答，表明教学是从学生的起点能力开始的。

$$\therefore y = -2/x.$$

生3：解　设　$y = kx + b\ (k \neq 0)$，

$$\begin{cases} 5 = k + b, \\ -1 = -k + b; \end{cases}$$

$$\begin{cases} k = 3, \\ b = 2; \end{cases}$$

$$\therefore y = 3x + 2.$$

师：请同学们检查上述三位同学的正误。

生：第3题错了，错在把$(-1, 1)$看作为$(-1, -1)$了。

师：假如是$(-1, -1)$的话，他的解题对吗？

生：对的。

师：好，我们将$(-1, 1)$改为$(-1, -1)$，接下来请同学们相互讨论一下上述三道题的解题过程有何共同之处？[5]

（学生互相讨论片刻）

生：第一步是设解析式。

师：这些解析式中的k, b已知吗？

生：未知。

师：我们把它们叫作未知系数，那么这些解析式就是含有未知系数的解析式。第二步呢？

生：第二步是根据条件，把数字代入解析式。

师：在上述三道题中，这一步的具体内容是什么？

生：① $2 = k \cdot 1$，② $-2 = k/1$，③ $\begin{cases} 5 = k + b, \\ -1 = -k + b. \end{cases}$

师：这些式子，我们分别称它们为什么？

生：方程、方程组。

师：这就是根据条件列出的方程、方程组。第三步呢？

生：解方程、方程组，求出k、b。

师：出示小结。

步骤：

1. 设出含有未知系数的表达式；

2. 根据条件列出方程（组）（有几个未知系数就要列出几个方程）；

3. 通过解方程（组）确定未知系数。

我们把上面这样的解题方法叫作待定系数法。

（出示课题："待定系数法"）

请同学们朗读课本中叙述待定系数法的语句"像这样……的方法

[5] 这一问题旨在引发学生对例子进行回顾分析，以归纳出执行待定系数法的程序。

叫作待定系数法"。

师：我们上面总结出来的解题步骤就是"待定系数法的步骤"（老师在上述"步骤"前加上"待定系数法"）。现在我们已经懂得什么是待定系数法及待定系数法的解题步骤，下面我们继续用待定系数法来解几道题。[6]

活动2：在不同条件下，运用待定系数法解题（21分钟）

1. 一次函数图像过点 $A(1,3)$，$B(0,1)$，求此解析式。

生板演：解　设 $y=kx+b\ (k\neq0)$，将 $A(1,3)$，$B(0,1)$ 代入方程式：

$$\begin{cases} 3=k+b, \\ 1=b; \end{cases} \quad 解得 \begin{cases} k=2, \\ b=1。 \end{cases}$$

$$\therefore y=2x+1。$$

师：有没有其他解法？

生：设 $y=kx+b\ (k\neq0)$，然后把 $(1,3)$ 及 $b=1$ 同时代入。

师：你怎么知道 $b=1$？

生：已知直线与 y 轴的交点为 $B(0,1)$，所以 1 是 $y=kx+b$ 在 y 轴上的截距。

师：那么能否直接设得更简单些？

生：设 $y=kx+1\ (k\neq0)$。

师：我们在设未知系数时，应根据条件，尽量减少未知系数的个数，这样可以简化解题。[7]

2. 一次函数与正比例函数 $y=-x$ 图像平行，且与反比例函数图像都经过点 $A(1,5)$，求：（1）反比例函数解析式；（2）一次函数解析式。

生板演：（1）解　设 $y=k/x\ (k\neq0)$，

$$5=k/1，$$

$$\therefore y=5/x \text{ 点}。$$

（2）解　设 $y=kx+b\ (k\neq0)$ 平行于 $y=-x$，所以 $k=-1$。得 $5=-1+b$，$b=6$。

师：一个题目中，同时出现两个解析式，应将 k 加以区分，设 $y=k_1/x\ (k_1\neq0)$，$y=k_2x+b\ (k_2\neq0)$。

又因为，直线 $y=k_2x+b$ 与 $y=-x$ 平行，这就暗示了 $k_2=-1$。

生：可设 $y=-x+b$，减少一个未知系数。

师：很好，我们再增加一道小题：（3）求这个反比例函数与一次函数图像的另一个交点 B。

生板演：$\begin{cases} xy=5, \\ x+y=6; \end{cases}$　解方程组得：$\begin{cases} x=5, \\ y=1; \end{cases}\begin{cases} x=1, \\ y=5; \end{cases}$

[6] 初步明确什么是待定系数法，并在理解的基础上开始引入变式练习。

[7] 这里是在练习过程中进一步明确待定系数法的另一条规则。

∴ 另一个交点为 $B(5,1)$。

师：大家看得懂这个方程组的来历吗？

生：不懂。

师：你们怎么解的？

生：$\begin{cases} y = 5/x, & ① \\ y = -x + 6; & ② \end{cases}$

①代入② $\quad 5/x = -x + 6, \quad x^2 - 6x + 5 = 0$。

$x_1 = 5$，$x_2 = 1$，得：$y_1 = 1$，$y_2 = 5$。

∴ 另一个交点为 $B(5,1)$。

师：再请刚才那位同学说明他的做法。

生：我用的是韦达定理。

师：你用韦达定理来解的那个方程组是怎么来的？

生：$\begin{cases} y = 5/x, \\ y = -x + 6, \end{cases}$ 变形为 $\begin{cases} xy = 5, \\ x + y = 6. \end{cases}$

师：解题时应将每个式子的来历交代清楚，不能跳步。但这种解法确实比上述的好。

测评：正比例函数图像在第一象限内有一点 P，已知点 P 与原点 O 的距离为 $\sqrt{13}$，$PD \perp x$ 轴于 D 点，三角形 POD 的面积为 3，求这个正比例函数解析式。

师生共同讨论：

生：先设 $y = kx$ $(k \neq 0)$，又设 $P(x, y)$。

师：为了区别起见，不妨设 $P(a, b)$。

生：$\begin{cases} a^2 + b^2 = 13, & ① \\ (1/2)ab = 3。 & ② \end{cases}$

师：如何解此方程组？

生：将②式变形后代入①。

师：有没有更好的方法？

生：将②×4 得 $2ab = 12$ ③

$$\begin{cases} a^2 + b^2 = 13 \\ 2ab = 12 \end{cases} \Rightarrow \begin{cases} a + b = \pm 5 \\ ab = 6 \end{cases} \Rightarrow \begin{cases} a + b = \pm 5 \\ a - b = \pm 1 \end{cases}$$

师：这样可以更快地求出 a、b，求出 a、b 的值，就可以代入 $y = kx$ 求出 k。这里要注意点 P 在第一象限内，因此在求出 a，b 后，需将不符合要求的点舍去。[8]

刚才用待定系数法解题时，都能先设出含有未知系数的解析式，否则难以用待定系数法解题。

[8] 利用学生新近学习的内容，设计并实施变式练习。

小结： 回顾总结，拓展对待定系数法的认识（3分钟）

师：以前我们学过类似于待定系数法解题的知识吗？

生：已知方程 $x^2+bx+c=0$ 的两根为 3，2，求这个方程。方程中含有未知系数 b、c，用根代入，解方程组，求出 b、c 的值。

生：代数式 $ax+b$ $(a\neq0)$，当 $x=2$ 时，代数式值为 3；当 $x=3$ 时，代数式值为 5，求这个代数式。

师：我们以前已经学过如何求代数式和方程中的未知系数，今天又学习了用待定系数法求函数解析式，同学们已初步掌握待定系数法的解题步骤和方法。待定系数法是数学中的常用方法之一，它的用途是很广泛的。从今天的练习中，可知待定系数法可用于求代数式、方程和解析式。随着同学们的知识不断丰富，待定系数法使用的范围会不断扩大，希望大家在今后的学习中，进一步掌握好待定系数法。[9]

布置回家作业。

[9] 在练习的基础上，通过回忆原有知识技能，引导学生认识到待定系数法适用的条件。待定系数法至此还不能说已被学生掌握，还需要在以后不同内容的学习中进一步练习。

点评

这节课所达到的学习结果是认知策略。在策略的孕育阶段，教师呈现蕴含待定系数法的三个例子供学生概括出其中的数学方法；在策略的明确阶段，引导学生总结出用待定系数法求函数解析式的一般步骤；在策略的应用阶段，进行了待定系数法的变式练习。从孕育阶段到明确阶段，是由特殊到一般的过程，从明确阶段到应用阶段是由一般到特殊的过程，学生在运用的过程中提升和完善了对策略性知识的理解。本节课共需达到两个目标，活动 1 是为了目标 1 的完成，要求学生在对比中发现和总结待定系数法，所需要的支持性条件是总结和归纳能力，学生在对例子进行回顾分析时，顺利地归纳出了待定系数法的步骤。活动 2 是为了目标 2 的完成，学生在初步明确什么是待定系数法之后，教师开始引入变式练习。在练习中，一方面巩固了待定系数法的使用条件，对方法的执行更加熟练；另一方面明确在不同条件下执行方法时的注意事项，比如应根据条件，尽量减少未知系数的个数，等等。最后在教师的引导下，学生意识到以前也有过使用待定系数法的例子，使得学生心中这种方法得到升华。在练习与反馈、回顾与反思中，让学生逐步完善对"待定系数法"这种策略的理解。根据广义的知识分类系统，广义的程序性知识包括策略性知识，因此越是具体的方法学习也越是容易呈现出程序性知识的特点。

2.《数学广角——集合》教学设计

北京景山学校远洋分校　潘晓霞

【课标要求】

在义务教育阶段应结合具体的教学内容逐步渗透数学的基本思想。

【教学目标】[1]

1. 能够运用韦恩图表征并解释重叠问题（概念性知识的理解与运用）；

2. 能够结合具体实例概述韦恩图各部分的关系与含义（概念性知识的分析）；

3. 能够借助韦恩图求两个集合的交集和并集（程序性知识的运用）；

4. 在运用韦恩图解决简单实际问题的过程中渗透集合思想（元认知知识的理解）。

[1] 本课的学习结果是高级规则与认知策略，教学目标首先是完成概念性知识的理解与运用，再在陈述性知识转化为程序性知识的过程中，形成数学思想。

【任务分析】

（一）使能目标分析[2]（寻找"先行条件"，建立逻辑关系）

[2] 通过寻找先行条件，利用逻辑关系图确定不同的教学目标学习。

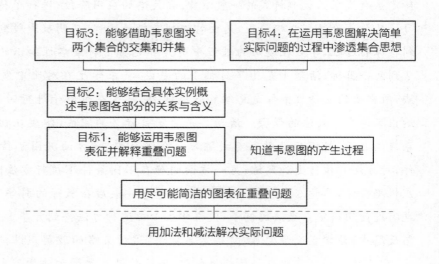

（二）起点能力分析（判断学生是否掌握与本节课内容相关的起点能力）

运用加法解决不重叠的实际问题，运用减法解决包含关系的实际问题。

【教学策略】

(一)目标分类

[3] 基于认知过程的种类将教学目标、教学活动在表中进行归类,可利用其深化教师对教学目标的理解。

表1　目标、教学活动和测评在分类表中的位置[3]

	认知过程					
	记忆	理解	运用	分析	评价	创造
事实性知识						
概念性知识		目标1 活动1	目标1 活动1	目标2 活动2 活动3 测评1		
程序性知识			目标3 活动4 测评2			
元认知知识		目标4 活动4				

(二)学习结果类型分类

高级规则与认知策略的学习。

(三)学习过程与条件分析

支持性条件:学生对集合概念以及子集、包含关系有过无意识的感知和体验。对数量关系的分析和表征有一定的能力。

教学重点:经历韦恩图的产生过程,理解韦恩图的意义。

教学难点:用集合的思想方法观察和解决生活中的问题。

教具、学具准备:集合圈、PPT课件。

【教学过程】

一、 告知目标并引起学生学习动机(2分钟)

我们每个同学都是四(4)班这个集体中的一员。数学中我们也经常把一些有共同特点的人或者事物放在一起看成一个集体,甚至还会去考虑两个集体之间有什么样的关系,那今天咱们就带着这样的"集体意识"开始研究吧![4]

[4] 借助学生个人与班集体之间的关系,初步感知"集合"概念。

二、 师生共同总结,归纳整理知识(25分钟)

活动1:思考并讨论重叠问题的表征方式

1. 引出问题,产生冲突

学校要开设更丰富的兴趣班,抽取班级部分同学进行了调查,结果如下:

游泳	姓名	姓名	姓名	…			
轮滑	姓名	姓名	姓名	…			

问题：你能看出有多少人参与调查吗？17 人？14 人？

师：看来用这样的形式呈现结果，能看出哪些人报了游泳班哪些人报了轮滑班，却不容易看出哪些人是两个项目都报了的。

问题：怎样表示能简洁又清楚地看出报游泳班的有哪些人，报轮滑班的有哪些人，以及两项都报的又有哪些人？

2. 汇报展示，讨论交流

师：刚才大家都尝试用自己的方法去表示哪些人报了游泳班哪些人报了轮滑班，哪些人两项都报了。那现在咱们一起来看一看这些同学的想法。

（1）水平 1 ——能呈现两个集合的元素，并能标记出交集的元素。

游泳：（9人）　三人双报
滕、宋、常、李、陈、恒、徐、东、沈
轮：（7人）
雪、祺、李、陈、湘、徐、达

问题：读一读，你都知道了什么？李、陈、东、徐这几位同学又是标蓝又是圈圈，这是什么意思呢？

小结：原来他们都是想特别标记出两项都报名的同学。

（2）水平 2——在水平 1 的基础上，能把重叠部分单独分为一类。

轮：滕、瑜、羽、恒、东、秋 6人
游：雪、乐、湘、达 4人
轮、游：蕊、悦、徐 3人

问题：那再看这位同学的作品，请小作者来介绍一下吧。

追问：对比刚才这幅作品，你更喜欢哪一个呢？为什么？

追问："轮"、"游"指的是什么意思呢？"轮滑"的人是 6 人？"游泳"的人是 4 人？提示学生需要注明"只轮滑""只游泳"。

小结：原来他把两项都报名的同学单独分为一类，这些同学的名字只写一次就可以了，还突出了只参加一项这个信息。

（3）水平 3——在水平 2 的基础上，尝试用图表示几部分的关系。

游泳	两样都报	轮滑
乔、梓、常、宋、刘、沈	李、陈、徐	雪、张、湘、王

师：刚才我还发现有几位同学是这么写的,你看他也是分为三类,你能读懂他的意思吗?游泳、轮滑、两样都报是什么意思啊?

师：游泳班只有六个同学吗?能看出到底哪些人参加了游泳班吗?参加轮滑班的只有这四个人吗?能看出到底是多少人参加了轮滑班吗?

师：把两项都报的放在了中间,你觉得怎么样?

小结：这幅作品不仅分了三类,还有意识地去考虑表示中间这部分与左右两部分的关系。

（4）水平4——用韦恩图表示集合间各部分的关系。

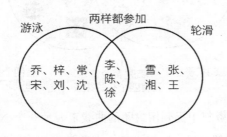

师：再看这幅作品。你是什么感觉?

小结：看来这样的图能清楚地表示像这样的重叠关系。[5]

活动2：经历韦恩图在表征重叠关系时的产生过程

师：那这样的图是怎么来的呢? 让我们一起来看看,我们把想报游泳班的同学看成一个小集体,用一条曲线把他们封住,把想报轮滑班的所有同学看成一个小集体,也用一条曲线把他们封住。这样两个集体就确定下来了。现在就请咱们班参与调查的同学来黑板前报到吧,拿着你们的名牌贴进来!

师：怎么了,他们三人（两项都报的）不知道往哪贴了,谁有办法?

问题：这样移动是什么目的?（预设学生上黑板将两个圈移动至有重叠部分)[6]

活动3：理解韦恩图的意义

1. 说一说韦恩图各部分的意义

师：我们用这样的图表示了重叠问题,你能读懂这幅图吗?

问题：所以到底总共有多少人参与了调查?怎样列式呢?为什么?

小结：看来这幅图确实能清楚地表示这样的重叠问题,并且帮助我们正确地解决问题。这个图其实就是韦恩图。[7]

2. 介绍"集合"的概念

历史小资料介绍（音频）

在数学中,我们经常用平面上封闭曲线的内部代表集合,这种图称

[5] 从孩子们最熟悉的人和事引入问题,在冲突中激发学生探究和表达的欲望。在讨论交流中学生经历了对清晰和简洁表达的渴求,在相互交流中,逐步完善对信息的理解及表述,从而能初步感受到韦恩图在表达集合和集合间关系时的价值。

[6] 请参与调查的同学上台报到,将"元素"填入"集合圈",同时通过移动两个圈至有重叠部分,让学生更直观地感受到用图形的交叠来表示两项都报名的同学,给学生留下更深刻的印象。

[7] 清晰地认识到此处韦恩图各部分的意义,从而直观解释了算理。

为韦恩图(Venn diagram),是 19 世纪英国哲学家和数学家约翰·韦恩 (John Venn,1834—1923)在 1881 年发明的。在剑桥大学 Caius 学院的彩色玻璃窗上有对他的这个发明的纪念。比如下图中,左边的圆圈表示所有黄色的扣子,右边的圆圈表示所有有四个孔的扣子,左右两个圆圈交叠的部分表示的是既有四个孔又是黄色的扣子。

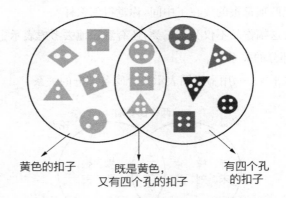

黄色的扣子　　　既是黄色,　　　有四个孔
　　　　　　　又有四个孔的扣子　　的扣子

师:刚才小资料中提到用封闭的曲线来表示一个小集体,一般使用圆、椭圆、长方形都可以。同时小集体在数学中叫作"集合"(板书)。那像这样两个圈就是两个集合,并且它们之间还有重叠的部分。

三、 促进学习结果的运用和迁移(13 分钟)

借助现实情境,从集合的角度解决重叠问题。

测评 1: 把下面动物的序号填写在合适的圈里。

把下面动物的序号填写在合适的圈里。

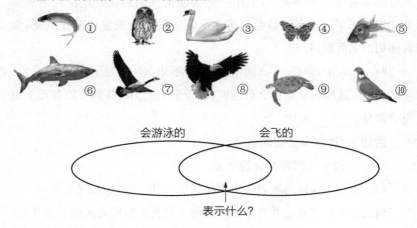

请学生说一说是怎么填的。

测评 2: 同学们到动物园游玩,参观熊猫馆的有 25 人,参观大象馆的有 30 人,两个馆都参加的有 18 人。

(1)填写下边的图。

(2)去动物园的一共有(　)人。[8]

[8] 根据集合元素的特征填写韦恩图,巩固对韦恩图的认识,进一步体会集合概念的含义和交、并。

数学学习与教学论

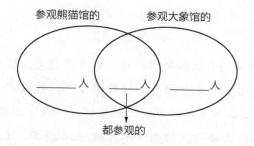

参观熊猫馆的　　　参观大象馆的

_____人　_____人　_____人

都参观的

活动 4：回顾总结，拓展对集合关系的认识

（一）借助旧知，了解集合间的非重叠关系

今天我们认识了韦恩图，也学会了用它去表示这样两个集合之间的关系，其实这些知识在你们过去的学习中都曾或多或少地见过。（PPT 呈现以下例子）

① 学习分类的时候，就已经使用过韦恩图来表示这样的集合（韦恩图）。

② 学习长方形、正方形的认识时，正方形是一种特殊的长方形（包含关系）。

③ 学习三角形分类的时候，根据角的特点进行的分类（包含关系、不重叠关系）。

5. 分一分，填一填。

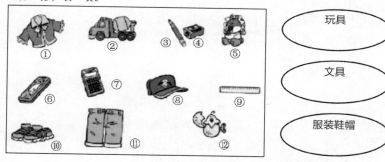

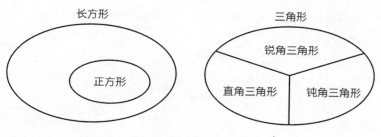

（二）总结本课，延续思考

回顾这节课，你有什么收获？

其实生活中像这样的例子还有很多，希望你能够带着这种集合的意识，用数学的眼光看世界！[9]

[9] 生活中和数学中有很多这样的例子，不仅有重叠的，还有不重叠、包含的关系。丰富学生对集合间关系的理解，鼓励学生在生活中去观察和寻找，培养学生用集合的思想方法观察生活。

　　这节课的学习结果类型属于高级规则与认知策略。由于数学思想是上位于具体数学方法的概念，因此本节课学习的集合思想渗透在问题解决的学习中。其教学过程既要遵循问题解决学习的一般规律，还要遵循认知策略学习的一般规律。与数学方法不同的是，数学思想不易独立测评，需要借助其他类型知识的测评来反映，也就是说，对集合思想的测评需要通过运用集合思想解决问题的过程间接反映。从认知策略学习的角度来看，本节课经历了孕育阶段、明确阶段和应用阶段。具体来说，教师首先通过创设情境引发学生认知冲突，从而引导学生独立思考表达方式，将学生的表达方式划分为不同的水平，层层递进，使不同层次的学生得到不同的提升；在此基础上，通过动态演示，明确韦恩图的产生过程，分析韦恩图各部分之间的关系；最后，运用韦恩图解决实际问题。在这一过程中，韦恩图作为更具体的载体，使集合思想的渗透层层递进。从问题解决学习角度来说，当概念性知识、程序性知识达到分析及以上水平时，所达到的学习结果即为问题解决，它是智慧技能与认知策略的综合体现。学习者对韦恩图概念的理解是运用韦恩图解决交集、并集问题的前提；运用韦恩图解决交集、并集问题是解决简单实际问题的前提，产生于过程之中，并且不断渗透的集合思想是习得高级规则的同时习得的学习结果。

第九章　数学问题解决的学习与教学

学生学数学的目的是应用，即解决生产生活中遇到的实际问题。《义务教育数学课程标准(2011 年版)》十分重视学生的应用意识和解决问题能力的培养。本章从现代认知心理学的角度，先对数学问题解决能力进行分析，然后在此基础上提出问题解决教学的具体方法和措施。

第一节　数学问题解决的实质与过程

一、数学问题解决的含义

问题解决是心理学研究的重要课题，心理学家在不同时期，从不同角度对问题解决进行了大量研究。数学问题解决的含义与心理学的问题解决研究有着密切的联系。因此，本章节结合心理学对问题解决的论述阐述数学问题解决的含义。"问题解决"是英语"Problem Solving"的译文，我国数学教育领域广泛使用的"问题解决"或"解决问题"的概念，实质上是中西融合的产物[①]。问题解决首先被理解为一种能力。如《义务教育数学课程标准(2011 年版)》总目标的变化之一就是将"解决问题"改为"问题解决"，其目的在于更加重视学生问题意识的培养[②]。把问题解决作为数学教学的目的也是较为普遍的观点，如贝格(Begle)认为"教授数学有利于解决各种各样的问题，学习怎样解决问题是学习数学的目的"；再如，西尔弗(Silver)指出"20 世纪 80 年代以来，世界上几乎所有国家都把提高学生的问题解决能力作为数学教学的主要目的之一"。[③] 数学问题解决还被界定为一种心理过程。如美国的《算术教师》涉及了有关问题解决的讨论，雷伯朗斯(LeBlauce)指出："在解决问题时，个体已形成的有关过程的认知结构被用来处理个体所面临的问题。"[④]喻平(2002)将数学问题解决界定为解题者在自己的长时记忆中提取解题图式用于新的问题情境的过程。这里的"解题图式"包括个体已有的与新问题有关的知识基础、解题策略和解题经验[⑤]。

(一) 加涅的高级规则与问题解决

加涅在其学习理论中，提出了著名的智慧技能层次论，将智慧技能由低到高分为辨别、概念、规则和高级规则。概念与规则的含义在前几章作过介绍，这里重点介绍加涅的高级规

---

① 邵舒竹.问题解决与数学实践[M].北京：高等教育出版社,2012.

② 教育部基础教育课程教材专家工作委员会.义务教育数学课程标准(2011 年版)解读[M].北京：北京师范大学出版社,2012：42.

③ 喻平,连四清,武锡环.中国数学教育心理研究 30 年[M].北京：科学出版社,2011：47.

④ 同③.

⑤ 喻平.数学问题解决认知模式及教学理论研究[D].南京：南京师范大学,2002：21.

则。高级规则是在规则基础上形成的,它由若干简单规则综合而成。如 $(a+b)(a-b)=a^2-b^2$ 是由如下简单规则组合而成的:

(1) 符号相同的两个变量相乘,积为正,如 $a \times b = ab$;

(2) 符号不同的两个变量相乘,积为负,如 $a \times (-b) = -ab$;

(3) 单项式乘多项式即用多项式的每一项乘以单项式,如

$$3a \times (3a + 5b + 6c) = 9a^2 + 15ab + 18ac;$$

(4) 同类项的合并。

加涅还认为,高级规则经常产生于学习者在问题解决情境中的思维。在试图解决一个具体问题时,学习者可能会为了得到一个可解决问题的高级规则而将不同内容领域的两个或两个以上的规则予以组合。① 这就是说,高级规则是在问题解决中习得的,因而加涅的高级规则就相当于问题解决。

从这一观点看,问题解决要求学习者将若干规则综合起来形成一个更高级的规则。问题解决的结果是学习者获得高级规则。这与规则的单纯运用是不一样的。单纯地运用规则,并不产生出新的规则。例如,习得了求圆面积的规则 $S = \pi r^2$,用这一规则计算出某个圆的面积,只是获得该圆面积是多少的陈述性知识,并没有产生出新的规则。可以说,是否有新的规则产生是区分规则的运用与问题解决的重要标准。

(二) 修订版的布卢姆教育目标分类学与问题解决

修订版的布卢姆教育目标分类学的目标陈述采用了"知识+认知过程"的模式,即用知识和认知过程两个维度共同构成一个学习结果。知识维度分为事实性知识、概念性知识、程序性知识和元认知知识四种知识类型;认知过程维度分为记忆、理解、运用、分析、评价、创造六个认知水平②。现代认知心理学研究指出,达到"运用"及以上水平的概念性知识和程序性知识对应着加涅学习结果中的智慧技能(如表 9-1 所示)。其中,仅达到"运用"水平的概念性知识、程序性知识对应智慧技能中的规则。"运用"水平是指能够在给定的情境中执行或使用程序③,概念性知识、程序性知识在"运用"水平达到的学习结果与加涅学习结果中的规则的行为表现是一致的,即通过把程序运用于一个或更多个具体例子上而得到证实④。而概念性知识、程序性知识达到"分析""评价""创造"水平则对应着智慧技能中的高级规则。这三个水平要求学习者能够把材料分解为它的组成部分,并确定部分之间的联系以及部分与整体之间的联系;能够依据标准做出判断;能够将要素加以组织以形成一致的或功能性的整体,或是将要素重新组成新的模式或结构⑤。研究者普遍将高级规则等同于问题解决,但达到这一学习结果的同时还伴随着认知策略的习得。智慧技能与认知策略是同一学习过程的

① [美] R.M.加涅(R. M. Gagne).学习的条件和教学论[M].皮连生,等,译.上海:华东师范大学出版社,1999:62.

② 洛林·W.安德森(Lorin W. Anderson)等.布卢姆教育目标分类学:分类学视野下的学与教及其测评[M].蒋小平,张琴美,罗晶晶,译.北京:外语教学与研究出版社,2009:21-24.

③ 同②,第 23 页.

④ [美] R.M.加涅(R. M. Gagne)等.教学设计原理[M].皮连生,庞维国,等,译.上海:华东师范大学出版社,1999:72.

⑤ 同②,第 23-24 页.

两个方面,学习者在习得智慧技能的同时,也形成了调节学习、记忆和思维的方式①。因此,单独的元认知知识达到分析、评价、创造水平并不是问题解决,而问题解决这一学习结果的实现必然伴随元认知知识的分析、评价与创造,也就是认知策略的习得。这一论述过程从另一个角度证实了"分析水平、评价水平和创造水平是问题解决的三种水平"②,并指出了问题解决的知识维度包括概念性知识、程序性知识和元认知知识。学习者需要综合运用多种知识、技能(以智慧技能为主)以及认知策略来解决问题。

表9-1　修订版布卢姆教育目标分类学中的问题解决

知识维度		认知过程维度					
		记忆	理解	运用	分析	评价	创造
知识维度	事实性知识	陈述性知识向程序性知识的转化					
	概念性知识	陈述性知识					问题解决
	程序性知识			程序性知识之智慧技能(对外办事)			
	元认知知识			程序性知识之认知策略(对内调控)			

(三) 图式理论与问题解决

图式理论用功能性词汇补充了神经科学关于结构分析层次的术语③。该理论的发展大体经过了三个阶段:一是以柏拉图(Plato)的"理念论"、康德(Kant,1957)的"图式说"和巴特利特(Bartlett,1932)的"图式"概念为代表的图式概念形成阶段;二是以皮亚杰(Piaget,1981)的图式理论为代表的图式理论形成阶段;三是以鲁梅哈特(Rumelhart,1984)、安德森(Anderson)、维特罗克(Wittrock)等人提出的现代图式理论为代表的图式理论发展阶段④(如表9-2所示)。

表9-2　图式理论的发展

柏拉图(Plato)的"理念论"	理念实际上就是概念,是对事物的一般抽象。
康德(Kant,1957)的"图式说"	联系概念和直观的中介与桥梁。
巴特利特(Bartlett,1932)的"图式"概念	过去反应或过去经验的一种积极组织,这种组织必然对具有良好适应性的机体的反应产生影响。
皮亚杰(Piaget,1981)的图式理论	图式概念:图式是指动作的结构或组织;把外界的信息纳入原有图式,使图式不断扩大的过程是同化;当环境发生变化,原有图式不能再同化新的信息,而必须经过调整建立新的图式的过程是顺应。

① 施良方.学习论[M].北京:人民教育出版社,2001:313.
② 陈刚,皮连生.从科学取向教学论看学生的"核心素养"及其体系构建[J].湖南师范大学教育科学学报,2016,15(05):20-27.
③ Arbib, M A. Schema theory[M]// *The handbook of brain theory and neural networks*. Boston: MIT Press, 1998:1427-1443.
④ 王兄.基于图式的数学学习研究[D].上海:华东师范大学,2005:28-35.

鲁梅哈特(Rumelhart,1984)	图式就是表征存储在记忆中的一般概念的资料结构。
明斯基(Minsky)	一个图式既是一个结构,又是一个加工者,是以知识经验为内容并具有认知功能的心理结构。
安德森(Anderson)	图式就是一种抽象的、完善建构好的结构。
维特罗克(Wittrock,20 世纪 70 年代)	人类学习的生成模式:学习的生成过程就是学习者原有的认知结构(头脑中已有的知识和信息加工认知策略)。
鲁梅哈特等(Rumelhart, Mccleland & the PDP research group, 1984)	并行分布加工模型:大脑中的加工单元是相互联结的,每一单元对其他单元可以发送兴奋性和抑制性信号,信息的加工就是通过大量简单的加工单元之间的相互作用来实现的。

随着现代认知心理学的不断发展,图式内涵更加具体、清晰,这也使得现代图式理论的研究从概念性研究,拓展到功能性研究和过程性研究。鲁梅哈特和奥托尼(Rumelhart & Ortony,1977)概括了图式的四个特征[①]:"(1) 含有变量;(2) 可以镶嵌;(3) 可以表征不同抽象水平的知识;(4) 图式表征知识而非定义。"王兄(2005)对图式的功能进行了研究,提出图式的功能主要集中在三个方面:一是剪辑作用,包括对输入信息的选择、删减和抽象,以及对同化进来的信息思维整理、组织和建构;二是预测和推理作用,即图式激活之后,对当前知识状态做出的解释;三是图式的迁移作用[②]。认知心理学家吴庆麟(2002)提出图式的习得大体经历两个阶段:首先是图式的形成阶段,再是图式的改进阶段[③]。

数学学习的一个重要原则是从已知到未知,从简单到复杂,从具体到抽象,数学知识呈现的顺序性使得数学学习不能是随意的,也不是所有的学科知识都具有这样的层次性,数学可能是当前被教的知识结构中最具关联性和层次性的学科,皮亚杰称这些结构为知识图式。[④] 于是,在很长的一段时间里,心理学领域有关图式的研究大都会选择数学问题作为典型样例。另一方面,问题解决学习相对于一般的样例学习具有一定的特殊性,"问题解决学习更有利于数学高级认知图式的获得"[⑤]。这就不难理解,研究者为什么更倾向于用图式来研究数学问题解决。20 世纪 70 年代,图式概念开始介入问题解决研究[⑥]。它本质上不仅是一个结构,还是一个引发图式的建构活动[⑦]。在数学学习中,图式是数学关系的心理模型,构建起了数学对象、数学规则、数学方法等的联系,图式的发展使片段的、离散的数学知识结构化和系统化,图式越完善,越有利于数学问题解决。

① Rumelhart D E, Ortony A. The representation of knowledge in memory[M]// *Schooling and the acquisition of knowledge*. Hillsdale, N. J.: Lawrence Erlbaum Associates, 1977: 115 - 158.

② 王兄.基于图式的数学学习研究[D].上海:华东师范大学,2005: 39 - 41.

③ 吴庆麟等.认知教学心理学[M].上海:上海科学技术出版社,2003:128 - 144.

④ Muzangwa J. Build on Learners' Schema to Teach Mathematics Better[J]. *International Journal of Research in Education Methodology*, 2016, 7(5): 1345 - 1349.

⑤ 郭兆明. 数学高级认知图式获得方式的比较研究[D].重庆:西南大学,2006:84.

⑥ 王兄.基于图式的数学学习研究[M].桂林:广西师范大学出版社,2008:29.

⑦ Arnon I, Cottrill J, Dubinsky E, et al. *APOS theory: A framework for research and curriculum development in mathematics education* [M]. Berlin: Springer Science & Business Media, 2014: 109 - 112.

基于图式理论，数学问题解决研究已取得多方面的进展，主要表现在以下两个方面：一方面，数学问题解决的图式研究已经深入到具体的内容领域，如沃尔特斯（Wolters，1983）基于图式进行了算术问题解决的研究[①]，戴安娜·斯蒂尔和黛布拉·约翰宁（Diana F. Steele，Debra I. Johanning，2004）在代数领域区分了学生问题解决图式的两种水平[②]，钱纳潘（M. Chinnappan，1998）在几何领域探讨了被学习者引入问题解决任务的几何图式[③]，但这些研究并没有重视不同领域内数学问题解决图式在结构上的共性，如学习者的认知结构是如何进行重组、拓展和完善的。另一方面，结构完善的图式有助于数学问题解决，如已有研究指出"结构良好的图式能够帮助学习者识别问题情境中的数量关系，既包括从特殊到一般的概括，又包括从一般到特殊的验证"[④]，但是基于图式在结构上的差异对图式水平的划分以及对不同水平数学问题的区分还是模糊的，不同图式水平的学习者的认知过程还需进一步深入刻画。

综合以上从不同方面对数学问题解决的论述，本书将数学问题解决作如下界定：在自己的长时记忆中提取解题图式，并在解题的过程中对原有的解题图式进行调整或重组以形成新的解题图式的过程。这里的图式包括个体已有的与新问题相关的知识基础、解题策略和解题经验。其中，解题策略是下位于数学思想的具体数学方法。学生在解决问题之前具有一定知识，经过问题解决会获得新的知识。但这种知识的获得不是由教师直接讲授的，而是学生自己经历一定的思维探索过程后习得的，而且习得的知识对学生而言又是新颖的，体现出一定的创造性。

二、 数学问题解决的阶段及认知过程[⑤]

（一）数学问题解决的阶段性

美国哲学家杜威最早对问题解决过程进行描绘，他于 1910 年提出问题解决的五阶段模型，即暗示、理智化、假设、推理、用行动检验这些假设五个阶段。后来，英国心理学家华莱士通过对名人传记的研究，于 1926 年将问题解决过程划分为四个阶段：准备、孕育、明朗、验证。[⑥] 1931 年，罗斯曼（Joseph Rossman）提出了问题解决的六阶段论：（1）感到有某种需要，或观察到存在问题；（2）系统地陈述问题；（3）对现有的信息进行普查；（4）批判性地考察各种问题解决办法；（5）系统地形成各种新观念；（6）检验这些新观念，并接受其中经得起检验的新观念。1985 年斯里夫和库克（Silife & Cook）又提出了问题解决的五阶段论：（1）认清问题；（2）分析问题；（3）考虑可供选择的不同答案；（4）选定最佳答案；（5）评价结果。这些

① Wolters M A D. The part-whole schema and artithmetical problems[J]. *Educational Studies in Mathematics*，1983，14(2)：127－138.
② Steele D F, Johanning D I. A schematic-theoretic view of problem solving and development of algebraic thinking[J]. *Educational Studies in Mathematics*，2004，57(1)：65－90.
③ Chinnappan M. Schemas and mental models in geometry problem solving[J]. *Educational Studies in Mathematics*，1998，36(3)：201－217.
④ Steele D F, Johanning D I. A schematic-theoretic view of problem solving and development of algebraic thinking[J]. *Educational Studies in Mathematics*，2004，57(1)：65－90.
⑤ 马晓丹.基于图式理论的初中生数学问题解决研究[D].北京：北京师范大学,2018.
⑥ 皮连生.教育心理学[M].上海：上海教育出版社,2004：162－163.

理论基本上是对杜威思想的继承，它们提及的"阶段"实际上是问题解决的"方法"或"步骤"。

现代认知主义对问题解决的研究进一步深入到内部认知过程，从解题阶段的划分过渡到对认知行为与心理机制的研究，从而揭示出问题解决不同阶段间互相区别又互相联系的内在关系。如奥苏伯尔和鲁宾逊（Ausubel & Robinson，1969）对已有的问题解决阶段论进行了较为明显的改进，他们以几何问题为原型，在杜威提出的问题解决阶段的基础上，提出了一个解决问题模型。该模型不仅论述了解决问题的一般过程，还将"问题背景"、"推理规则"以及"策略"等不同类的知识同时作用于问题解决的过程。随后，一些研究者根植于一般的学科提出问题解决的过程模式，这些过程模式的共性在于问题解决的过程不再是线性的，而是以循环结构的方式呈现出问题解决的各个阶段。格拉斯（Class，1985）将问题解决的四个阶段有机地整合起来，每一阶段都有产生新问题的可能；基克等（Gick，1986；Derry，1992；Derry & Muphy，1986；Gallini，1992；Slavin，1994）认为问题解决的过程是迂回前进的，对于问题解决者而言，在某一环节失败则意味着要回到之前的某一环节重新开始；吉尔福特（Guilford，1986）认为学习者在找到理想的解决路径之前，需要经过的过程是循环往复的[1]。

在数学教育研究中，问题解决的阶段研究延续了一般问题解决的路径研究。但是，无论是以波利亚（George Polya，1984）为代表的数学问题解决的"线性"结构[2]，还是以熊菲尔德（A. H. Schoenfeld，1985）为代表的数学问题解决的"循环"结构[3]，这里的"阶段"尚未与图式的发展、进阶相匹配。从上述介绍不难发现，近百年来，人们对问题解决过程的认识基本上没有多大变化。如果要讲变化的话，可能要数现代认知心理学从广义知识角度对问题解决的分析，即分析出问题解决的不同阶段以及认知过程，这种分析为我们进行数学问题解决的教学指明了方向。接下来，我们综合图式理论和现代认知心理学对问题解决的解释，对不同图式水平的认知过程进行分析并提出一个数学问题解决的阶段。

本章节以杜宾斯基的 APOS 理论为基础，试图解释数学概念从程序化的操作转化为一个整体之后，进一步向更高层级的智慧技能转化的过程。在 APOS 理论中，图式经历了三种状态，分别是：（1）单个图式：只注意离散的操作、过程和对象，而把类似知识的其他知识点割裂开来；（2）多个图式（整体图式）：注意了各个图式中蕴含的知识点之间的关系和衔接，这时个体就能把这些知识点组成一个整体；（3）图式的迁移：个体能够彻底搞清楚在上一阶段中提到的相关知识点之间的相互关系，并建构出这些点之间的内部结构，形成一个大的图式，并最终能判断哪些问题存在于这个图式，哪些问题超出合格图式的范围[4]。本书进一步，将图式划分为四级水平：（1）前图式水平：未形成或形成部分可操作对象；（2）单一图式水平：形成多个单一的可操作对象，即这些对象之间没有建立起联系；（3）多元图式水平：能够

① 陈琦,刘儒德. 当代教育心理学[M].北京：北京师范大学出版社,1997：154－156.
② ［美］G.波利亚.怎样解题[M].阎育苏译.北京：科学出版社,1982.
③ Alan H. Schoenfeld. Mathematical Problem Solving[M]. Orlando，Fla.：Academic Press，1985.
④ 乔连全.APOS：一种建构主义的数学学习理论[J].全球教育展望,2001(03)：16－18.

将多个"单一图式"组合起来；(4) 整合图式水平：能够作为一个整体迁移到新的情境中。可见，图式有高低水平的区分，高水平图式的结构更加完善。这一理论为研究者提供了一个分析个体在不同问题情境中的思维过程和心理结构的工具，能够解释不同学生解题行为存在差异的原因。

图式的四个水平为划分数学问题解决的学习阶段提供了依据。图 9-1 揭示了数学问题解决的图式水平与学习阶段的对应关系，从上一图式水平到下一图式水平对应一个学习阶段。

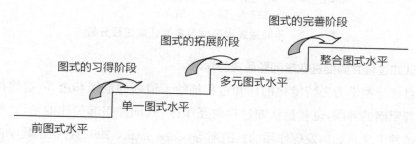

图 9-1　数学问题解决的三阶段

其中，图式的习得阶段是处于前图式水平的学习者经历的学习阶段，即不具备任何一种类型的图式，没有形成或者只形成了部分可操作的对象的学习者经历的学习阶段，这一阶段的学习者的解题过程常表现得相对具体，同时这一阶段的学习者解题图式的各个构成要素（"槽"和"值"）是相对单一的。图式的拓展阶段是已经达到单一图式水平的学习者接下来要经历的学习阶段，即具备单一图式却未形成多元图式和整合图式，形成多个可操作的对象却不能将其联系起来的学习者接着要经历的学习阶段，这一阶段的学习者的解题过程较前一阶段的学习者来说表现得较为抽象，能够排除无关条件的干扰，同时这一阶段的学习者解题图式的各个构成要素也变得丰富起来。图式的完善阶段是处于多元图式水平的学习者要形成一个完善的图式必须经历的学习阶段，即具备单一图式、多元图式却未形成整合图式，能够将已形成的多个可操作的对象联系起来，却不能将其作为一个整体在不同的问题情境中自由迁移的学习者必须经历的学习阶段，这一阶段的学习者解题过程表现得最为抽象，更多的学习者能够排除无关信息的干扰，这一阶段的学习者解题图式的各个构成要素表现得最为丰富，这也使得这一阶段的学习者能够更为灵活地运用图式。

总的来说，数学问题解决的学习者经历了从前图式水平到单一图式水平，从单一图式水平到多元图式水平，从多元图式水平到整合图式水平的转化过程，这三个过程对应着数学问题解决学习的三个阶段，它始于图式的习得，再到图式的拓展，最终走向图式的完善。

（二）数学问题解决的认知过程

前文基于图式理论将数学问题解决者的图式水平划分为四级，分别是前图式水平、单一图式水平、多元图式水平和整合图式水平，不同图式水平的学习者数学问题解决的认知水平存在差异（如图 9-2 所示）。

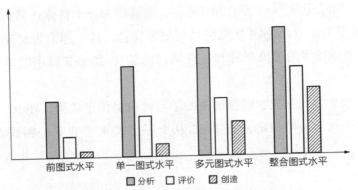

图 9-2 不同图式水平学习者的认知过程分析

1. 多种认知过程共同促进数学问题解决的学习

　　修订版目标分类学为去情境化的认知过程描绘了清晰的范围和边界,这使得不同认知过程之间有着明确的界限,也就是认知过程的互斥性。[①] 同样引起关注的是,这些认知过程在情境化的条件下又是如何发挥作用的? 凯斯等(Case et al.,1992)曾指出数学问题解决者可以通过阅读题干、找到重要信息或分段等方式理解问题。[②] 普雷斯利等(Pressley et al.,1990)[③]提出画图、列清单、列表或者找到更简单的例子等方式能够帮助实施一个计划。除此之外,高曼(S. R. Goldman,1989)还将一些监控数学问题解决活动的元认知过程作为数学问题解决的一部分[④]。可见,数学问题解决活动包括多种认知过程,它是数学智慧技能中最高层次的学习结果,也是数学学习中最为复杂的认知过程。本书进一步发现,处于较低图式水平的学习者,其解题行为中也存在着评价活动和创造活动,尽管在这两个认知活动中的得分均值低于分析活动;处于较高图式水平的学习者,其解题行为中仍保留着分析活动,并且学习者在分析活动中的得分均值仍高于评价活动和创造活动。总的来说,处于不同图式水平的学习者在解决数学问题时都表现出不止一种认知行为,多种认知过程共同作用于不同图式水平的数学问题,分析、评价、创造三个水平所对应的外显行为是相互协作的,多种认知过程共同促进有意义的问题解决学习。

2. "创造"在任一图式水平的问题解决中都代表最高层次的认知过程

　　本书发现,"创造"对于任一图式水平的学习者都是最高层次的认知过程,其次是"评价",最后是"分析"。认知过程层次的高低与学习者在不同认知过程中的得分情况刚好是相反的。也就是说,学习者往往在层次相对较低的认知过程中获得更高的分数,而在层次相对较高的认知过程中获得较低的分数。这一特点表现在任何一级的图式水平中,即处于任一图式水平的学习者,各过程的得分均值呈现出一个共同趋势,从分析过程到评价过程,再到

① 洛林·W.安德森(Lorin W. Anderson)等.布卢姆教育目标分类学:分类学视野下的学与教及其测评[M].蒋小平,张琴美,罗晶晶,译.北京:外语教学与研究出版社,2009:50.

② Case L P, Harris K R, Graham S. Improving the mathematical problem-solving skills of students with learning disabilities[J]. *Journal of Special Education*,2016,26(1):1-19.

③ Pressley M. Cognitive strategy instruction that really improves children's academic performance[J]. *Academic Achievement*,1995:266.

④ Goldman S R. Strategy Instruction in Mathematics[J]. *Learning Disability Quarterly*,1989,12(1):43-55.

创造过程,得分均值由高到低。与之相反的是,分析、评价、创造所反映的认知层次是由低到高的。可见,"创造"相对于"分析"和"评价"过程来说,是更高层次的认知过程,"创造"所对应的外显行为对于数学问题解决者来说是更难习得的。拉姆斯戴恩(Lumsdaine,2002)的研究可以间接解释这一结论,通常基于分析性的或程序性的方法来完成的问题解决,几乎完全采用左脑思维的方式,可以通过学校常用的讲授法来学习。然而,创造性的问题解决是一个鼓励整个大脑以最有效的顺序进行迭代思考的框架,它本质上是合作的,当它以团队的形式完成时往往最具有创造力[1]。因此,创造是一个高级的认知过程,要想达到数学问题解决的创造水平,需要左右脑之间相互协调,需要个体与他人的相互合作。

3. 从低水平图式到高水平图式的过程是多种认知过程并行发展的过程

已有研究尚未对认知过程的发展路径达成共识。早期的观点认为学习者在达到较低的认知水平之后,才开始发展较高水平的认知过程;而新近的一些观点指出低水平的认知过程仍会出现在高水平的认知过程中,并可能从中得到进一步的发展。本书发现,处于较高图式水平的学习者在不同认知活动(分析、评价、创造)中的得分均值均高于较低图式水平的学习者,即高图式水平的学习者在"分析""评价"和"创造"三个认知过程中都会有更好的表现。这一实证研究的结论间接证实了学习者在各个认知活动中的表现会随着图式的发展而进步,其原因在于处于较高图式水平的学习者采取了更为"丰富"和"有效"的行动。正如凯泽等人(Kaizer et al.,1995)提出的数学能力强的学生所偏爱的几种表现[2]:(1)使用复杂的策略;(2)有效的程序性知识;(3)能够灵活运用策略。这说明联系的多样性、规则的操作性以及思维的敏捷性是图式水平高的表现,同时也是影响数学问题解决认知过程的重要因素。因此,学习者从低水平图式到高水平图式的过程,也是"分析""评价"和"创造"并行发展的过程。具体来说,较高图式水平的学习者,其分析过程会在区分出有关部分与无关部分、重要部分与不重要部分的基础之上,进一步发展为能够确定与题解相关或重要的要素所构成的总体结构,明确某一要素在结构中的适合性或功能,能够挖掘题干中的隐含条件,明确所有条件的设计意图;其评价过程会在检验解题计划中的内部矛盾或错误之处的基础上,进一步发展为能够基于明确的外部准则和标准对不同的解题程序作出评判;其创造活动会在提出各种可能的解决方案的基础上,进一步发展为能够建立问题解决的子目标或步骤,执行问题解决的子目标或步骤。

第二节　数学问题解决的教学[3]

单一图式、多元图式和整合图式是学习者在经历不同图式发展阶段时的产物,由于学习者的图式发展阶段是不可以逾越的,其图式发展不可以从较低阶的发展阶段直接发展成为

① Wang, H. C, Chang, C. Y, Li, T. Y. Creative problem solving[J]. *IEEE Potentials*, 2002, 13(5): 4-9.
② Kaizer, C. Shore B M. Strategy flexibility in more and less competent students on mathematical word problems[J]. *Creativity Research Journal*, 1995, 8(1): 77-82.
③ 马晓丹.基于图式理论的初中生数学问题解决研究[D].北京:北京师范大学,2018.

最高阶的发展阶段,而是逐级进行的,因此,每一阶段所形成的图式将作为下一阶段图式发展的内部条件,并且它是内部条件中的必要条件。下文将分三阶段阐述数学问题解决学习的内部条件和外部条件。

一、 数学问题解决三阶段的内部条件

"内部条件具有性能的性质,这些性能是早先习得并贮存在学习者的长时记忆中的,它们要对新的学习有用,就必须提取到工作记忆中以便进一步加工。"[①]也就是说,"内部条件是学习者在开始学习某一任务时就已经具备的知识和能力"[②]。加涅认为学习者在解决问题之前就应当具备的三类重要能力包括:"1.智慧技能,那些为使问题能得以解决而必须知道的规则、原理和概念;2.组织化的言语信息,以图式为形式,使对问题的理解和对答案的评估成为可能;3.认知策略,使学习者能够选择合适的信息和技能,并决定何时及如何运用它们来解决问题。"[③]其中,智慧技能是图式形成的基础。大量的、零散的概念和规则通常是经过精细加工和组织化之后才形成有内在逻辑的组块,即图式。图式相对于零散的概念、规则,更有利于从长时记忆中实现知识的提取,是内部条件中的必要条件。在这一过程中认知策略起到支持性的作用,是内部条件中的支持性条件。我们对"支持性"的理解是"不必要的,但是新的学习有可能在具备这个条件的情况下变得容易"[④]。将智慧技能、图式、认知策略这三类能力对应到数学学科,对于数学问题解决研究来说是十分必要的。数学问题解决学习除了要求学生具备解决某一数学问题所需要的概念、法则、定理、性质等,还需要在此基础之上构成图式,也就是将这些知识以有意义的、有逻辑的方式进行结构化,形成解决某类问题的具体图式。在数学学科中,起到支持作用的认知策略是数学思想与反省认知,即内部条件中的支持性条件。学习者在解决具体问题的过程中,所形成的下位于数学思想的具体数学方法以及与某一类问题相关的元认知还将被纳入到这一类问题的图式中,成为以后解决这一类问题的必要条件。除了这三类能力之外,本书认为数学问题解决中的情感态度也是内部条件中的支持性条件。学习者数学问题解决所需要的内部条件贯穿数学问题学习过程的始终,伴随着图式的发展与完善。这些内部条件,有的是在解决问题之前就已经习得的,还有的是在问题解决的过程中形成的。在数学问题解决学习过程中的某一阶段形成的数学智慧技能、图式、数学思想与反省认知、态度将是下一阶段数学问题解决学习的内部条件,它们在图式发展的不同阶段存在差异。

图式的习得阶段是从前图式水平到单一图式水平的发展阶段。能够解决单一图式的数学问题是图式习得阶段的学习目标。单一图式的形成以那些下位于某一特定数学问题的相关知识、概念、定理、性质等为前提条件,具备这些条件才能进入形成多个离散的可操作对象的准备阶段。策略、态度因素在图式习得阶段的作用表现得并不明显,其具体表现为对于简

① [美] R.M.加涅(R. M. Gagne).学习的条件和教学论[M].皮连生,等,译.上海:华东师范大学出版社,1999:98.

② 施良方.学习论[M].北京:人民教育出版社,2001:303.

③ 同①,第213-214页。

④ [美] R.M.加涅(R. M. Gagne)等.教学设计原理[M].皮连生,庞维国,等,译.上海:华东师范大学出版社,1999:180.

单图式的学习并不能发挥关键的作用。相应地,策略的学习和态度的培养也不宜作为这一阶段的学习目标。其原因在于,这一阶段的学习者所具备的知识经验较少,其学习任务应当集中在形成单一图式所必需的概念和规则上,过于复杂的学习内容会增加学习者的内部认知负荷,使得过多的认知资源处于待加工状态,进而阻碍了单一图式的建构。图式的拓展阶段是从单一图式水平到多元图式水平的发展阶段。能够解决多元图式的数学问题是图式拓展阶段的学习目标。多元图式的形成不仅需要下位于某一特定数学问题的相关知识、概念、定理、性质等,还需要已经形成的单一图式,也就是具备多个处于离散状态的操作对象。多元图式的构建使学习者已形成的多个可操作对象建立了联系,相互关联的多个“单一图式”形成一个相对稳定的整体,使学习者的关联认知负荷得以增加,从而促进学习者将组合后的认知资源分配到相应的问题上。策略在数学问题解决的始终都发挥着支持性的作用,虽然受到认知负荷的影响,这样的作用在图式习得阶段表现得并不明显,但是到了图式的拓展阶段,数学思想内部和反省认知内部的相互作用表现得非常明显。总的来说,策略对解决多元图式的数学问题的支持性作用主要是通过数学思想内部或反省认知内部的互相联系实现的。图式的完善阶段是从多元图式水平到整合图式水平的发展阶段。能够解决整合图式的数学问题是图式完善阶段的学习目标。整合图式的形成不仅需要单一图式,还需要已经形成的多元图式,也就是具备已建立起联系的多个操作对象。为了确保更多的学习者具备图式完善阶段所必需的内部条件,学习者应当先达到多元图式水平,建立起多个可操作对象之间的联系,再明确已具备的多元图式在不同情境中的条件限制。在达到整合图式水平之前,策略对数学问题解决的支持性作用不再局限于数学思想或反省认知的内部。支持学习者解决整合图式的数学问题的策略条件不仅来自数学思想内部或反省认知内部的相互联系,还来自数学思想与反省认知之间的相互联系,并且后者对数学问题解决者达到整合图式水平起到关键的作用。在数学问题解决学习中,我们关注到这样的现象:对数学抱有消极情感的学习者,或是认为自己不擅长应对具有挑战性的数学问题的学习者,仍有可能成功地应对简单的数学问题,因为他们希望尽可能获得好的数学成绩,以补齐自身成绩的短板。但是这类学习者却很难在解决难度较大的数学问题时表现出充分的行为预备倾向。可见,态度对不同难度的任务产生的影响是不同的。本书认为态度对数学问题解决的支持作用表现在认知成分、情感成分和行为结果三个成分之间的相互作用上,贯穿于数学问题解决的始终。但是,这一作用在图式完善阶段发挥的作用是显著的。

二、 数学问题解决三阶段的外部条件

如果说研究内部条件就是研究数学问题解决“学”的过程,那么研究外部条件就是研究数学问题解决“教”的过程。因为,“外部条件是那些学习者所处环境中的事件,它们以各种方法影响内部学习的过程”。[①] 这类条件独立于学生而存在,涉及如何安排教学内容,怎样传

① ［美］R.M.加涅(R. M. Gagne).学习的条件和教学论[M].皮连生,等,译.上海:华东师范大学出版社,1999:98.

递给学生,怎样给予反馈,以使学习者达到预期的教学目标①。也就是说,数学问题解决的教学过程就是基于内部条件创设相应外部条件的过程。一方面,不同图式发展阶段所需要的内部条件与应当达到的学习目标共同决定了数学问题解决者在这一阶段所需要的外部条件;另一方面,借助外部条件能够激发学习者在不同图式发展阶段所具备的内部条件。加涅指出:"支持问题解决过程的外部条件经常包括言语教学,这些教学的功能之一是提出刺激相关规则回忆的问题。"②因此,言语教学也是数学问题解决学习的外部条件之一。除了言语教学之外,文字资料、学习反馈、变式练习等也是数学问题解决教学可以应用的外部条件。但上述外部条件在图式发展的不同阶段(图式的习得阶段、图式的拓展阶段、图式的完善阶段)将发挥不同的作用。这些外部条件在不同图式发展阶段的差异既表现在教学方法上,又表现在教学活动的设计上。教师应当策略性地选择恰当的任务,适当地安排课堂讨论,使学习机会达到最大化③。

图式习得阶段是前图式水平向单一图式水平转化的阶段。学习者先后进行多个单一图式的学习,几个单一图式之间尚处于离散的状态。每个单一图式的习得都是一次认知结构的重组。这一过程体现在数学问题解决教学中,首先要让学生回忆原有的与之相关的数学知识,包括数学概念、规则;其次,要有组织地呈现新知,明确新旧知识之间的联系;再次,促进新知识进入原有的知识网络;最终,形成一次认知结构的重组。需要特别说明的是,单一图式并不是一个图式,而是指代两个或多个相互离散的单一图式,在数学问题解决的教学活动中,多个单一图式的教学虽然先后实施,但是仍然属于同一个层次上的教学内容。因此,图式的习得阶段,实际上是多个单一图式的教学过程。为了达到数学问题解决在不同图式发展阶段的学习目标,应当设计与之匹配的教学活动,这里的匹配则是要在图式水平与认知水平上寻求一致。图式的习得阶段通过言语教学帮助学习者回忆已经学习过的数学概念、数学规则,通过样例学习帮助学习者建立已经学习过的数学概念、数学规则与单一图式之间的联系。图式拓展阶段是单一图式水平向多元图式水平转化的阶段。学习者需要对已习得的部分或全部单一图式进行组合,其目的在于建立多个单一图式之间的联系,形成认知结构的再次重组。这一过程体现在数学问题解决教学中分为三步进行:其一,是要阐明处于离散状态的单一图式之间的区别和联系;其二,是在分析、评价、创造的水平上综合运用原有的知识,这里提及的原有知识主要是已经习得的多个单一图式;其三是认知结构的再次重组,即在多个单一图式的基础之上形成多元图式,实现图式的拓展,并能够将拓展后的图式用于数学问题解决。因此,图式的拓展阶段实际上是多元图式的教学过程。图式的拓展阶段通过对关键处指导来帮助学习者辨别已经习得的多个单一图式,通过设计变式练习、及时反馈帮助学习者巩固在单一图式基础上拓展出的多元图式。图式完善阶段是多元图式水平向整合

① 施良方.学习论[M].北京:人民教育出版社,2001:303.
② [美] R.M.加涅(R. M. Gagne).学习的条件和教学论[M].皮连生,等,译.上海:华东师范大学出版社,1999:216.
③ Jr F K L, Cai J. Can Mathematical Problem Solving Be Taught? Preliminary Answers from 30 Years of research[M]// *Posing and Solving Mathematical Problems*. New York, NY: Springer International Publishing, 2016:23 - 36.

图式水平转化的阶段。学习者需要对已习得的多元图式进行迁移和运用,其目的在于使已拓展的图式精细化(进一步明确图式的使用条件)和灵活化(能够在更复杂的情境中进行迁移运用)。这一过程体现在数学问题解决教学中包括三个方面:首先是对已经习得的多元图式进行变式练习,给予及时的反馈;其次是阐明情境间的区别和联系;最后是在关键处给予指导,避免陷入思维定式,促进远迁移的形成。因此,图式的完善阶段是整合图式的教学过程。图式的完善阶段通过突出图式的典型特征帮助学习者在不同的问题情境中识别出已习得的多元图式,通过探究、讨论、及时反馈等方式促进已习得的多元图式在不同问题情境中的迁移和运用。

第三节　教学案例分析

　　问题解决学习是一个长期的过程。根据问题解决的阶段划分,我们既可以设计一节课,用以习得某一水平的图式,也可以设计一个单元的课,对应着图式发展的不同阶段。本书第八章第三节中的教学设计《数学广角——集合》所习得的图式是离散的操作和对象,对应图式的习得阶段。本节另选取两个教学设计,进一步说明数学问题解决的教学设计过程。其中,《反比例函数复习课》所达到的学习结果蕴含了知识点之间的关系和衔接,用于说明图式拓展阶段的教学过程,《行程问题》包括图式发展的多个阶段,适合进行单元设计。

1. 反比例函数复习课教学设计

花都区圆玄中学　朱颖香

【课标要求】

　　1. 结合具体情境体会反比例函数的意义,能根据已知条件确定反比例函数的表达式;

　　2. 能画出反比例函数的图像,根据图像和表达式 $y = \dfrac{k}{x}$ $(k \neq 0)$ 探索、理解:当 $k < 0$ 和 $k > 0$ 时图像的变化情况;

　　3. 能用反比例函数解决简单实际问题。

【教学目标】(终点目标分析)

　　1. 会正确地画出反比例函数的草图;能根据图像判断出函数的性质(概念性知识的理解);

　　2. 能正确用待定系数法求反比例函数解析式(程序性知识的理解);

3. 能运用反比例函数的图像与性质解决问题（程序性知识的运用）；

4. 能整理知识，形成知识网络，提升解题能力（元认知知识的运用）。[1]

【任务分析】

（一）使能目标分析[2]（寻找"先行条件"，建立逻辑关系）

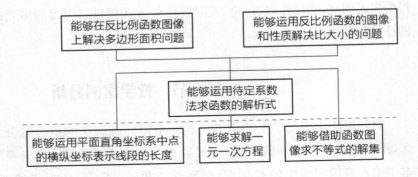

（二）起点能力分析

1. 能够运用平面直角坐标系中点的横纵坐标表示线段的长度；

2. 能够求解一元一次方程；

3. 能够借助函数图像求不等式的解集。

【教学策略】

（一）目标分类

表1　目标、教学活动和测评在分类表中的位置[3]

知识维度	认知过程维度					
	记忆	理解	运用	分析	评价	创造
事实性知识						
概念性知识	活动1	目标1 活动2 检测A	活动3 活动4			
程序性知识			目标2、3 活动3 检测B、C	活动3 目标3		
元认知知识			目标4 活动4			

（二）学习结果类型分类

智慧技能中的高级规则学习。

（三）学习过程与条件分析

支持性条件：数形结合，能画函数图像。

教学重点：根据图像判断出函数的性质；能正确用待定系数法求反比例函数解析式；用反比例函数的图像与性质解决问题。

教学难点：运用反比例函数的图像与性质解决问题；理解反比例函数的单调性和坐标与线段长度之间的转化。

【教学过程】

一、复习与记忆指导

活动1：试一试（课前小测）

1. 函数 $y = \dfrac{k}{x}$ 的图像经过点 $A(1，2)$，则 k 的值为（　　）。

  A. $\dfrac{1}{2}$ B. $-\dfrac{1}{2}$

  C. 2 D. -2

2. 如图是反比例函数 $y = \dfrac{k}{x}$ 图像的一支，则 k 的取值范围是（　　）。

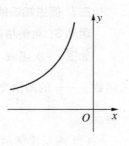

  A. $k > 0$ B. $k < 0$

  C. $k > 1$ D. $k < 1$

3. 若点 $A(1，y_1)$、$B(2，y_2)$ 是双曲线 $y = \dfrac{4}{x}$ 上的点，则 y_1 与 y_2 的大小关系是（　　）。

  A. $y_1 > y_2$ B. $y_1 < y_2$

  C. $y_1 = y_2$ D. 无法比较

4. 如图，矩形 $ABOC$ 的面积为 4，反比例函数 $y = \dfrac{k}{x}$ 的图像经过点 A，则 k 的值是（　　）。

  A. 2 B. -2

  C. 4 D. -4

变式：（2015 江苏省无锡市）若点 $A(3，-4)$、$B(-2，m)$ 在同一个反比例函数的图像上，则 m 值为（　　）。

  A. 6 B. -6

  C. 12 D. -12

方法提炼：抓住反比例函数的代数性质 $xy = k$，利用 k 为定值更快捷。[4]

[4]通过课前检测的形式让学生对反比例函数知识有一个整体的回顾。学生独立完成，然后核对答案。重点讲解第 3 小题的解题方法，帮助学生熟练掌握代入法，并能够应用反比例函数的性质解决问题，从而进行变式练习。

活动2：知识梳理[5]

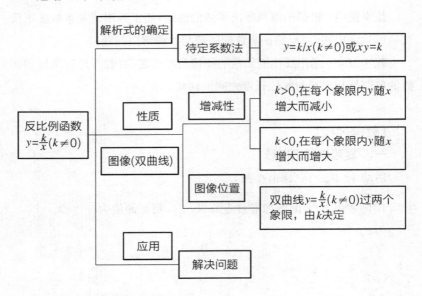

[5] 在黑板上板书，让学生了解要根据图形画出反比例函数图像位置，并结合图形说出其性质。

三、 促进知识的运用和迁移

活动3：典例精析

如图，一次函数 $y = x + 1$ 的图像与反比例

函数 $y = \dfrac{k}{x}$ 的图像交于点 $M(2, m)$、$N(n, -2)$

两点。

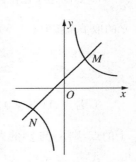

（1）求反比例函数解析式；

（2）若点 $A(1, y_1)$、$B(4, y_2)$ 在反比例函数

图像上，试用两种不同方法比较 y_1，y_2 的大小。

变式：① 若点 (x_1, y_1)，(x_2, y_2) 在该函数的图像上，且 $0 < x_1 < x_2$，则 y_1，y_2 的大小关系是＿＿＿＿ $y_1 > y_2$ ＿＿＿＿。

② 若点 (x_1, y_1)，(x_2, y_2) 在该函数的图像上，且 $x_1 < 0 < x_2$，则 y_1，y_2 的大小关系是＿＿＿＿ $y_1 < y_2$ ＿＿＿＿。[6]

[6] 促进学生理解代入运算以及利用函数图像的性质比较函数值的两种方法，先看对应的自变量 x 的值在不在同一象限内，然后数形结合，性质运用更便捷。

（3）根据图像回答：当 x 为何值时，一次函数值大于反比例函数值？

方法提炼：对于一次函数与反比例函数相交时，要根据图像比较两函数值的大小，要将式与形结合起来进行审题翻译，抓住交点为分界点，作分界线将其分成几部分后看图。

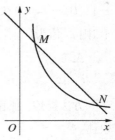

（4）连接 MO，NO，求 $\triangle MON$ 的面积。

变式：若一次函数 $y = k_1 x + b$ 的图像与反比例函数 $y = \dfrac{k_2}{x}$ 的图像交于点 M、N 两点，那么求

$\triangle MON$ 的面积。

方法提炼：对于求解在平面直角坐标系中的三角形面积：

（1）若不能直接求解时，需用割补法，把其底或高放在数轴上；

（2）会根据需要将点的坐标转化成线段长，建模求解；

（3）会选用最优化的方案进行求解。

活动 4：学生自查目标完成情况

【教学评价】

目标检测（选做一题，组内批改、纠错、帮扶）

A 组：

1.（2015 浙江台州）若反比例函数 $y=\dfrac{k}{x}$ 的图像经过点 $(2，-1)$，则该反比例函数的图像在（　　）。

　A. 第一、二象限

　B. 第一、三象限

　C. 第二、三象限

　D. 第二、四象限

2. 点 $(2，-4)$ 在反比例函数 $y=\dfrac{k}{x}$ 的图像上，则下列各点在此函数图像上的是（　　）。

　A. $(2，4)$

　B. $(-1，-8)$

　C. $(-2，-4)$

　D. $(4，-2)$

B 组：

3.（2015 四川省凉山州）以正方形 $ABCD$ 两条对角线的交点 O 为坐标原点，建立如图所示的平面直角坐标系，双曲线 $y=\dfrac{3}{x}$ 经过点 D，则正方形 $ABCD$ 的面积是（　　）。

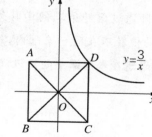

　A. 10

　B. 11

　C. 12

　D. 13

4. 已知反比例函数 $y=\dfrac{m-5}{x}$（m 为常数，$m\neq5$），

（1）若在其图像的每个分支上，y 随 x 的增大而增大，求 m 的取值范围；

（2）若其图像与一次函数 $y = -x + 1$ 图像的一个交点的纵坐标是3，求 m 的值。

C组：

5.（2015 广东省广州市）已知反比例函数

$y = \dfrac{m-7}{x}$ 的图像的一支位于第一象限，

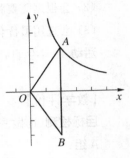

（1）判断该函数图像的另一支所在的象限，并求 m 的取值范围；

（2）如图，O 为坐标原点，点 A 在该反比例函数位于第一象限的图像上，点 B 与点 A 关于 x 轴对称，若△OAB 的面积为6，求 m 的值。

点评

　　这节复习课所达到的学习结果是高级规则，教师对目标进行了准确的定位。学生在先前的学习（图式的习得阶段）中，已经形成了离散状态的单一图式，如解一元一次方程、求不等式的解集等。本节课意图通过查缺补漏、建立联系，帮助学生实现多元图式的建构，也就是将离散的过程和对象建构成一个整体。教师首先给出 4 道小测，再围绕目标进行有效的知识梳理，通过变式练习进行有的放矢的复习。为了突出学生的数学思维训练，替换了构成多元图式的部分要素，以形成不同类型的变式练习（一题多解、一题多变）。通过练习，学生的解题技巧、方法、思维都得到了一定提升。另外，本节课在帮助学生习得高级规则的同时，还渗透了数学思想。该教学设计突出反比例函数的重点，以一道综合题为核心，通过问题串、变式题明确反比例函数的数与形间的关系，突出研究函数的路径和方法，由数可以得形，由形可以得数，两者之间联系紧密，不能割裂。如在复习反比例函数的性质时，教师通过例题第二问由具体数到未知数，进行大小比较，让学生明白先看对应的自变量 x 的值在不在同一象限内，然后借助数形结合思想使性质运用更便捷。总的来说，数形结合思想在本节课中的高级规则学习过程中不断发展，是进一步建构整合图式的学习条件。

2. 解决"行程问题"的单元设计

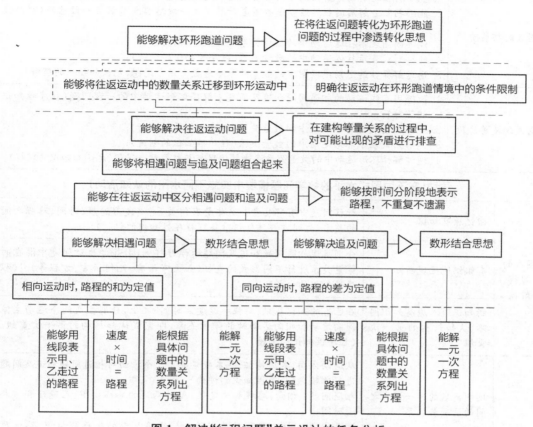

图1　解决"行程问题"单元设计的任务分析

表1　解决"行程问题"的单元设计

目标(不同图式发展阶段的学习目标)
课程标准①: 1. 初步学会在具体的情境中从数学的角度发现问题和提出问题,并综合运用数学知识和方法等解决简单的实际问题,增强应用意识,提高实践能力。   2. 经历从不同角度寻求分析问题和解决问题的方法的过程,体验解决问题方法的多样性,掌握分析问题和解决问题的一些基本方法。   3. 在与他人合作和交流过程中,能较好地理解他人的思考方法和结论。   4. 能针对他人所提的问题进行反思,初步形成评价与反思的意识。

| 图式的习得阶段 | 1. 能够画图表示相向运动(同向运动)中的数量关系(程序性知识的分析);
 2. 通过解释相向运动(同向运动)线段图中的数量关系渗透数形结合思想(元认知知识的理解);
 3. 能够列式表示相向运动(追及运动)中的路程和(差)数量关系(程序性知识的创造);
 4. 能够借助线段图口头描述出相遇问题和追及问题的不同之处(程序性知识的分析)。 |

① 中华人民共和国教育部.义务教育数学课程标准(2011年版)[M].北京:北京师范大学出版社,2012:14.

目标(不同图式发展阶段的学习目标)	
图式的拓展阶段	1. 能够将往返运动分解为简单的相遇问题和追及问题(程序性知识的分析); 2. 能够判断分解后的往返运动是否重复计算了某一段路程或遗漏某一段路程(程序性知识的评价); 3. 能够画图表示往返运动中的数量关系(程序性知识的分析); 4. 能够列式表示往返运动中的数量关系(程序性知识的创造); 5. 通过解释往返运动线段图中的数量关系渗透数形结合思想(元认知知识的理解)。
图式的完善阶段	1. 能够用直线运动的相遇问题和追及问题来解释环形运动中的行程问题(程序性知识的理解); 2. 能够画图表示环形运动中的数量关系(程序性知识的分析); 3. 能够列式表示环形运动中的数量关系(程序性知识的创造); 4. 通过解释环形运动中的数量关系渗透转化思想与数形结合思想(元认知知识的理解)。

活动(在不同图式水平的数学问题情境中实施不同水平的认知活动)		
图式的习得阶段	回忆原有知识	行程问题中有哪些量?这些量有何关系?(复习速度、时间、路程之间的关系,为列方程作知识准备)(程序性知识的记忆)
	有组织地呈现新知	分别呈现相遇问题和追及问题的学习样例,引导学生对问题中潜在的等量关系进行不同形式的表征(如文字语言、几何语言、方程等)。(程序性知识的分析)
	新知识进入原有知识网络、认知结构的第一次重组	在已有的知识基础(路程＝速度×时间)之上,分别生成两个运动主体同向运动和相向运动时的等量关系,即完成认知结构的第一次重组。(程序性知识的创造)
图式的拓展阶段	阐明离散的单一图式之间的区别和联系	从运动方向、本质特征、基本数量关系三个方面对相遇问题和追及问题进行比较。(程序性知识的评价) 相遇问题:相向,路程和为定值,A、B两地的路程＝甲、乙速度和×相遇时间; 追及问题:同向,路程差为定值,甲、乙追及或领先路程＝甲、乙速度差×相遇时间。
	在分析、评价、创造的水平上综合运用已有知识	呈现直线型往返问题的学习样例,引导学生对问题中潜在的等量关系进行不同形式的表征(如文字语言、几何语言、方程等)。(程序性知识的分析)
	认知结构的第二次重组	在已有的知识基础(路程＝速度×时间、相遇问题、追及问题)之上,分别生成两个运动主体进行往返运动时的等量关系,即完成认知结构的第二次重组。(程序性知识的创造)
图式的完善阶段	对已习得的多元图式进行变式练习,并给予及时的反馈	呈现环形往返问题(1次相遇)的学习样例,引导学生对问题中潜在的等量关系进行不同形式的表征(如文字语言、几何语言、方程等)。(程序性知识的分析)
	阐明情境间的区别和联系	就上一学习样例,引导学生思考:环形往返问题与直线型往返问题的区别与联系是什么?引导学生说出直线型往返问题是如何转化为环形往返问题的。(程序性知识的评价)
	在关键处给予指导,避免陷入思维定式,促进远迁移的形成	呈现环形往返问题(n次相遇)的学习样例,引导学生对问题中潜在的等量关系进行概括,即环形跑道上,甲乙同时、同向、同地出发第n次追上乙时,甲乙的距离之差＝n×跑道的长度。(程序性知识的创造)

测评(在不同的认知水平上对不同图式数学问题解决进行评价)	
图式的习得阶段	1. 能够找到全部有用信息,如关注到参与运动的主体、运动方向、是否同时出发等信息;没有受到无用信息的干扰,如没有把"在坡路上运动"作为解决行程问题的关键信息;(分析-区别) 2. 能够预判解题过程正确与否;能够监控计算的准确性;能够监控单位的统一;将错误归因到问题的本质,如数量关系的错误,而不是表面错误,如单位错误和计算错误;如:如果是这样的结果应该是怎样的条件,却不能说出这样的条件应该是怎样的结果;(评价-检查) 3. 能够提出多种解题方案。(创造-产生)
图式的拓展阶段	1. 能够找到全部有用信息,如关注到参与运动的主体、运动方向、是否同时出发等信息;没有受到无用信息的干扰,如没有把"在坡路上运动"作为解决行程问题的关键信息;(分析-区别) 2. 能够在线段图中表示出参与运动的一个或多个主体,及它们的相对位置,表示出参与运动的主体的运动方向;图中不同区间路程的相对大小符合题目设置的情境要求;能够用线段的和差关系表示路程的和差关系;(分析-组织) 3. 能够预判解题过程正确与否;能够监控计算的准确性;能够监控单位的统一;将错误归因到问题的本质,如数量关系的错误,而不是表面错误,如单位错误和计算错误;如:如果是这样的结果应该是怎样的条件,却不能说出这样的条件应该是怎样的结果;(评价-检查) 4. 能够提出多种解题方案;(创造-产生) 5. 能够将一个复杂的问题拆解成相遇问题和追及问题;解题计划不与题干条件产生矛盾;能够连续地考虑不同时间产生的路程,包括一个运动主体停滞时另一个运动主体产生的路程。(创造-计划)
图式的完善阶段	1. 能够找到全部有用信息,如关注到参与运动的主体、运动方向、是否同时出发等信息;没有受到无用信息的干扰,如没有把"在坡路上运动"作为解决行程问题的关键信息;(分析-区别) 2. 能够在线段图中表示出参与运动的一个或多个主体,及它们的相对位置,表示出参与运动的主体的运动方向;图中不同区间路程的相对大小符合题目设置的情境要求;能够用线段的和差关系表示路程的和差关系;(分析-组织) 3. 能够意识到条件的改变对运动方向的影响;能够意识到条件的改变对数量关系的影响;(分析-归因) 4. 能够预判解题过程正确与否;能够监控计算的准确性;能够监控单位的统一;将错误归因到问题的本质,如数量关系的错误,而不是表面错误,如单位错误和计算错误;如:如果是这样的结果应该是怎样的条件,却不能说出这样的条件应该是怎样的结果;(评价-检查) 5. 能够正确地判断行程问题的类型;通过陈述分类理由给出明确的分类依据;对同一问题的不同解决方案进行评定;(评价-评论) 6. 能够提出多种解题方案;(创造-产生) 7. 能够将一个复杂的问题拆解成相遇问题和追及问题;解题计划不与题干条件产生矛盾;能够连续地考虑不同时间产生的路程,包括一个运动主体停滞时另一个运动主体产生的路程;(创造-计划) 8. 能够建构一个数量关系;将相遇问题和追及问题中片段式的解题模式迁移到复杂的问题情境中。(创造-生成)

　　本节课是问题解决的单元设计,其教学过程分三个阶段实施。在图式的习得阶段,学习者具备用抽象的线段表示具体路程的技能,能够运用"速度×时间＝路程"的规则,需要从前图式水平向单一图式水平转化。这一阶段的学习者学习的相遇问题与追及问题属于不同的单一图式,但是仍然属于同一个层次上的教学内容,几个单一图式之间尚处于离散的状态。图式拓展阶段是单一图式水平向多元图式水平转化的阶段。学习者需要对已习得的部分或全部单一图式进行组合,其目的在于建立多个单一图式之间的联系,形成认知结构的再次重组。如引导学习者明确相遇问题和追及问题的运动方向是不同的,前者是两个运动主体的相向运动,后者是两个运动主体的同向运动,并在分析、评价、创造的水平上综合运用原有的知识,解决两个运动主体多次往返的问题,从而形成多元图式。图式的完善阶段是多元图式水平向整合图式水平转化的阶段,学习者需要对已习得的多元图式进行迁移和运用,其目的在于使已拓展的图式精细化(进一步明确图式的使用条件)和灵活化(能够在更复杂的情境中进行迁移运用)。本节课中的环形跑道问题是行程问题在新情境中的应用,教师引导学习者用路程的和差关系解释新的问题情境,并在关键处给予指导,避免学生陷入思维定式,促进远迁移的形成。

第十章　数学情感领域的学习与教学

我国当前的基础教育课程改革以学生的全面发展为理念，一改过去注重知识传授的倾向，从知识与技能、过程与方法、情感态度与价值观三个维度来厘定课程目标，从而在重视传统上对认知能力的培养之外，还特别重视对学生非认知品质的培养。对情感态度、价值观的培养不是通过单独设立的课程进行的，而是融合、渗透于各门课程之中。在数学课程中，也负有这方面的培养责任。本章就来介绍在数学课程中对学生情感态度等方面进行培养时涉及的心理学问题。

第一节　数学情感领域学习的性质及其规律

一、数学情感领域学习的性质

本章对学生非认知方面的品质是用"情感领域"一词来涵盖的，因此首先需要澄清"情感领域"一词所指称的具体含义。

这里的"情感领域"与近年心理学界兴起的"热认知"研究有密切联系。自20世纪五六十年代认知心理学兴起后，心理学家运用计算机模拟、出声思维等新的研究方法，对人类的认知活动展开了广泛而深入的研究，取得了丰硕的研究成果。随着研究的深入，心理学家逐渐认识到单纯研究认知有很大的局限性，人的认知活动受到情绪、情感、动机、意识等因素的极大影响，无视这些影响而孤立地研究认知是难以完整地描述出人类心理活动的过程与规律的。在这种形势下，一些心理学家提出"热认知"的概念，强调在对人类认知活动规律的研究中，注重情感、动机等因素的影响。

"热认知"研究中对情感、动机等因素的重视，主要是将其作为影响人类认知活动的因素对待的。在另外一个方面，情感、动机等因素还是学生重要的学习结果，是与认知方面的结果相并列的。在加涅与布卢姆的学习结果或教育目标分类体系中，情感态度等是作为与认知领域、动作技能领域相并列的学习结果对待的。本章也认同这一观点，将情感、动机等因素视作学生的学习结果，但并不否认这些结果对学习的巨大影响。

据此，本章所讲的"情感领域"，是指作为学习结果的情感、动机、态度、意志等非认知的因素。在数学课程中，教师经常遇到的需培养的因素主要是动机、态度与情感，其中动机的培养主要归结为学生自我效能感的培养。接下来，我们对这三种因素作具体分析。

（一）自我效能感

自我效能感是班杜拉提出来的概念，指人们对自身完成既定行为目标所需的行动过程的组织和执行能力的判断。它与一个人拥有的技能无关，但与人们对所拥有的能力能够干什么的判断有关系。[①] 通俗地讲，自我效能感就是我们对自己完成某件事的能力的判断，相当于我们平常所讲的自信心。在数学课程中，自我效能感通常指学生对自己学习数学的能力的判断，这种判断是学生自己的判断，有时与其学数学的实际能力相符，有时却不相符。

班杜拉特别指出，自我效能感有别于对行为结果的预期。前者是个人对自己执行某一行为能力的判断；后者则是对采取这种行为以后可能带来的结果的判断。如学生相信自己有能力学好数学，这属于自我效能感；而学好数学后能受到奖励、有利于考上大学等认识，则是对行为结果的判断。此外，在某种程度上，自我效能感是独立于能力本身的。有人挑选了两组儿童，一组数学能力强，另一组数学能力差。在这两组儿童中，又分别选取了数学自我效能感强的人和数学自我效能感弱的人。接下来让选出的儿童解决困难的问题。结果发现，虽然数学能力有助于问题解决，但对于两种能力水平（数学学习能力强和弱）的儿童来说，自我效能感强的能更快放弃错误策略，解决更多的问题，较多地重视自己失败的部分，做得更精确，对数学表现出更多的积极态度。[②]

自我效能感是影响学生学习行为的重要因素。首先，自我效能感会影响学生对学习任务的选择。一般来说，学生倾向于避开超出自己能力的学习活动，选择自己有能力完成的任务。但班杜拉认为，对自己能力估计过高，会使自己选择明显力所不及的任务，从而受到挫折和伤害；而对自己能力估计过低，则会限制自己潜能的发挥而失去许多得到奖励的机会。于是，班杜拉认为，对自己能力的最佳判断，可能是"在任何时候都对自己作出稍微超出能力的评价"。[③] 这种评价，既能促使人们去选择具有挑战性的任务，又能为能力的发展提供动力。其次，自我效能感影响学生学习的坚持性。有人研究发现，自我效能感强的儿童，在困难的情境中会投入更多的努力，学习得更好；但在他们认为是容易的情境中，会付出较少的努力，学习得较差。可以说，学生自我效能感越强，会付出越多的努力，持续的时间也会越长。再次，自我效能感影响学生的思维方式与情感反应。自我效能感强的人，在遇到困难时不会表现出更多焦虑和痛苦，而会更多考虑外部环境的特点和要求；在遇到失败时，倾向于将其归因于自身努力不够。自我效能感弱的人，在遇到困难时，会表现出较多的焦虑，而且过分关注自身的缺点与不足；在遇到失败时，和能力相当但自我效能感强的人相比，会将原因归结于自己能力上的不足。

（二）态度

态度是习得的、影响个人对特定对象作出行为选择的有组织的内部准备状态或反应的倾向性。[④] 这就是说，态度只是一种内部的准备状态，即准备作出某种反应的倾向性，但并不是实际的反应本身。比如，有的学生认为数学枯燥无味，不喜欢学习数学。但这种倾向性并

① ［美］A·班杜拉（Albert Bandura）.思想和行动的社会基础：社会认知论［M］.林颖，等，译.上海：华东师范大学出版社，2001：552-553.
② 同①，第552页。
③ 同①，第556页。
④ 邵瑞珍，上海市教育委员会.教育心理学（修订本）［M］.上海：上海教育出版社，1997：181.

不一定要变为上数学课前的逃课行为。

现代心理学认为,态度是由认知成分、情感成分和行为倾向成分构成的。认知成分指个体对态度对象的观念,情感成分是个体在对态度对象认识的基础上进行一定的评价而产生的内心体验,行为倾向成分是个体对态度对象准备作出某种反应的倾向。例如,一个学生对数学的积极态度,其中的认知成分可能是,在同学当中数学成绩总是第一,这可以带来荣誉;情感成分可能是,得第一名时获得的尊重需要的满足或解题顺畅时的兴奋感;行为倾向成分指这个学生偏爱数学的行动的预备倾向。

学生在学习数学的过程中,会在教师的教法、别人的看法及自身的体验等多种因素的影响下,形成一些有关数学的态度。这些态度,有些是积极的,但也有些是消极的,对学生的数学学习产生阻碍作用。有人经过调查列出了如下一些学生对数学学习的态度,比较有代表性:

学习数学,就是要老师教,我们学,老师讲,我们听,老师举例子,我们照着做。

由于数学中许多东西不是日常生活中能见到的,所以老师没有教过的我们就不懂。

学数学主要靠记忆和模仿,记住一大套规定的法则和算法,并按例题的步骤去做。

学数学只能老老实实地一步步推导,不能利用观察、实验、猜测等方法,因为数学是最严密的。

只有极聪明的人才能真正理解数学,一般学生是弄不懂数学是怎么回事的,只能靠死记和机械地应用。

学数学就是用一张纸、一支笔去苦想,书呆子才喜欢数学。

我们数学题做得对或错,做得好或差,自己是搞不清楚的,都得由老师来评判。

数学题要么能在几分钟之内做出来,要么就做不出。

老师让我们做的题目一定会用到最近几天教的内容。

每个数学题的条件不会少,也不可能多,否则就是题目错了。

每道题目会有一种正确解法,也只能有一种正确解法。[1]

这些有关数学学习的态度对学生学数学的影响,从学生对"船长问题"的解决中可见一斑。这道题目是:"一条船上有 75 头牛,32 只羊,问船长多少岁?"据美国的一些测试,约 40% 的小学生答船长 43 岁。因为他们觉得如将 75 加 32 得 107,船长不会这么大年纪,所以用 75 减 32 得 43。在我们中国的一所小学测试中,也有 27% 的学生答 43 岁,答 107 岁的占 15%。而在一所职业高中,高一年级一个班 48 位学生中,仅有 9 人认为此题不能做。[2]

这本不是一道数学题,却有那么多人会把年龄计算出来,岂非咄咄怪事?! 那么学生是怎么想的呢? 归纳起来,基本上是上述调查得出的一些态度在作怪。这说明至少中学生在学数学时,已经形成一些有关数学学习的态度。对中学生进行态度方面的教学,重点可能不

① 李士锜.PME:数学教育心理[M].上海:华东师范大学出版社,2001:217-218.
② 同①,第 211-212 页。

仅是态度的形成,而且还要包括已有不良态度的改变,这是教师在教学时需要明确的。

(三) 情感

在心理学中,情感是客观事物与人的主观需要之间关系的反映。根据心理学家马斯洛的观点,人有生理、安全、归属与爱、自尊、认知、审美及自我实现等七种需要,而且这七种需要之间有一定层次关系。其中前四种属于缺失性需要,即需要得到满足就不再存在,后三种属于成长性需要,这类需要满足后还会有进一步的需要。数学课程给人们提供了认识世界的思想观念,可以满足我们的认知需要,并产生理智感;同时数学课程中又蕴含了许多美的因素,可以满足我们的审美需要并产生美感。而马斯洛认为,审美需要是在认知需要基础上出现的,因此可以认为,数学课程中的美感是更为高级的情感体验,将数学课程中的情感教育目标归结为审美感受的获得并不为过。

那么,在数学课程中,我们到底要让学生感受数学的哪些美呢? 综合国内不同学者的研究[①],我们认为重点要让学生感受如下三种形式的美。

1. 和谐美

这是指部分与部分,部分与整体之间的和谐一致。和谐美的一种主要表现形式是对称美。毕达哥拉斯曾经说过:一切立体图形中最美的是球形,一切平面图形中最美的是圆形,这是因为这两种形体在各个方面上都是对称的,而正方形的对称性就较圆形差。又如,加法与减法统一于代数和;乘法与除法在有了分数后统一于乘;解析几何又体现了代数与几何的统一性;指数函数把乘方与开方统一起来。表面上看似不同的内容和谐地统一在一个整体中,这不能不说是一种美。

2. 简洁美

这是指对数学中的繁杂问题给出简洁、经济而有效的回答。如为了避免重复的加法运算,人们引进了乘法;为了避免重复的乘法,人们引进了幂。这里面就体现了数学的简洁美。又如,在数学中表示较大或较小的数,如 1 亿、1 亿分之一,一般不写成 100 000 000 ,1/100 000 000,而是写成 10^8,10^{-8}。这种简洁的表示方法不仅方便而且扩大了人们的视野,使人们也能更好地认识清楚诸如 e^i 之类式子的含义。

3. 奇异美

这是指得出的结果或有关的发展出人预料,从而引起人们极大的惊诧和赞叹。在数学发展过程中,有许多成就是出乎当时人们的预料的。如在 16 世纪之前,人们普遍认为几何是数学的同义语,与几何相比,代数是处于被支配地位的。然而,在 17 世纪,人们竟发现这两者是密切联系在一起的。研究了数千年并被认为是非常漂亮的圆锥截线竟为一个简单的二次方程式包罗无遗:$Ax^2 + Bxy + Cy^2 + dx + ey + f = 0$。又如公元前 4 世纪研究过的黄金分割,在 20 世纪 50 年代竟被用于优选法。1820 年伽罗华为研究代数方程求根公式可能性问题而引进的群概念,竟在 20 世纪被用来表达物理学的基本原理。这些奇异的发现,令人激动

---

① 参见张楚廷.数学教育心理学[M].北京:警官教育出版社,1998:第十二章。郑毓信.数学方法论[M].南宁:广西教育出版社,1996:第四章。

不已,并产生美感。

上述三种形式的美并不是相互对立、相互排斥的。在很多情况下,同一项数学内容可能体现出多种形式的美,从而让学生体验到更强烈的美感。如微分和积分,当初人们认为是互不相干的两种运算,后来竟发现它们是互逆的,由以下式子表示:

$$\mathrm{d}\left[\int f(x)\mathrm{d}x\right]=f(x)\mathrm{d}x$$

用几何语言来叙述是:一条曲线下方的面积(由积分计算)的微分(微商)竟是曲线本身。这里面既体现了积分与微分的和谐之美,又体现了奇异之美。又如公理化方法,用最少的几个概念和命题构造了一门庞杂的数学分支学科的框架,其中就集中体现了简洁美和和谐美。

二、数学情感领域学习的规律

(一)自我效能感形成的规律

班杜拉认为,自我效能感的形成至少要经历两个阶段:学生先要获得有关自身能力水平的信息,而后对这些信息进行认知加工,形成对自身能力的知觉,即自我效能感。一般来讲,学生是通过下述四种渠道获得自身能力的信息的:(1)自己的成败经验,这是最有影响力的信息来源。自己在一定任务上获得成功会提高自我效能感;失败则会降低自我效能感。(2)他人(榜样)的成败经验,又叫替代性经验。当学生在完成某项任务时,以前没有在这项任务上的成败经验时,就倾向于从榜样的成败经验中来判断自身能力的状况。(3)他人的言语说服。别人对自己能力的评价也是学生获得自身能力状况的重要信息源。(4)自己的生理状态。自身的生理状态也能传递有关自己能力的信息。如在长跑运动中,喘气、疼痛等生理反应会被有些人看作是自己缺乏运动能力的表现。又如演讲时出汗,也会被某些演讲者视为是自己能力不足所致。

在获得上述四方面信息中的一种或几种的基础上,学生还要综合考虑其他一些因素后才作出对自己能力状况的判断。班杜拉指出,对来自不同渠道的信息,学生需要考虑加工的因素也不尽相同。下面分别加以叙述。

1. 对自己成败经验的认知加工

在获得自身成败经验的基础上,学生还要考虑到任务的难度、付出的努力以及获得外部帮助的多少等因素来作出对自我效能感的判断。一般来说,在容易任务上的成功不大会增强自我效能感;在困难任务上的成功则有助于提高学生的自我效能感。付出较小的努力就完成了困难任务,这意味着高水平的能力;通过艰苦努力才获得成功,意味着能力低下,这不大可能提高自我效能感。此外,如果学生认为自己的成功受外部环境因素的控制,那么,学生要在获得极少外部帮助的情况下完成困难的任务,才有助于自我效能感的提高。在教学实践中有些教师对个别差生辅导帮助太多,虽然这些学生经帮助完成了学习任务,但对自己的能力并未高看,其原因大概在此。

2. 对替代性经验的认知加工

在将他人的成败经验用来判断自己的能力时,学生主要从两个方面进行考虑。一是自己与榜样的相似性。这里的相似是指与榜样在能力、以前的行为表现以及对能力有预测作用的特征上的相似。如果学生认为自己与效仿的榜样十分类似,则榜样的成功经验有助于增强学生自己的效能感。如学生看到跟自己学习差不多,或者跟自己一样以前也留过级,或者和自己同属于内向性格的某个同学能够把几何证明学得很好,则他也会认为自己有这个能力。二是学生从榜样解决困难问题中习得了榜样所使用的策略,而且这种策略十分有效,导致榜样取得了成功,那么掌握这种策略的学生也会因此而提高自我效能感。

3. 对说服性信息的认知加工

别人对学生能力状况的评价能否为学生接受,变成学生自己对自己的能力评价,要看说服者的信誉以及他们对活动性质的了解情况。如果学生对劝说者本人十分信任,则劝说者对学生能力的评价就容易被接受。学生对劝说者的信任是在以前多次经历了劝说者的评价和自己的成败经验相一致以后形成的。如果劝说者对学生能力的评价经常为学生的实际经验所否定,则学生对该劝说者不再信任,他们的评价也不再会影响学生的自我效能感。此外,如果劝说者在学生要完成的任务方面已具备熟练的技能,而且有客观评价他人的丰富经验,那么他们的劝说也容易为学生所接受。

4. 对生理性信息的认知加工

对生理状态信息的加工,一方面体现在对生理状态原因的分析上。如果学生将某种生理状态视作由能力不足引起的,如课上被老师叫到回答问题时的紧张是因为自己回答不了问题,这会削弱自我效能感。如果将某种生理状态视作常人都会经历的状态,如将课上回答问题时的紧张视作所有人都会有的体验,这会有助于自我效能感的增强。另一方面,一定的生理状态在记忆中总是与不同的事件联系起来的,体验到了某种状态,会回忆出与之相连的事件,所回忆出的事件会对自我效能感的判断产生影响。如悲伤的状态引发人们对以前失败经验的回忆,从而降低自我效能感;而欣喜的状态引起人们对成功的回忆,这有助于自我效能感的增强。

(二)态度改变的规律

在心理学中,态度的学习既指形成先前未有的态度,又指改变已有的态度。综合心理学对态度学习的研究,态度的改变主要有如下一些规律。

1. 认知失调是态度改变的必要条件

人类具有一种"一致性需要",即维持自己观点或信念的一致。如果个体的观点或信念出现了不一致,心理学家就称之为认知失调。认知失调出现以后,个体会在一致性需要的推动下,力求通过改变自己的观点或信念来获得新的一致。在这一过程中,个体的态度有可能发生变化。如学生对数学学习抱有如下态度:学数学就是老师讲,我们听,老师举例,我们照着做。现在新课程非常重视研究性学习,放手让学生自己去探究,教师只是起到辅助的作用。学习方式的变化,就给学生创造了认知上的失调,为重新达到平衡,学生有可能改变对学习的已有态度,但也有可能维持原来的态度,这是因为认知失调仅是态度改变的必要条件而非充分条件。

2. 对榜样的观察模仿是态度形成与改变的有效方式

加涅指出,对榜样的观察与模仿可能是态度学习的最有效方法。[①] 这里呈现出来供学生观察模仿的榜样,往往体现了一定的态度或一定的行为选择模式,而且榜样的态度随后还受到了一定的奖励。根据班杜拉的观察学习原理,看到榜样表现出一定的行为选择并受到了奖励,这会替代性地在观察者身上产生强化作用,即观察者也倾向于模仿榜样的行为选择,从而习得榜样示范的态度。榜样可以是活生生的人,如学生周围的同学和老师等,也可以是电视、电影、书籍中描写的人物,他们都能向学生示范要学习的态度。

3. 学生做出的行为选择受到直接的强化

研究发现,对学生的行为选择(态度的表现)进行直接的强化有助于态度的形成与改变,也有人将这条规律称为"态度跟着行为走"。如有些学生对解数学题形成了错误的态度:数学题要么能在几分钟之内做出来,要么做不出来。如果学生在做某道数学题时,冥思苦想好长时间才做了出来,而且他随后又受到老师或家长的表扬或奖励,这样学生有可能形成"解数学题有时要花很长时间"的态度,以取代原先错误的态度。这正如加涅指出的,成功的体验、期待的实现是建立积极态度方面的一个有利因素;相反,缺乏成功体验经常会导致对活动的消极态度。[②]

(三) 审美感受获得的规律

美感作为情感的一种表现形式,其获得符合情感形成的一般规律。心理学解释情绪、情感习得的主导理论是认知评价理论。该理论认为,对一定事物的情感,是以对该事物的认知为基础的,在此基础上,再运用一定的标准对这一认识进行评价,从而形成情绪情感体验。

对数学美的感受,其心理过程也大致如上。学生先是要对蕴含数学美的学习内容有一定的认知加工,这里的认知加工可以具体化为运用数学概念和规则进行推理、计算等活动。在认知加工活动之中或紧接其后,学生再运用一定的审美标准对自己的认知活动过程与结果进行评价,如果符合自己的审美标准,就会产生审美体验。这里的审美标准,可以是上文提及的和谐、简洁、奇异等外在标准,也可以是学生运用自己内定的标准或自己原有的相关知识经验进行评价。

例如,太阳系八大行星的运动就体现了数学美,但要体会出其中的美,还需要做一些有关的计算。首先,我们把地球到太阳的距离作为一个单位,并用其来衡量其他行星到太阳的距离(用 D 表示);把地球公转的时间作为一个单位,并用其来衡量其他行星的公转时间(用 T 表示)。结果如表 10-1 所示。[③]

① [美] R.M.加涅(R. M. Gagne).学习的条件和教学论[M].皮连生,等,译.上海:华东师范大学出版社,1999:272.
② 同①,第 274 页.
③ 张楚廷.数学教育心理学[M].北京:警官教育出版社,1998:171-172.

表 10-1　太阳系行星距太阳的距离及公转时间

	D	T
水　星	0.387	0.24
金　星	0.723	0.615
地　球	1.000	1.000
火　星	1.52	1.88
木　星	5.20	11.9
土　星	9.54	29.5
天王星	19.2	84
海王星	30.1	165

表 10-1 中的数字是凌乱、无规则的,看不出美在何处。接下来再进行数学运算,分别求出距离和公转时间的对数,结果见表 10-2。

表 10-2　太阳系行星距太阳的距离及公转时间的对数值

	$\log D$	$\log T$
水　星	-0.41	-0.62
金　星	-0.14	-0.21
地　球	0	0
火　星	0.18	0.27
木　星	0.72	1.08
土　星	0.98	1.47
天王星	1.28	1.92
海王星	1.48	2.22

对表 10-2 中的数据进行比较和归纳后不难发现:$\log D : \log T = 2 : 3$。这样,公转的时间与距太阳的距离就联系起来,统一在上述公式中,体现出和谐美。如果没有上述一系列的运算、推理,没有运用和谐的审美标准进行评价,学生是难以体会到其中的美的。

第二节　数学情感领域的教学

数学情感领域的教学是渗透在数学知识、技能与策略的教学中的。数学自我效能感、态度、审美感受往往是在教师的讲解、对学生练习的指导中相继进行的。一堂完全以自我效能感、态度、审美感受为教学目标的数学课是极少见的。本节我们在对数学情感领域学习规律了解的基础上,就教师在多种教学实践中如何渗透数学情感领域的教学提出若干建议。

一、 数学教学中的自我效能感的培养

（一）自我效能感培养的目标

在培养学生的自我效能感时，需要教师始终明确自我效能感培养的目标。根据班杜拉的观点，学生对自身能力估计过高或过低都不利于学业的学习。他认为最佳的水平是学生对自己的能力评价稍微高于自己的实际能力，用教师熟悉的话来讲，是让学生跳一跳摘到桃子的水平。对此，教师要有明确的认识，培养的是学生对自己能力的发展性认识，这种认识可以激发学生学习的积极性，取得更大的成就，促进能力的发展。如果教师不能牢牢把握这一目标，那么在接下来的培养工作中就会被各种自我效能感发展的规律给弄得晕头转向。当然，明确这一目标，还要求教师要对学生实际的能力有客观的认识，这样才能进一步明确要学生达到的目标是什么。

（二）自我效能感培养的具体方法

1. 提供自我效能感的信息来源

明确了目标之后，教师接下来要考虑为学生提供自我效能感的信息来源。在数学学习中，主要的信息源有学生的成败经验，榜样的成败经验以及教师的说服。让学生获得自身成败经验的最常用方法，是为学生的练习或问题解决活动提供反馈。从教师或其他渠道获得反馈信息后，学生能发现自己的行为是否成功。学生获得成败经验的另外一种途径是接受评价。在对学生的学习进行评价时，有两种方式：一种是将学生与其他学生的学习情况进行比较；另一种是将学生现在的学习与以前的学习进行比较，现在的课程改革倡导的档案袋式的评价，即属于此类。我们认为，后一种评价可以让学生看到自己的进步，获得成功的体验，这对于其自我效能感的培养十分有利，教师应当更多地使用这种评价方式，尤其是对成绩一向不良的学生。

另一种自我效能感的信息来源是榜样的行为。榜样的选择不是随便的。教师首先要对学生的能力、人格特点以及以前的学习行为情况等方面进行了解，而后再在同学中间寻找在上述某一方面或几方面存在类似情况而学习又获得成功的学生。找到了与学生类似的榜样，才能更好地向学生呈现自我效能感的信息并有效地影响学生。除了学生可以作为榜样之外，教师也可以成为学生的榜样。不过教师作为榜样，更多地是给学生呈现解决问题所需的策略，以此来影响学生的自我效能感判断，这与同学榜样对学生的影响机制不一样。当然，除了作为榜样提供信息之外，教师还可通过说服来给学生提供其自我效能感的信息。和学生相比，教师有丰富的专业知识，有丰富的教学经验，是预测和评价学生能力方面的专家。如果教师能在平时与学生建立良好的师生关系，让学生对教师形成信任，则教师的言语说服就会成为一个有力的信息源。可见，这一信息源能否发挥作用，作用发挥得好坏，要靠教师经验的积累及平时细致的学生工作。

2. 引导学生加工自我效能感的信息

在为学生提供多种效能感信息之后，接下来教师的重要工作就是引导学生运用信息对自己的效能感进行适当的判断。理想的目标是学生从各种信息渠道中对自我效能感作出稍微高的判断,但因实际情况的复杂,学生不可能就这样判断,需要教师的引导。

第一,教师要对学生做好归因指导。这里的归因是指学生对自己学业成败原因的认识。如果学生能将自己的成功归因于自己的能力,这无疑会提高其自我效能感,但这并不是说只要让学生取得成功即可。如果学生在较困难的问题上付出较小的努力就取得了成功,学生会对自己的能力有较高评价;但对于容易的题目却付出许多努力才取得成功,这会使学生认为自己能力低下。因而,教师不能简单地认为只要让学生在学习上取得成功就可以提高其自我效能感,而要让学生在较难的任务上取得成功。当然这种较难的任务也是相对而言的,同一任务对不同学生的难度也不一样,这需要教师具体分析把握。

第二,要注意引导学生发现自己与榜样之间的相似性。教师为学生选择了榜样,并不是说把榜样指给或呈现给学生就算完事,教师要做的关键工作,是通过言语的引导说服,让学生自己对榜样进行比较,如:"你感觉××同学的数学成绩和你比怎么样?"或者直接点出学生与榜样的相同之处,如:"××同学和你一样,都留过级,以前数学也不好,现在每次考试都在 80 分以上,我相信你也应该和他一样。"这里教师的引导其实与说服是结合在一起的。

第三,教师要注意向学生示范解题的方法策略。当教师本人或尖子生作为学生的榜样时,学生与榜样之间就很难找出类似之处,这时榜样的影响作用主要体现在向学生示范解题策略上。学生发现并掌握了解题的"诀窍",就会高估自己的能力而敢去尝试了。如下面一道题目:已知 a^2,b^2,c^2 成等差数列,求证 $\dfrac{1}{b+c}$,$\dfrac{1}{c+a}$,$\dfrac{1}{a+b}$ 也成等差数列。对这道题目,教师可以这样演示解题过程:

因为 a^2,b^2,c^2 成等差数列,

所以 $a^2+(ab+bc+ca)$,$b^2+(ab+bc+ca)$,$c^2+(ab+bc+ca)$ 也成等差数列,

所以 $(a+b)(a+c)$,$(a+b)(b+c)$,$(a+c)(b+c)$ 成等差数列,

所以

$$\frac{(a+b)(a+c)}{(a+b)(b+c)(c+a)},\ \frac{(a+b)(b+c)}{(a+b)(b+c)(c+a)},\ \frac{(a+c)(b+c)}{(a+b)(b+c)(c+a)}$$ 也成等差数

列,即 $\dfrac{1}{b+c}$,$\dfrac{1}{c+a}$,$\dfrac{1}{a+b}$ 成等差数列。

学生看了这样的解法,也能看懂,但除了佩服老师能想出给 a^2,b^2,c^2 都加上同一个多项式之外,只会产生"数学真难"等害怕心理,因为学生自己虽然具备上述推理能力,但确实想不出加上共同的多项式来进行证明的策略,因而感觉自己不具备解决这种问题的能力。如果换下面一种解法,将解题策略示范给学生看,则学生就会更有信心来解这类题目。

要证 $\dfrac{1}{b+c}$,$\dfrac{1}{c+a}$,$\dfrac{1}{a+b}$ 成等差数列,只需证 $\dfrac{2}{a+c}=\dfrac{1}{b+c}+\dfrac{1}{a+b}$,即需证 $2(a+b)(b+c)=(a+b)(a+c)+(a+c)(b+c)$,

即 $2(b^2+ab+bc+ca)=a^2+ab+bc+ca+c^2+ab+bc+ca$,

整理得 $2b^2=a^2+c^2$,即为已知 a^2,b^2,c^2 成等差数列。

上述解法,向学生演示了逆推的策略。学生发现这一点就不会再低估自己的能力了,他们也可以用这一策略去解决类似的问题。[①]

(三)案例分析

1. 不让一个掉队

据报载,一所国家级示范初中初一年级的数学教师为了不让一个学生掉队,定了一条不成文的规定:学生每做错一道题,将罚做十道题。一次,某女生做错三题,罚做的三十题中又错六题,结果题题滚动,天全黑了还回不了家。几次下来,导致一个小鸟般快活的孩子害怕到学校,害怕老师,背着沉重的心理包袱,渐渐变得沉默寡言、闷闷不乐,最后发展到不愿到学校。家长无奈,只得将其转学。[②]

本案例中教师的出发点是好的,但作出的规定却成了致使学生形成低自我效能感的有效方式。学生做错了题目,说明这些题目对于该学生来说还有一定难度,而且在这之前该学生像"小鸟般快活",表明学生的自我效能感还是较高的,认为自己能胜任学校的学习任务。学生遇到了难题,如果教师给学生示范一下解题的策略,让学生学会解题的技巧,这无疑会增强该学生的自我效能感。但最终错一罚十的做法,使得该学生付出了大量的努力仍取得失败的结果,于是该学生只能从自己的表现中得出自己能力低下的结论,较低的自我效能感又使学生在下一步的学习中缩手缩脚,并产生更多的痛苦、焦虑和自卑,导致心理出现问题而厌学。

2. 让后进生在老师的期待中"自爱"

小刚是个"能力性差生",第一单元检测数学只有9分,此后连续几次单元检测分别是10分、11分、26分,同时他的行为习惯极不规范,平时少言寡语,上课姿势东倒西歪,不讲卫生,衣冠不整,下课不自觉地往桌面上坐等。一开始我找他谈话,他还怀有戒心,不以为然。后来我通过家访,多次与家长取得联系,并一次次根据实际情况对他提出不同的要求和希望,预言他一定能吸取教训取得进步,成绩会有所提高的。每当他取得哪怕是一点儿的进步,我都加以表扬,又告知家长给予鼓励;而当他有错的时候,我不嫌弃,不苛刻,做到宽容,施以爱心,没让他难堪过。经过近一年的时间,小刚变了,近几次检测达到40分以上,我在班上表扬他,让他自己和自己比,从9分到40分,进步了几十分。[③]

---

① 赵新刚:数学教学中的"两个暴露",课改论坛,2004年9月19日。
② 李海:读书、写作,与新课程同行,课改论坛,2004年9月26日。
③ 姜学豪:在爱的教育中成长,课改论坛,2004年10月10日。

本案例中小刚的变化主要是由小刚自我效能感的变化引起的。为促进小刚自我效能感的提高，教师主要采用了如下两种方法：（1）说服。这里的说服是有针对性的，即针对实际的学习任务，说服学生有能力完成，也就是说，教师通过"预言""谈话"等方式，让学生接受比自己实际能力水平稍高的能力水平。（2）让学生获得实际的成功经验。由于小刚是差生，在教师和其他同学看来简单的题目对于他来讲可能是很难的。在他取得进步时，教师及时反馈，让他获得成功的体验：一是教师直接对小刚的进步提出表扬，二是通过家长对小刚进行表扬，三是引导小刚将自己的成绩进行纵向比较，看到从 9 分到 40 分，从而也体验到自己的成功。可能是因为在班上难以找到与小刚类似的榜样，故而教师没有利用榜样来给小刚提供其自我效能感的信息。

二、数学教学中态度与价值观的培养

态度与价值观的培养也是在日常教学工作中渗透进行的。根据态度习得的规律，教师需要在教学中有意识地做好如下几方面的工作。

1. 针对学生已形成的错误态度，注意引起学生认识上的冲突

如果学生在学习中形成"每道题目只有一种正确解法"的观念，教师不妨用数学题的一题多解来让学生在思想上受到震动。又如对于"每道题的条件既不会多，也不会少"的观念，可以给学生一些条件多余和条件不足的题目来引起学生思想上的冲突。从以上所举的两个例子中，我们似乎可以推测，学生有关数学学习的一些态度，往往是从教师不当的教学条件中（如练习题总是同一而缺少变化）不自觉习得的。预防胜于纠正。如果教师在教学时，能充分贯彻变式练习的原则，题目尽可能地变换，并不只是题目内容变化，而且可以在解题方法、解题所需的条件（如条件的多少，是否用到以前甚至是小学时学的知识，是否要自己创设条件解决问题等）等方面进行变化，这样既可以预防学生形成不当的态度，也可以在潜移默化中引发学生认识上的冲突，促进已有不良态度的改变。

2. 注意运用榜样来对学生进行态度方面的教育

在数学发展史上，有许多数学家为数学的发展孜孜以求，甚至奉献终生。教师在讲课过程中，可以适当插入对这些数学家轶事的介绍。这种符号化的榜样，往往会向学生传递求真务实、锲而不舍等科学精神。如在讲到哥德巴赫猜想时，可以附带介绍陈景润为攻克这一世界难题，光演算的草稿纸就装了几麻袋。又如在讲到哥尼斯堡七桥问题时，可以介绍数学家欧拉为进行数学研究而导致双目失明，从而向学生渗透为真理献身的价值取向。数学发展的过程，是一代代数学家奋斗不息的过程。作为数学教师，要熟悉数学发展的历史，熟悉数学家奋斗的事迹，并在讲课过程中适时地向学生介绍，渗透态度与价值观的教育。当然，榜样并不限于数学家，优秀的学生、教师本人，都是学生效仿的榜样，这需要教师既要善于发现，又要加强自身修养。

3. 要重视在研究性学习中对学生进行态度、价值观的教育

在第九章"数学问题解决的学习与教学"中，我们提到了问题解决教学的目标之一是态

度与价值观的获得。这一目标集中体现在我国课程改革中提出的研究性学习上。可以说，在数学教学中，研究性学习是较为集中地对学生进行态度、价值观教育的形式。研究性学习中对态度、价值观的培养主要是通过对学生的行为选择进行强化而实现的。在探索研究中，学生要做出一些选择，如是主观造出数据还是实地调查得出数据，是漠视前人的研究成果还是尊重前人的成果等。作出选择后，学生还要获得一定的强化或惩罚，从而形成正确的行为选择倾向，这种强化与惩罚主要是由研究性学习的评价者——教师作出的。教师在对学生的研究性学习进行评价时，要重在参与、重在过程，要集中评价学生的行为选择，而不是研究成果是否正确、是否前沿，毕竟学生不是在搞科研，而主要是在探索研究中形成正确的态度与价值观。

三、 数学教学中审美感的培养

按照审美感形成的规律，在培养学生的审美感受时，需要教师在认知和评价两个环节上下功夫。

首先，教学之前教师要做好分析工作，明确教学内容中哪些部分蕴含了美的因素，体会出这些美的因素，需要学生具备什么样的知识准备。这是对学生进行审美教育的基础工作。如 1 729 这个数字，表面看来并没有什么美可言，但是，从另外一个角度看，这个数字能用两种不同方式表示为两个数的立方和：$1\,729 = 10^3 + 9^3$；$1\,729 = 12^3 + 1^3$。在教学时，教师要认识到数字中蕴含的美，而且还要分析出学生要领略到其中的美，至少要以立方和的概念为基础。

其次，教学中要通过提示引导，让学生经历发现美的过程。如上文提及的行星的数据，要让学生体会出其中的美来，如果教师不加指点，学生是难以想到对其中的数据求其对数值的。这时就需要教师加以提示。在学生求出对数值后，教师还要引导学生对两个对数值进行比较，发现其中的关系，才有可能发现其中的美。因此，整个认知过程需要教师的点拨和引导。

最后，让学生运用内外标准对自己认知的结果进行评价，产生审美体验。审美过程往往具有直觉性，我们接触到美的事物，很快就产生了美感。表面上看来美感的产生很神秘，但这种美感的出现是以丰富的欣赏经验和对各种审美对象长期思考和认识为基础的，这种思考和认识的结果，主要表现为审美的标准。当学生有丰富的审美经验时，可能不需要教师提示就能感受到美；而当学生缺乏审美经验时，教师的提示，甚至告知审美的标准都是必要的。

第四部分
学习的测量评价
与诊断补救

第十一章 学生数学学习结果的测量与评价

前面第二、第三两个部分向教师介绍了各种数学学习结果学习与教学的规律,接下来教师可能十分关心如下问题:我的课堂教学是不是按照学生学习的规律展开的? 学生从我的教学中是否学到我要学生学习的知识? 如果发现学生没有达到学习目标,该怎么办? 如果我用自己的教学方法来替代书中介绍的教学方法,那么我的方法能起到促进学生学习的目的吗? 我能用本书介绍的理论与技术来衡量和评价其他数学教师的教学吗? 诸如此类的问题,实际上都可以归结为如下两类问题:一是学生学习的结果是否达到预期的教学目标;二是如果没有达到目标,那么教学设计与实施存在哪些问题。通过学习结果的测量与评价可以回答第一个问题,通过对教师的教学设计与教学行为作出评价可以回答第二个问题。本章论述学生学习结果的测量与评价,下一章论述教师的教学行为评价与学生学习困难的诊断与补救。

第一节 学习结果测量与评价概述

一、 学习结果测量与评价的基本思想

测量与评价是密切联系的两个概念。所谓测量是指收集有关学生学习情况的资料。这里的资料可以是具体的数字(如考试分数)或等级,也可以是言语式的描述,还可以是学生学习活动的产品。所谓评价是指依据一定标准对事物作出价值判断。如学生学习了一元二次方程根与系数的关系(即韦达定理)后,给学生呈现 10 道要用韦达定理求一元二次方程的根或系数的题目,学生做对其中的 6 道。这时我们收集到学生 10 题做对 6 题的情况,就是对学生学习韦达定理情况的测量。如果我们根据"10 题中做对 9 题以上为合格"的标准来对学生的学习情况做出判断,那么"该学生没有掌握韦达定理的运用"就是对学生学习的评价。一般来讲,测量是评价的基础,评价要以测量的结果为依据,因而测量与评价两个词语经常同时使用,有时还互相代替,讲测量其实蕴含了评价,讲评价其实蕴含了测量。

在数学课程中,我们常用测验作为测量学生学习情况的主要方式。良好的测验一般要有较高的效度和信度,这样才能对学生作出客观而真实的测量。所谓效度是指测验题目测到想要测的学习结果的程度。如学生学习的结果是弦切角的概念,其行为表现是能指出几何图形中的弦切角来。如果用一道要求学生背诵弦切角定义的题目来测量这一学习结果,而测验结束后并没有测到想测验的东西,这就说明该题的效度不佳。如果给学生呈现许多弦切角的正例和反例,要求学生指出其中哪些是弦切角,这种测验符合学生掌握后的行为表

现,所以该题的效度就高。一般来说,如果我们编制的测验要求学生表现出的行为与教学目标中规定的学生的行为一致,就能保证测验的效度。

所谓信度是指同一测验测量同一学习结果的一致性程度。如用 10 道四选一的选择题来测量学生运用两点间距离公式进行计算的能力,第一次做,学生对了 7 题;过了两天再做,学生对了 3 题。同样的题目测量同一种学习结果,学生前后的表现差距很大,两次测验的一致性程度低,因此测验的信度不好。如果将 10 道题目全改为计算题,不让学生选择答案,则第一次学生做对 3 题,第二次做对 4 题,前后两次的一致性程度较高,测验的信度就较好。导致学生前后做题不一致的原因主要有猜测、对题目理解错误以及评分上的误差(主要是对主观性试题而言),因此提高测验的信度,可以通过降低猜测的影响(如不用选择、判断等题型,或者增加选择题选项的数目)、清晰地陈述题目要求以及减少评分误差等方式来实现。

测量与评价具体包括以下四个环节。

(一)根据教学目标制定评价计划

评价是一个有计划、有目的的过程。评价针对学生表现为以下几个目的:反映学生数学学习的成就和进步,激励学生的数学学习;诊断学生在学习中存在的困难,及时调整和改善教学过程;全面了解学生数学学习的历程,帮助学生认识自己在解题策略、思维方法或学习习惯上的长处和不足;使学生形成正确的学习预期,形成对数学积极的态度、情感和价值观,帮助学生认识自我,树立信心。评价针对教师表现为以下几个目的:及时反馈学生学习信息,了解学生学习的进展和遇到的问题;及时了解教师自身在知识结构、教学设计、教学组织等方面的表现,随时调整和改进教学进度与教学方法,使教学更适合学生的学习,更有利于学生发展。

(二)采用多样化的方法收集资料和数据

对学生数学学习的评价应针对数学学习的不同方面,因而应采用多样化的方法来收集学生不同方面的有关资料和数据。知识与技能方面的评价包括对数与代数、图形与几何、统计与概率等学习过程的评价,对有关的数学事实掌握情况的评价,以及解决简单问题的评价。数学思想方法的评价包括对有关的抽象思维能力、形象思维能力、统计观念和推理能力等方面的评价。解决问题的评价包括对提出和解决问题能力、解决问题的策略、创新和实践能力、合作与交流等的评价。情感与态度的评价包括对学生参与学习活动情况、学习的习惯与态度以及学习兴趣与自我效能感等方面的评价。

不同内容的评价表现出不同的特征,采用的评价方法也有所不同。评价中应当针对不同学段学生的特点和具体内容的特征,选择恰当有效的方法。对学生知识技能掌握情况的评价,可采取定量评价和定性评价相结合,结果评价与过程评价相结合的方式。数学思想方法和解决问题方面的评价,更多地在学生学习过程和解决实际问题过程中进行考查。而情感与态度方面的评价主要通过教学过程中对学生的参与和投入等方面的考查。不同的评价方法在评价过程中起着不同的作用,不能寄希望于一种评价方法能解决所有的问题。封闭式问题、纸笔式评价可以简捷方便地了解学生对某些知识技能的掌握情况,而开放式问题、活动式评价有助于了解学生的思考过程和学习过程。

（三）分析和处理有关数据并划分等级

对数学学习评价的第三个环节是对评价结果的处理。这个过程是评价的四个环节中唯一涉及要对结果划分级别的环节，也是既带有科学性或客观性又带有主观性的环节。评价的任务就是试图在客观性和主观性之间找到很好的平衡点。数学课程的评价具有相当强的导向作用，而数学教育是学生全面发展教育的一个组成部分，如果只是将评价的任务限定在学生对概念、运算和解题技巧的理解和掌握这些客观性试题的考核上，就会使教师和学生只关注这些任务，而忽视其他一些任务，特别是忽视那些不能用简单的对与错来判断的任务，或者那些不能被简单地划分成几个步骤并按每个分步是否完成来确定得分的任务，如一些开放性试题的解决，需要小组共同合作才能完成的任务，表达学生对数学学习的认识以及情感和态度的写作任务，等等。

（四）使用评价结果并对结果作出解释

对数学学习的评价不仅包括对评价结果的正确处理，也包括对评价结果的正确利用。正确的利用有助于教师对某个学生的数学学习状况或某个课程或教学计划作出合理的解释和评估，从而有助于教师确定改进相应的学习、教学和课程，并影响着下一阶段的评价，形成一个良性的循环过程。

二、 数学学习结果评价的目的

对学生数学学习结果的评价主要包括以下五方面的目的（如图 11-1 所示）。

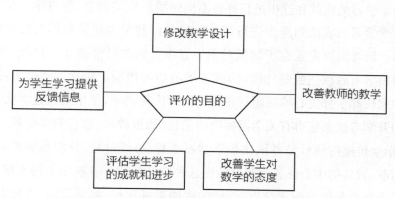

图 11-1　对学生数学学习结果评价的五方面目的

（一）为学生学习提供反馈信息

评价要为每个学生提供反馈信息，帮助他们了解自己在数学能力、解决问题能力等方面的进步，而不仅仅满足于让学生掌握一些数学知识和技能。因此，教师通过评价为学生提供的反馈信息应该加强对学生思维方面的指导和促进作用，帮助学生发现其在解题策略、思维或习惯上的不足。虽然大多数教师承认，分析和解决问题的能力、对数学的理解以及应用意识都应是学校数学教学的重要目标，但是教师往往很难直接教授这些高级思维能力，或者很难向学生提供有关他们思维过程的反馈信息。传统的教学方法试图教给学生一些特殊的技能，如"如何审题""如何给未知量赋值"。经验丰富的教师会更多地关注解题的思维过程，比如鼓励学生绘制表示数量关系的线段图、猜测和检验或者将问题分解成几部分。但是在传统的评价模式下，教师和学生仍然只是关注最后的答案是否正确，学生很少能获得有关其使用的问题解决策略或思维过程的任何建议或反馈。另外，反馈要贯穿整个教学过程，而不是等到单元或学期结束以后再提供反馈信息，否则，对于促进学生进行及时弥补和矫正性学习还是太晚了。

（二）改善教师的教学

教师计划每天每节课的教学任务，是为了发展学生的数学理解。做好这一工作的前提是，教师自身必须十分清楚地了解学生目前正使用和发展着的数学知识、观念以及思维活动。在教学过程中只要教师有意识地去收集这方面的数据，就很容易获得，因为教师在每天的教学中，尤其是在新知识传授之后会很自然地提供一些需要学生解决的问题和任务。通过观察学生对这些问题和任务的解决与讨论，教师获得的有关数据将会比通过一次正规的单元测试获得的数据更丰富、更有用。它不仅能帮助教师看到学生可能在什么地方出错，在哪些地方还不清楚或没有牢固掌握，更重要的是还能帮助教师发现导致错误答案背后的原因，找到解决学生学习困惑的症结，在错误被学生当成一个事实或发展成一种习惯之前，及时地弥补和调整自己的教学。因此，要保证有效的教学设计，对学生学习状况的日常评价至关重要。

（三）评估学生学习的成就和进步

对学生数学学习的成就和进步进行评价不同于提供反馈信息、促进学生学习这一目的。虽然对学生数学学习的成就和进步进行评价能给教师和学生提供有用的反馈信息，但它们的侧重点不同。后者的侧重点在于加强对学生思维方面的日常指导，而评估学生的侧重点在于使学生明确学习后欲达到的标准，形成正确的学习预期。使学生明确学习后欲达到的标准是教师和家长都十分关心的问题。在传统的评价模式下，学生是通过大大小小的考试，特别是毕业和升学考试来获得有关学习标准的信息，如被教师、家长和学生视为珍宝的各类"考纲"，这给学生传递的信号是考试比数学学习本身、思维过程、分析和解决实际问题的能力更重要。当前，教育的中心任务就是要转变这种应试教育下忽视学生的发展、只追求分数的做法。如果通过改善传统的评价方式，使学生的思维过程、解题策略、推理方法等得以表现，并加以正确的评价，让学生看到即使没有得出最后的答案或答案不正确，但在解题过程中表现出思维的某些合理性或创造性也能得到较高的评分时，他们就会改变对数学学习、思维过程、应用数学知识分析和解决实际问题能力的认识，形成对数学学习的正确预期。

对学生数学学习的成就和进步进行评价主要是指终结性评价，或者更确切地说，对学生数学学习的成就和进步进行评价必然要求对学生的数学学习状况评估出一个等级。不过，现代的评价理念更强调目标参照和个人发展参照的终结性评价，而不鼓励常模参照的终结性评价。所谓常模参照，可以是以班级、年级、省市等作为常模，强调某个群体内部学生与学生之间的比较。目标参照可以以学习内容及其具体行为目标为参照,也可以以课程目标包括基本知识技能和学生在能力、情感、思维品质等方面的发展为参照。而个人发展参照包括发展纵向参照和潜力发展参照,强调学生自己和自己比,目的在于适应个别差异,因材施教。

(四)改善学生对数学的态度

对学生数学学习结果的评价还将涉及对学生数学学习的态度、情感和价值观的评价。传统的数学学习方式和考试形式常常给许多学生带来焦虑和恐惧。在抽象和繁难的数学试题面前,许多学生是受挫的,这又进一步导致他们在数学学习中缺乏自信、焦虑,进而回避数学的学习。现代数学教育评价一个最令人鼓舞的评价策略在于,它强调大量从学校毕业后不再从事与数学领域有关工作的学生在学校数学学习中能经常获得成功的体验。

(五)修改教学设计

通过各种评价方法收集起来的有关学生数学学习状况方面的数据,还可以作为教师判断教学设计是否达到预设的教学目标的评价依据。若未达到教学目标,可以根据评价结果分析教学设计中哪个环节出现问题,并作出相应的修改。

现代数学教育评价所强调的这几方面的目的与传统评价所发挥的功能和作用相比已经发生了很大变化(见表11-1),这些主要变化代表着数学教育评价的发展趋势。

表 11-1　评价在实践中发挥的作用的主要变化

	应提倡的做法	应避免的做法
改进教学	将评价和教学结合在一起	仅依靠定期的测试
	从不同的评价方式和情境中收集反馈信息	仅依据一种信息渠道
	面向一个更长期计划的目标,收集每个学生进步的数据	主要针对课程内容的覆盖率制定评价计划
提供反馈促进教学	针对数学能力的发展进行评价	针对特殊事实性的知识和孤立的技能进行评价
	与学生交流他们解题的行为,更注重连续性和理解性	简单地指出答案是否正确
	使用多样化的评价手段和工具	主要靠测验或考试
	学生学会评价自己的学习进展	教师和外部机构是唯一的学习状况的评判者
评价成就鼓励进步	用行为标准对照着评价学生行为表现	评价学生特殊事实性的知识和孤立的技能
	针对数学能力的发展进行评价	仅仅依据考试成绩进行评价

第二节　各类数学学习结果的测量与评价

在上一节概述了数学学习结果测量与评价及数学学习结果评价的目的之后,本节将进一步论述各类数学学习结果的测量与评价。对本书提及的各类数学学习结果的测量和评价,我们坚持目标导向原则:陈述良好的教学目标对测验的编制有导向作用;评价即是对照目标的要求作出是否达标的判断。也就是说,这里讲的评价,主要是针对学生是否完成目标而言的,不是强调评价的甄别功能而将学生分成三六九等。

一、 数学陈述性知识的测量与评价

数学陈述性知识主要包括数学符号表示的意义、具体事实以及有组织的数学心理模型或图式。陈述性知识掌握的行为标准是"陈述",可以说出,也可以写出。符号意义和事实的检测可以通过问答、填空等反映"陈述"行为的题型来实现。如为测量"勾股定理又叫毕达哥拉斯定理"这一事实,可以采用"勾股定理又叫什么定理"或"勾股定理又叫_____定理"来进行。这两类陈述性知识的检测都比较简单。

稍微复杂一些的是数学心理模型或图式的测量与评价。这类陈述性知识,加涅称之为有组织的言语信息,其掌握的行为标准依然是"陈述",不过这里的"陈述"更为明显地是陈述"理解",陈述"心理意义"。而理解的实质又是新知识经过和原有知识相互作用而整合在一起,因而这类陈述性知识的"陈述"可以具体化为"用自己的话解释""举例子说明"等行为。之所以强调用自己的话,是防止学生机械地记住语句却对语句表达的意义不甚理解。举例子说明中,所举的例子还要求不能是课本、教师已举过的例子。学生用自己的话解释并举例后,在进行评价时,还要看其中的解释是否将新知识与原有知识联系起来。检测这类陈述性知识,因为涉及对理解的检测,常常用"为什么"来对学生进行提问,并要求学生口头或书面作答。

例如,梯形的中位线定理是:梯形的中位线平行于两底且等于两底和的一半。学生以陈述性知识的形式习得了这一定理,不仅要能陈述出定理的内容,还要能用自己的话说出定理为什么是这样的道理,即说出定理证明的过程。具体的检测题目比较简单:请说出梯形中位线定理的内容以及证明定理的过程(可以用图形辅助说明)。在对学生的陈述进行评价时,要集中于"理解",即看学生叙述时是否将梯形的问题转化为已知的三角形或平行四边形问题来解决。如其中一种证明方法是作如图 11-2 的辅助线。学生理解的标志是能指出 $\triangle ABG$ 的中位线 EF 也是梯形 $ABCD$ 的中位线,三角形的底 BG 是梯形上底 AD 和下底 BC 的和,于是根据三角形中位线的性质而推论出梯形中位线的性质。学生用自己的话陈述出新旧知识的联系,就说明学生理解了这一定理。

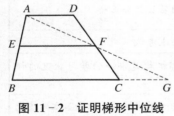

**图 11-2　证明梯形中位线
定理示意图**

二、 数学概念的测量与评价

数学概念大都属于定义性概念,其掌握的行为标准是学生的分类行为,即能运用概念的关键特征对概念的正例和反例进行分类。由此,检测概念的最佳形式是选择题,题目中的选项由概念的正例和反例构成。当然,这种选择题可以是单项选择,也可以是多项选择,选项数目也可以较多。

如下面一道题目,就是对"同位角"概念的检测。

如图 11 - 3,与∠1 构成同位角的共有(　　)个。

A. 1　　　　　　　　B. 2　　　　　　　　C. 3　　　　　　　　D. 4

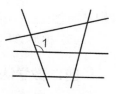

图 11 - 3　同位角示意图

图中五条直线相交构成许多角,但相对于∠1 来说,这些角有些是∠1 的同位角,有些则不是,于是图形中的这些角就向学生呈现了∠1 的同位角的正例和反例。如果学生能从中找出同位角并正确计算其个数,就表明学生掌握了这一概念。当然,这道题目也有不足,最终让学生选择同位角的个数,而且只有四个可能答案,这样就难以排除学生进行猜测的影响。如果将题目改为"在图中标出∠1 的同位角",则这样的题目效度更佳。

由于对概念的检测要求学生对每一个例证(正例和反例)作出是或否的判断,这里面就存在猜测的可能,会降低测验的效度和信度。除了用增加例证的数目来降低猜测的影响之外,有时在例证较少的情况下,可以要求学生作出选择并说明理由。如果选择正确,理由充分,则可以认为学生是凭概念的关键特征而非猜测判断的。如下面一道题检测的是同类二次根式的概念。

下列各组里的二次根式是不是同类二次根式?(1) $\sqrt{63}$,$\sqrt{28}$;(2) $\sqrt{12}$,$\sqrt{27}$,$4\sqrt{\frac{1}{3}}$;(3) $\sqrt{4x^2}$,$2\sqrt{2x}$;(4) $\sqrt{18}$,$\sqrt{50}$,$2\sqrt{\frac{2}{9}}$;(5) $\sqrt{2x}$,$\sqrt{2a^2x^3}$。[①]

对每道题目,学生的回答都存在猜测的可能。如果题目改为"下列各组里的二次根式是不是同类二次根式,为什么?"要求学生说出具体的理由,就可排除猜测的影响。

三、 数学规则的测量与评价

数学规则的学习有两种情况:一是以陈述性知识的形式习得规则,其掌握的行为标准是能用自己的话说出规则的含义以及规则为什么是这样的道理,检测的方法等同于对数学陈述性知识的检测;二是以程序性知识的形式习得规则,其掌握的行为标准是能用规则对外办事,具体包括计算、演示等行为,检测的形式也以计算题、应用题居多。

还是以梯形的中位线定理为例,如果将其作为规则来检测,则要求学生运用该定理来做一些相关的计算或应用题。具体的题目如下:

(1) 梯形上底长 8 cm,中位线长 10 cm,则下底长_____。

(2) 梯形上底为 6 cm,下底为 10 cm,中位线被一条对角线分成两条线段的长分别是_____。

(3) 等腰梯形的中位线与一腰长相等,腰长为 6 cm,则梯形的周长为_____。

(4) 梯形 ABCD 中,AD // BC,AD : BC = 1 : 2,中位线长为 6 cm,则 AD,BC 的长分

① 陈宏伯.初中数学典型课示例[M].北京:教育科学出版社,2001:77.

别是_____。

（5）梯形 $ABCD$ 中，$AD \parallel BC$，$AC \perp BD$，$AC = 3$，$BD = 4$，求中位线的长。

四、 数学认知策略的测量与评价

认知策略是对内组织和调控的，作用的对象是学生头脑中的思维与学习过程，这不像数学概念和规则作用的是外在的符号或物体，可以从学生对外在符号与物体的操作行为中来测量和评价它们。认知策略虽然隐匿于头脑中，但还是可以通过学生的一些外在行为间接地对其作出测量与评价。一方面，认知策略的运用会导致问题的成功高效解决，而且在问题解决的过程中也会有所体现，因而通过对学生解题结果和过程的分析可以对认知策略作出评价；另一方面，策略的运用一般很难达到自动化的程度，学生对使用的策略一般都有明确意识，让学生在解题后说说自己是用什么方法、策略解题的，从学生的口语报告中也可以测量出学生是否使用了策略及其使用情况。

例如，数学中有一种数形结合的思想方法，是指在研究数学问题时，由数思形、以形思数，数形结合考虑问题。① 在对这一策略进行测量评价时，可以呈现要求运用这一策略的数学问题要学生解决，然后看问题是否得到解决，同时还要看学生在解决问题过程中是否将数转化为形，或者将形的问题转化为数的问题。例如以下的一道测验题：

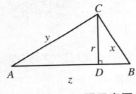

已知 x，y，z 都是正数，并且 $x^2 + y^2 = z^2$，$z\sqrt{(x^2 - r^2)} = x^2$，求证 $rz = xy$。

如果学生不仅能正确写出该题的证明，而且还能画出如图 11-4 这样的图形来表示该问题，则可以说学生习得并会主动运用这一策略。

图 11-4　证明示意图

五、 数学问题解决的测量与评价

数学问题解决涉及三类知识的综合运用，其教学重点在问题的类型及其解决方法以及数学认知策略上，旨在提高学生的问题解决能力，因而目标达到后，学生应能表现出较高的问题解决能力。相应的检测方法比较简单，即给学生呈现问题，要学生解决，最终看学生问题解决的情况。当然这里的问题必须是学生没有解决过的，否则，问题解决活动就变成对陈述性知识的检测。还需要指出，呈现的问题数量也要有一定要求，即至少要三道题目来检测。

例如，学生学习了用一元二次函数求最值的问题后，可以呈现如下三道问题来检测学生是否习得了该类问题的图式。

（1）用 32 厘米长的一根铁丝，围成一个矩形小框。试问：当矩形的长和宽各为多少时，围成的矩形面积最大？这个最大面积是多少？

（2）用长 8 米的铝材，做一个日字形窗框，试问：高和宽各为多少米时窗户的透光面积

① 朱成杰.数学思想方法教学研究导论[M].上海：文汇出版社，1998：262-263.

最大？最大面积是多少？

（3）小张家想利用一面墙，用竹篱笆围成一个矩形鸡场。他家已备足可以围 20 米长的竹篱笆。试问：矩形鸡场的长和宽各是多少米时，鸡场的面积最大，最大面积是多少平方米？

六、 数学情感领域的测量与评价

数学情感领域的学习结果是在数学教学过程中渗透培养的，而且这类学习结果也很难经短时间的教学而习得或养成。为此，在陈述这类教学目标时，我们主张采用表现性目标，只规定学生要参与的活动，如果学生经常参与这些活动，在某种程度上就可以得出学习结果习得的结论。根据这种思想，检测的主要方式是观察学生的行为，记录目标中规定的行为出现的频率，在综合较长时间和多方面信息的基础上，再对学生作出评价。

如研究性学习的一个重要目标就是态度和价值观的获得。对研究性学习的评价，新课程主张用档案袋式的评价方式，这种评价方式将学生历次研究性学习中的行为表现、活动情况以及学生的代表作品等收录在一起，一学期或一学年以后再来对学生档案袋或记录袋中的信息进行评价。如果学生的行为选择稳定地表现出积极与同学交流，对他人的研究成果予以尊重，就可以认为学生已形成分享交流、尊重他人研究成果的态度。

又如学生形成了较强的自我效能感以后，会在解决困难任务上付出更多、更长时间的努力，而且不会表现出焦虑和痛苦等情绪。这样，在进行测量与评价时，需要教师给学生呈现较为困难的问题，然后观察学生的表现。如果学生表现出上述行为，就可以认为已形成较强的自我效能感。

学生对数学的情感、态度和价值观具体包括如下几个方面的表现：

（1）具有运用数学解决问题、交流观点和推理的信心。

（2）具有探索数学观念的灵活性，愿意尝试各种解决问题的方法。

（3）面对富有挑战的数学任务时有坚持不懈的愿望。

（4）对从事数学活动具有好奇心、探索欲，并富有一定的创造性。

（5）具有调节和反思自己思维过程和行为的意识，对不懂的地方或不同的观点敢于提出质疑。

（6）形成实事求是的态度和独立思考的习惯。

（7）体会到数学在解决来自其他领域和日常生活中的问题时的应用价值。

（8）欣赏数学在促进社会进步和文化中的作用以及作为工具和语言的价值。

显然，对学生这些方面的表现很难通过测试卷考查到，通过课堂观察可以获得一些信息，当你把学生置身于一个解决问题的情境中时，他在解决问题过程中所具有的信心、坚持性和创造性等是可以通过外显行为表现出来的。但许多学生内心的心理活动，不一定通过行为外显出来，因此通过观察也不是一个很有效的方法。对学生在情感、态度、价值观方面的评价最有效的方法是鼓励学生写数学日记，从学生的数学日记中教师会比较容易获得这方面的信息。当然有时也可以借助态度评价表，让学生汇报自己在学习数学时的一些感受。

第三节　测量数据的分析和处理

对测量数据的分析和处理是评价中唯一涉及划分等级的环节,也是对评价的导向作用起着较大影响的环节。因为在划分等级时,被强调的教育目标往往被赋予较大的权重,反过来这些教育目标在学习和教学中势必将受到学生和教师较大的重视。对测量数据的处理还要求本着定性与定量相结合的原则。分数或等级能传递给学生的信息是有限的,教师还需要通过鼓励性语言,肯定学生取得的成就,客观、建设性地指出学生暂时的不足及今后的努力方向,发挥评价的激励作用。由于现代的评价理念强调淡化甄别功能,突出激励功能,对测量数据的分析和处理还要充分关注学生的个性差异,保护学生的自尊心和自信心,让每个学生体会到只要他在某个方面付出了努力就能获得公正、客观的评价。

一、针对具体试题制定评分量表

给类似选择题、是非判断题这样的试题打分是很容易的,如果设置成计算机也能识别的填写特殊符号形式的答题纸,甚至机器都能帮我们完成任务。但是当涉及的试题类型是带有结构性的表现性任务(即强调在某个情境中应用知识和技能的任务)的主观性试题,如解答题、作图题、证明题等等,或者当涉及的任务是一些非结构性的表现性任务,如调查或实验、图表制作等等,这时就需要一个评分量表,帮助教师在评分时始终把握一个统一的评分标准。一个评分量表是一组包括 3 到 6 个分值点的测量向度,并列出各测量向度各分值点所对应的表现或成果的资料表,用于评定学生的某个表现的程度或表现行为的特质。[①]

制定评分量表时有两点值得注意:(1) 量表针对的是整个解题过程中的行为表现,还是过去传统做法中计算分步项目的正确数;(2) 量表针对的是一个带有表现性任务、需要进行主观性评价活动的测试题,还是整张试卷或整个学期的评定。只有在保证对每个学生完成的每个任务或每道测试题的评分公正、一致的前提下,才能进一步讨论如何评定整张测试卷或整个学期的表现。下面就介绍两类针对表现性任务的评分量表。

(一)整体评分法量表

整体评分法是一种以整体印象为基础而对表现性任务作出评分的方法,它不考虑构成整体的个别细节部分。这种量表相对简单和概括,只对解题行为作较概括的等级划分。最简单的整体评分法量表包括三或四个分值点。下面介绍这两种量表。[②]

1.四分值量表及其举例

四分值量表把学生的行为表现分为四个等级,最高等级为 4 分,最低为 1 分。

---

① 唐晓杰等.课堂教学与学习成效评价[M].南宁:广西教育出版社,2000.

② John A. Van de Walle. *Elementary and Middle School Mathematics: Teaching Developmentally* [M]. Richmond: Addison Weslley Longman, Inc.,4th ed., 2002: 68 - 69.

表 11 - 2　四分值量表示例

等　　级	行　为　表　现　描　述
4	优秀——完成得很好
3	熟练掌握——绝大部分完成得很好
2	勉强合格——部分完成
1	不能令人满意——几乎没有完成

2.三分值量表及其举例

三分值量表将学生的行为表现分为三个等级,最高等级为 3 分,最低等级为 1 分。

表 11 - 3　三分值量表示例

等　　级	行　为　表　现　描　述
3	优异——使用示范性方法,表现出一定的创造性,甚至超出问题要求的能力
2	达标——完成任务,且错误极小,使用预期的方法
1	未达标——出现明显的错误或疏漏,或使用的方法不正确

许多教师在使用四分值量表时,往往采取二分法判断技术(如图 11 - 5 所示)。

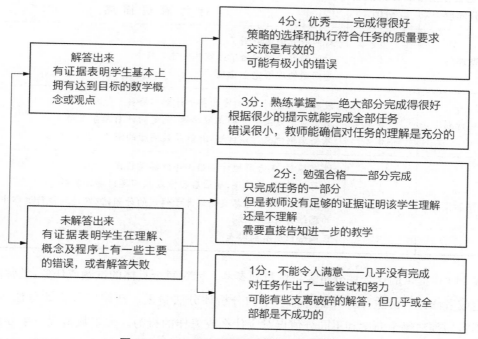

图 11 - 5　二分法判断技术四分值量表示例

通过二分法判断技术,首先把学生在该任务中的表现一分为二,解答出来的属于第一等级,未解答出来的属于第二等级;然后判断学生的表现是处于第一等级中的 4 分值还是 3 分值,或是处于第二个等级中的 2 分值还是 1 分值。显然,这一技术使教师能较容易区分学生的行为表现。一些教师还增加了一个 4+的分值点(以区别出有着优异表现的行为)和一个 0

的分值点(赋予那些没有任何反应和努力或所做的努力完全离题千里的行为)。

(二) 分析评分法量表

分析评分法是一种针对构成任务行为或成果的每个重要细节部分进行判断的评分方法。如果整体评分和分析评分两种方法都要使用,一般要先进行整体判断,以免个别细节影响整体的评价。分析评分法需要制定出每个向度的每个分值点所对应的行为特征。

表 11-4 所示的评分量表主要针对一个带有解决问题性质又要求学生写出书面解答的任务。这种用于分析评分法的量表可以对不同水平赋予不同的权重或分值,这样得分为 3、3、6 与得分为 6、6、0 的学生在行为表现上是很不同的。一个学生的表现是答案正确,但对问题只是部分正确的理解,解题计划也是部分正确;另一个学生则表现出对问题完全地理解,并制定出正确的解题计划,虽然他没有最终给出答案。然而他们的总分都是 12 分。这说明教师在评分时,有意识地加强了对解题过程的重视,淡化对答案的片面追求。12 分只是一个等同于整体评分法的结果,即这两个学生的得分在整体印象上是一样的,但各有可取之处。通过分析评分法给予的反馈信息则更多,同时它和整体评分法互为补充,尤其当整体评分较难把握的时候。

表 11-4　针对带有解决问题性质任务的分析评分法量表[①]

评分向度	分值	行 为 表 现 描 述
问题理解	0 3 6	对问题完全理解错了 对问题部分理解错了或解释错了 对问题的理解完全正确
制定计划	0 3 6	没有制定计划,或制定的整个计划不恰当 基于对问题某部分的正确解释,制定的计划部分正确 只要正确地执行该计划,就能导致问题的解决
获得答案	0 1 2 3	没有答案,或者解题计划错误导致答案错误 抄写错误,计算错误,缺最后答案或只回答出部分答案 答案不正确,不过答案错误源于错误的计划,但在计划执行过程中学生的思维具有逻辑性 正确给出所有的答案

表 11-4 提供的这个评分量表可供教师参考。针对每个具体的试题或任务,教师需要自己制定或者修订一份适合班级里所有学生的分析评分法量表。在制定分析评分法量表时,教师不容易预料每个向度和不同分值点对应什么或怎样的行为。大多数情况下主要是靠教师的经验,即教师关于以往学生在解决同一任务时有什么样表现的经验以及教师对该任务本身及体现在其中(或者说学生在解题过程应使用)的数学观念的个人洞察力。

评分量表的制定不同于传统做法中计算分步项目的正确性,不是做对到哪一步就达到

① John A. Van de Walle. *Elementary and Middle School Mathematics: Teaching Developmentally*[M]. Richmond: Addison Weslley Longman, Inc.,4th ed., 2002:71.

哪个分值点,而应始终记住是针对学生解题过程的行为表现。只有清楚什么样的行为表现符合该任务的目标要求时,教师才能清楚地判断什么样的行为是优异的,而什么样的行为是勉强合格的。同时,教师也应该允许学生使用期望之外的方法或解法,但不要被那些确实有点创造性、阐述得天花乱坠却与数学观念毫不相关的表现所迷惑。最后,教师必须把评分量表与学生一起讨论或得到他们的认可。这个过程很重要,这不仅是因为评分量表的执行需要学生的配合,更重要的是学生需要知道什么样的数学行为是在真正地做数学,需要知道通过数学教育所期望达到的行为目标是什么,这样他们才能更好地明确努力的方向。评价目的之一就是要使学生明确学习后欲达到的标准,形成正确的学习预期,因此相对于整体评分法量表,分析评分法量表的价值更在于它能够帮助教师从理解、分析和解决问题能力,数学交流能力以及数学推理能力等不同方面为学生提供反馈信息。表 11 - 5 为六分值分析评分法量表示例。

表 11 - 5　六分值分析评分法量表示例①

	理　解	思　维	交　流
6 异常好,有超水平的表现	发现问题所有重要的方面; 充分理解所需要的数学知识; 使用与众不同的方法,思维富有创造性	发现不止一个解决问题的途径; 使用图表、图像等多种方式展示思维; 使用实验、设计、分析; 完成问题要求之外的任务	答案写得很清楚,有说服力,有思想性; 写给别人看的; 图表画得很清楚
5 非常好,思路清晰,论证有力	发现问题大多数重要的方面; 很好地理解需要的数学知识	发现一个或几个解决问题的途径; 使用好几种方式展示思维; 可能使用实验、设计、分析; 可能将问题与其他问题进行比较,并给予预测	写得很清楚; 有意义; 写给别人看的; 图表清楚
4 好,完成任务	发现问题大多数重要的方面,而忽视一些不太重要的方面; 能理解大部分需要的数学知识	解决问题的途径只有一个; 可能漏掉一些展示思维的方式; 可能使用实验、设计、分析	写出了问题所有的几个部分; 写给别人看的; 书写得不够清楚
3 还行,努力尝试,还不是很清楚地理解问题	发现问题少数几个重要的方面; 部分理解需要的数学知识; 思维混乱; 可能遗失了大的概念和观点	可能理解或没有理解解决问题; 数学思维不清楚或有局限性; 选择了错误的问题解决方法	在表达观点上有困难; 不清楚是不是写给别人看的; 图表或图像不清楚
2 未完成任务,表现出对问题的困惑	几乎不理解问题; 发现极少问题的重要方面; 支离破碎地理解需要的数学知识	不能解释思维过程; 使用了不合适的问题解决方法	写得很混乱; 不清楚是不是写给别人看的

① John A. Van de Walle. *Elementary and Middle School Mathematics: Teaching Developmentally* [M]. Richmond:Addison Weslley Longman, Inc.,4th ed.,2002:70.

	理　解	思　维	交　流
1 可能做过也可能没有做过努力，表现出对问题的不理解	不理解问题	答案令人很难理解；几乎没有或根本没有试图对结果加以解释	表达的方式让人很难理解

从表11-5可以看到，评分量表中对每个向度的每个水平的行为进行了刻画。这些刻画的语言为教师向学生和家长解释学习成绩，反馈学生状况，撰写评语等提供了很好的参考。当然，在实际使用中，教师可以灵活掌握，把评价焦点集中在某一两个方面，而不必对所有向度加以评价。

最后，对评分量表的讨论，还给我们带来新的启示。近年来开放题在中考和高考中都逐渐增大了比例，但如何对开放题实施客观、公正的评分，始终是一个亟待研究和解决的难题。通过评分量表的形式，把评分关注的焦点集中在学生的数学观点和行为表现上，而不是集中在简单的对与错的判断以及想出的解法、算法或答案的数量上，这样，无论量表的整体评分还是分析评分，都为我们最终找到适合开放题的新的评价方法提供了很好的思路。

二、针对成长记录袋的内容进行评价

成长记录袋评价方法，也称档案袋式评价方法，是指在数学课堂中收集学生的最佳作品或重要资料来评价学生学习水平的表现性评价方法。研究表明，成长记录袋作为一种物质化的资料在显示学生学习成果，尤其是显示学生持续进步的信息方面具有不可替代的作用。它不只是收集学生作品的档案夹，而是更有意义地收集学生迈向学习目标、与成长和发展相关的作品样本。使用成长记录袋作为数学学习评价结果的一部分，具有以下几个优点：（1）使学生参与评价，成为评价过程的一部分；（2）使学生、家长和教师形成对学生进步的新看法；（3）促进教师对表现性评价的重视；（4）便于向家长展示，给家长提供全面、具体的关于孩子数学学习状况的证据；（5）将数学的教学重点集中在重要的表现活动上；（6）有助于评价数学课程和教学需要改进的方面；（7）提供诊断用的特殊作品或成果，为实施因材施教提供重要依据；（8）汇编学生学习的累积资料和看法，全面了解学生数学学习过程。

那么，如何建立成长记录袋呢？教师可以通过引导学生自己在成长记录袋中收录反映学习进步的重要资料，如最满意的作业，最喜爱的小制作，印象最深刻的问题或在日常生活中发现的有意义的数学问题，解决问题的方案和过程，解决问题的反思，阅读数学读物的体会，活动报告或数学小论文等。另外，成长记录袋的内容还可以设计成包含学期开始、学期中和学期结束三个阶段的学习资料，以反映学生数学学习的进步历程，增强他们学好数学的信心。成长记录袋中的材料应让学生自主选择，并与老师共同确定。让学生参与成长记录袋的建立，有助于培养学生对自己数学学习进行控制的能力和负责的态度。对高年级的学生，有时候还可以要求他们自己写一份关于所学知识和方法的总结。许多时候，一学期的数学内容常常被看作是分离不相关的概念、规则和技能的组合,通过成长记录袋可以为学生创设整合的情境,让他们从整体上看到数学各部分知识间的联系以及这一册数学书的全貌。到学期结束时,学生成长记录袋中至少包含以下作品:(1)3 份教师布置的家庭作业;(2)3 份数学日记;(3)2 份测验;(4)2 份课堂笔记;(5)1 份个人完成的项目(调查、制作等);(6)1 份小组合作完成的项目(调查、实践活动、制作等)。

当然,在指导学生收集和建立成长记录袋时,可以不局限于以上所要求的作品的数量和范围,应尽量体现学生在数学方面的个性特点。到学期结束时,要求学生从中选出 5 份作品代表他这学期的学习情况,并最终保留在他们的成长记录袋中。

如何针对成长记录袋的内容进行评价呢?对成长记录袋的评价如同对试题或任务的评价,教师可以借助分析型评价模式,也可以借助综合型评价模式。这里给教师提供两个针对成长记录袋中解决问题能力的评价规则表:一个是分析型评价模式的,一个是综合型评价模式的,以供在评价实践中参考。

(一)分析型评价模式下问题解决记录袋的评价规则

维度 1　洞察和理解

水平 3　(材料)显示出对问题有清晰的理解,并且对所给信息的重要性有深入的洞察。

水平 2　(材料)显示出对问题有一定的理解和知道什么是需要的,但没有深入的洞察。学生可能滥用、忽视所给的重要信息,或可能采用不相关的信息。

水平 1　(材料)表明对问题是什么一知半解,并且忽视了重要信息或对其利用不恰当。

维度 2　寻求解决方法和证实答案的能力

水平 3　(材料)显示出学生选择出恰当策略并得到解决办法(尽管偶尔会发生计算错误)的能力,学生会检查材料或能写出解释答案怎样"符合"条件的基本原则。

水平 2　学生既不能选择出适当策略也不能对材料进行检查,不能根据上下文对答案进行证明。

水平 1　学生不能选择正确策略,并且不能检查材料,也不讨论怎样对答案进行证实。

维度 3　基本的数学知识或技能

水平 3　通常能正确解释数学术语,计算也很少出错,并且错处已经被修改。

水平 2　经常有计算错误,但大多数已修改过;或者作出的选择表明对数学术语理解不够。

水平 1　频繁出错并且没有修改,或没有正确修改。

维度 4　交流对策或方法的解释能力

水平 3　有些材料显示出对所用步骤进行解释的能力,并能提供对所用步骤进行选择的基本原则。

水平 2　学生能提供对所用步骤的解释和选择所用方法的基本原则,但这种解释含糊且带有小错误。

水平 1　材料不能显示出与所选用步骤和基本原则相关的交流技巧的运用,或者所展示的不正确或难以理解。

（二）综合型评价模式下问题解决记录袋的评价规则

考虑以下五个维度：问题情境的解释；对所给信息的应用；选择解决问题的策略；数学上的准确性；对答案的评论。

水平 4　记录袋包含的材料显示：

——大多数时候对问题情境或描述有正确解释；

——恰当使用所给信息；

——应用与问题有逻辑联系的适当的解决策略；

——在数学步骤中错误极少或极小；

——所给答案能在上下文所出现的问题情境中被检查和评估。

注意，具有以下特征之一都应给予该学生水平 4 的等级，虽然它们与水平 4 中的特征有区别：

（1）显示出一定的创造力和洞察力，虽然解决问题的方法不正规；

（2）在问题的表达或者问题解决的方法上，善于运用技术；

（3）在处理复杂、含糊、不明确的问题时表现得坚定和坚韧。

水平 3　记录袋包含的材料显示：

——大多数时候能对问题情境或描述有正确解释；

——恰当使用所给信息；

——大多数时候能运用与问题有逻辑联系的解决策略和办法；

——在数学步骤中错误很少或很小；

——所给答案通常能在上下文所出现的问题情境中得到检查和评估。

水平 2　记录袋包含的材料显示：

——大多数时候能对问题情境或描述有正确解释，但对所给信息的使用可能有错；

——不能总是运用与问题有逻辑联系的解决策略和办法；

——计算错误或基本步骤的错误可能很常见；

——所给答案好像不能在上下文所出现的问题情境中得到检查和评估。

水平 1　记录袋包含的材料有几张显示：

——对问题情境或描述解释不正确，或者错误使用所给信息；

——与问题有逻辑联系的解决策略和办法使用较少；

——计算错误或基本步骤的错误可能很常见；

——所给答案好像不能在上下文所出现的问题情境中得到检查和评估。

水平 0

——记录袋不完整，或不包含任何与上述准则相符的材料。

三、分数与等级

从分数的解释来划分，可以分为绝对评分和相对评分。过去常用的百分制属于绝对评分,因为每个学生的分数都用同样的标准来衡量。相对评分(等级)则是指学生的分数和等级在整个群体中所处的位置,如标准分数、百分等级等。

大多数有经验的教师都了解其学生知识掌握的大体情况,在不同情境中不同的行为表现,学生对数学学习的态度和信心以及数学能力如何,等等。好教师常常充分利用形成性评价,在日常的教学中给予学生及时的评价反馈,虽然这些评价结果可能不那么正式,也没有加以记录。不过,即使是最好的老师也要依赖考试分数去确定学生的等级,迫使他们自己忽视那些很有价值的,真正反映学生数学学习"全真"影像的信息。通过那些我们认为具有统计意义的数据而得出的等级已在学校的每个年级根深蒂固地执行着,要想废除它是件很困难的事情。但是换个角度看,当教师因为基于考试获取的分数而忽视学生在学习过程中的表现及其情感和态度时,对学生及其家长来说都是不公平的。因此,只有采用多样化的评价方式,并在评价学生的学习状况时采用定量和定性相结合的方式,才能使评价更公平、公正和合理。

多样化的评价方式不仅关注学生数学学习的结果,而且关注其过程。考评的工具涉及评价学生的进步,调节教师的教学,为家长提供其孩子在校学习数学的情况,以及评价整个数学课程的成功性等几个方面。一般来讲,考评学生数学学习的方式有日常检查、纸笔测验和表现性评价。纸笔测验是指通过呈现有关数学学习结果的标准试题,要求学生按题意用笔作答的测验。日常检查是指通过口头提问、板演、作业、课堂练习或检查、课堂观察等形式,了解学生掌握和运用知识的情况。表现性评价是指通过实际任务来表现学生知识和技能成就进而作出的评价。它是一种基于表现性任务的评价,其目的在于提供一些对学生真实行为的认识,或者说力图提供一些与学生真实情况更接近的信息。要求学生完成的表现性任务更像是学生可能在日常生活实际中会遇到的真实任务,或者与学生以后的数学课程学习中重要的数学思维更能保持一致的任务。这种评价既能反映学生获得的数学知识和能力,又能揭示其非认知"行为",如数学学习的态度、责任心、合作精神等。由于表现性评价将评价的内容和过程自然地融为一体,它是学生数学学习成效评价的一个重要选择。表现性评价代表着今后评价改革的主要方向,其主要形式有数学日记、调查与实验以及成长记录袋等。

定性评价将在随后的"评语"部分讨论,这里先讨论定量评价。定量评价必然涉及对每个学生赋予分数或等级,故建议采用一种模糊的评价方法,即等级制。等级制可以分为标准参照(任务参照)、群体参照(常模参照)和自我参照(变化的多少)三种。由于不同学生来自不同的社会文化背景、环境和家庭,导致学生在思维方式、智力水平以及学习动机等方面存在差异。实践证明,在班级里强调学生与学生之间的比较是弊大于利的,在实施等级制时,教师应该更倾向于提倡标准参照和自我参照,尽量避免使用或少用群体参照。

在对学生进行评价时,教师还应考虑,通过多样化方式收集到的各方面的数据及相应等级是否需要综合或平均的问题。如果在成绩汇报单上的评价只是针对考试结果给出的等级分,那么学生很快就会认识到,在课堂观察和具体行为任务中评价量表以及针对他们的成长记录袋的评价规则都无关紧要。因此,必须向学生提供一个多维的评价汇报表。在评价汇报表中，给学生提供在数学各个方面的不同等级，而不是一个综合的或平均的等级，可以使学生及其家长从中获得更丰富的信息反馈。但如果教师所在学校的整个评价体系没有这样的做法（其他学科都只有一个分数），不妨在教授的这个学科中先单独实施起来，即在整个成绩汇报单后面附加一个报告，将这些来自不同方面的等级作为一个参考数据提供给学生及其家长。另外，给他们提供一个空白的地方，请他们在看过这些不同方面的等级之后发表自己的想法，这有助于教师获得更有针对性的建议，以及支持教师继续采用这样的方式呈现评价结果的证据和信心。

四、评语

对学生的学习状况进行评价时，应采用定量和定性相结合的方式。也就是说，评价结果的处理不能总是简单的等级分，还应当包括以陈述方式给出的"被评价者数学学习的认知与非认知特点，以及需要进一步从事的数学学习活动"等。对学生学习成效的定性描述可以采用评语的形式。评语是用简明的评定性语言叙述评定的结果。评语可以补充评分或等级的不足。一个分数或等级能反映出的信息毕竟有限，对于难以用分数或等级反映出的问题，可以在评语中反映出来，从而更全面地对学生作出评价。

评语无固定的模式，但针对性要强，语言力求简明扼要、具体，要避免一般化，尽量使用鼓励性语言客观全面地描述学生的学习状况，充分肯定学生的进步和发展，同时指出学生在哪些方面具有潜能，哪些方面存在不足，使评语有利于学生树立学习数学的自信心，提高学习数学的兴趣，明确自己的努力方向。比如，下面一段评语："本学期我们通过实例学习了如何抽样。你通过自己的努力，能指出总体、个体和样本，知道不同的抽样可能得到不同的结果，你制作的扇形统计图也很清楚、美观。但你在利用统计结果作出推论时语言表达不够准确。老师相信你通过努力会在这方面做得更好！"在这里，教师的着眼点已从分数或等级转移到对学生已经掌握什么，获得哪些进步，具备什么能力的关注。学生在阅读这一评语之后，获得更多的是成功的体验和学好数学的自信心，同时也知道自己在哪些方面存在不足，明确了自己今后继续努力的方向。

上面介绍了成长记录袋、分数或等级和评语三种评价结果的呈现方式。这三种评价结果共同构成了一个评价平台。通过"分数或等级＋成长记录袋＋评语"这样的方式，教师在为学生及其家长提供关于学生数学学习情况的评价时就会更加客观、丰富，使教师、学生、家长都能更全面地了解学生数学学习的历程，同时也将更加有助于激励学生的学习和改进教师的教学。

第十二章　教师的教学评价与学生
学习困难的诊断补救

教学评价,也称教学评估,是一个内容广泛的概念。顾明远主编的《教育大辞典》认为:"教学评估是基于所获得的信息对教学(或实验)效果作出客观衡量和判断。基本范围包括教学目标、教学内容、教学方法的选择和合理运用,教学过程诸环节的有机结合及学生学习的积极性程度等。"①

上一章讲的学生学习结果的测量是评价教学的重要依据,但不是唯一依据,因为影响学生学习结果的因素有许多。其中学生的能力倾向(即用智力测验测量得出的智商水平)是影响学习结果的最重要因素之一。加涅指出:"许多研究表明,由智力测验所测得的学习能力倾向,可以解释学习结果50%的变异。"②学生的能力倾向是学生学习的内因。影响学生学习唯一最重要的外部因素是教师的教学,包括教师教学方案的设计及其实施以及给予学生反馈的适当性等。本章先论述对教师的教学评价,然后论述学生学习困难的诊断与补救。

第一节　教师的教学评价

许多教师的经验和一些研究证实,课后对自己的教学进行反思评价,是提高教师教学技能的重要途径。本节主要论述对教师教学的测量与评价问题,这可以为教师反思自己的教学提供指导,也便于教师、教学管理人员对教师的教学作出评价。

一、教学的测量与评价的含义

教学的测量与评价,就是将测量与评价的思想用于教师的教学而非学生的学习上。这里,测量与评价之间的关系依然是成立的。测量还是收集有关教师教学的资料,不过这种资料的收集比较直接简单,不像收集学生学习的资料那样要利用测验等形式。教学资料的收集,一般只要对教师的教学作好观察记录即可,可以说对教学的测量相对容易一些。不过对教学的评价就要复杂了。这里面的问题主要就是评价的标准,或者说一节好课的标准到底是什么。

对这一问题,有多种回答。有人认为,好课的标准就是看教师对先进教育技术的使用,他们认为教学中用多媒体课件呈现内容、进行师生互动,这样的课就是好课。也有人

---

① 顾明远.教育大辞典[M].上海:上海教育出版社,1998:718.
② [美] R.M.加涅(R. M. Gagne)等.教学设计原理[M].皮连生,庞维国,等,译.上海:华东师范大学出版社,1999:358.

认为,好课的标准是看课堂气氛是否活跃,他们十分看好教师在课上拍桌子、讲笑话等富有激情并且能活跃气氛的课。还有人认为,好课的标准就是能体现上级教育部门的指示,他们认为一节进行了研究性学习或者双语教学的课就是好课。这些评课的标准确实是多元化的。当一名教师接受一节公开课的教学任务时,他确实要犯愁:该怎样上才能获得听课者的好评?

我们认为,评价教师教学的标准,应在教与学的关系中去寻找。当代教学心理学认为,教学的过程、方法都是为了促进学生的学习,因而评价教师教学的标准,应该是教师的教学能否有效地促进学生的学习。多媒体的运用,富有激情的演讲,最新教育指示的贯彻,最终都要落实到促进学生的学习上。如果这一点没有实现,不管多媒体演示多么吸引人,不管课堂的气氛如何活跃,都不能算是一节好课,我们只能称之为一节"做秀"的课。

二、 学习结果分类理论指导下数学教学的测量与评价

贯穿本书的核心思想是数学学习结果有不同类型,每种类型的学习结果学习的规律也不尽相同,促进学生学习的教学过程与方法也有所区别。在对教师的教学进行评价时,要坚持教学的过程与方法促进学生的学习这一标准,但在评价具体的一节课时,还要根据具体的学习结果类型(即教学目标类型)及该类型学习的规律来对教学作出评价。下面分别介绍几种主要的、以不同数学学习结果为教学目标的教学测量与评价。

(一)以数学陈述性知识为目标的教学测量与评价

如果教学目标是数学陈述性知识,根据本书描绘的学习规律,我们设计出如下的测量和评价用表,方便对教学作出评价。表12-1中的测量内容以问题的形式提示评价者从哪些方面收集资料,评价结果则是运用本书提出的评价标准所作出的评价,即教师采用的方法措施是否有效促进了学生的学习。评价可以是言语式的评价,也可以采用是或否的评价。

表 12-1 以数学陈述性知识为目标的教学测量与评价

测 量 内 容	评价结果
1. 新知识是否有意义?	
2. 用什么方式激活学生头脑中的原有相关知识?	
3. 新旧知识之间存在什么样的关系?	
4. 采用什么措施促进新旧知识联系的形成?	
5. 采用什么措施促进知识的组织化和结构化?	
6. 采用什么措施促进新知识的保持?	

(二)以数学基本智慧技能为目标的教学测量与评价

这里的数学基本智慧技能,包括数学概念和规则。它们学习的规律都是从陈述性知识

经变式练习转化为实际的技能。根据其学习的规律,我们设计出如下的测量和评价用表(见表 12 - 2)。

表 12 - 2 以数学基本智慧技能为目标的教学测量与评价

测 量 内 容	评价结果
1. 怎样激发学生回想起原有的相关知识?	
2. 是否将新概念和规则以有组织的形式向学生呈现?	
3. 概念、规则的例证是否充分,是否包括明显无关的特征?	
4. 怎样让学生明确概念、规则的含义及其例证之间的联系?	
5. 变式练习题目是否从简单到复杂,从熟悉到不熟悉?	
6. 是否为练习提供了反馈?	

(三) 以数学认知策略为目标的教学测量与评价

由于数学认知策略教学的时间比较长,因而对这类教学的评价不能仅针对一节课或两节课,而应该全面收集教师教学认知策略的有关资料,这可以通过查看教师的教案、与教师会谈等方式来进行。最终进行评价时,也要依据认知策略学习的规律。具体测量与评价的内容见表 12 - 3。

表 12 - 3 以数学认知策略为目标的教学测量与评价

测 量 内 容	评价结果
1. 教学前是否让学生学习过较多的蕴含策略的例子?	
2. 学生对蕴含策略的教学内容本身是否熟悉?	
3. 是否让学生对蕴含策略的例子进行比较?	
4. 用什么方法让学生意识到例子中蕴含的策略?	
5. 练习的内容是否为学生所熟悉?	
6. 练习的内容是否有变化?	
7. 提供反馈时,是否注重让学生发现策略应用的条件和效益?	

(四) 以数学问题解决为目标的教学测量与评价

数学问题解决既要遵循问题解决的一般过程,又要着眼于学生问题解决能力的提高,落实问题类型与解题策略的教学。我们设计了如下表格用于测量和评价(见表 12 - 4)。

表 12 - 4 以数学问题解决为目标的教学测量与评价

测 量 内 容	评价结果
1. 教学目标是定位在解题能力的提高还是情感态度的养成上?	
2. 教学过程是否体现了问题解决的过程?	

测 量 内 容	评价结果
3. 为促进学生对问题的表征,形成解题计划,执行解题计划,教师采用了什么方法?	
4. 是否提示、引导学生对解题过程进行了回顾和总结?	
5. 回顾和总结的重点是问题类型及其解法还是策略的适用条件?	

在实际教学中,单纯以某一种学习结果为教学目标的课是比较少的。一节课可能要完成或渗透几个教学目标,如情感领域的教学目标一般不是单纯在一节课内完成,而是渗透在其他目标的完成过程中,因而在对教师的课进行评价时,首先要明确课的目标及其类型,而后还要看教学的过程与方法是否促进了目标的完成。在这过程中,还要注意评价不同目标之间的相互关系。综合地对一节课作出评价,需要评价者能深入理解并灵活运用心理学有关学与教的理论。本书第5至第9章涉及的教学案例分析,其实就是对教学进行的评价,读者可以结合本章所讲的内容再去研读。

三、 来自实证研究的证据

1995—1997年上海市宝山区教育学院组织十所中小学校成立"知识分类与目标导向教学"课题组,在皮连生教授的指导下,对参与课题的教师作了知识分类与目标导向教学设计的系统培训。培训的重点是在教学设计中引进任务分析思想,为此教师设计教学方案时应先根据教材内容与学生特点设置可以观察和测量的教学目标;接着进行任务分析,分析学生学习新任务时必须具备的起点能力,分析教学目标中暗含的学习结果类型并根据学习结果类型分析实现教学目标必需的条件;然后在任务分析的基础上做出教学策略(包括教学步骤、方法、师生活动、媒体等)选择的决定。最后在每一教学方案之后预先编制检验教学目标是否达到的练习题或测验题。

根据这样一套教学设计思想,课题组组织有关教师进行备课、上课、说课和评课。在分学科反复多次听课、评课的基础上,召开大组研讨会,系统地总结学习与研究成果。经过近三年的研讨之后,为了检查与评价学习效果,实验学校与未参与实验的学校开展"教学大奖赛"(预先控制参与实验与未参与实验的教师能力及其学生水平大致相等):临时指定教材,教师在没有参考书的情况下独立设计教案、上课,其他人出考题测验教学效果。

实证研究结果表明,参与课题研究的教师不仅教学效果较好(见表12-5),而且他们的说课和评课能力明显提高。据教学录像分析,参与过课题研究的教师的教学行为更合理。[①]该项成果于1997年获上海市优秀教育科学成果推广二等奖。

---

① 王映学."知识分类与目标导向教学"的实证研究[J].华东师范大学学报(教育科学版),1997(03):59-66.

表 12－5　参与课题研究与未参与课题研究两组教师教学结果差异比较

	参与组			未参与组			t	p
	N	M	S	N	M	S		
小学语文教学结果	122	75.70	12.87	160	81.95	10.43	4.37	0.000**
小学数学教学结果	123	85.23	12.26	122	89.41	10.97	2.81	0.005**
中学语文教学结果	91	71.29	10.18	86	72.51	10.93	0.77	0.411
中学数学教学结果	91	57.30	13.46	84	64.41	19.69	2.77	0.006**

注：N 为学生人数，M 为学生成绩平均分，S 为标准差；$* P < 0.05$，$** P < 0.01$。

第二节　数学学习困难的诊断与补救

按照前述学习结果测量与评价的方法，对照教学目标对学生进行测量，经过评价，如果学生达到教学目标的要求，就说明教师完成了教学任务；但如果评价后发现学生没有达到目标的要求，这就需要教师去做原因分析和补救工作。本节先介绍导致学生学习出现困难的原因以及相应的诊断补救思想，然后再用具体的案例加以说明。

一、学生学习困难的原因

学生在数学中的学习困难，主要表现为考试成绩差、作业错误多。那么，学生出现这种情况的原因到底是什么呢？对此，皮连生教授提出了一个学习成绩公式，对其中的原因作了分析：学习成绩＝f（智商水平，原有知识，动机）。

这一公式表明，影响学习成绩的因素主要有智商水平、原有知识、动机。这里的智商受先天因素的影响较大，而且在学校中接受教育的儿童，大部分智商都在正常范围，能胜任学校的学习任务，少数智商极低的儿童难以适应正常学校的学习，一般集中在特殊学校中接受教育和训练。学生原有知识基础中的知识是广义的知识，包括陈述性知识、程序性知识和认知策略。动机也是影响学习成绩的一个重要因素。学生的自我效能感、学习兴趣，都可归入到动机范畴。如果我们假定学校中的学生智商水平都正常，则学生学习成绩不良的原因只能从学生的原有知识和动机两方面去寻找。

现代认知心理学从另外一个角度为我们揭示了学生学习困难的原因。现代认知心理学认为，人类一切后天习得的能力都是由知识构成的，可以用广义的知识来解释人类习得的能力。如果个体缺乏构成能力的某类知识，则他的能力表现就会出现问题。由此看来，学生数学学习出现困难，就是其数学能力的表现出现了问题，其原因也可能在于学生缺乏构成能力的知识。

以上都是从学生内部的因素来寻找学生学习困难的原因。当然，教师的教学也是影响学生学习成绩的重要因素。不过，教师的教只是影响学生学的外部因素，其影响学生学习的机制是通过影响学习的内部因素来进行的。这样看来,导致学生学习出现困难的根本原因不外乎是学生的原有知识基础、构成能力的知识以及学生的学习动机三方面。

二、学生学习困难的诊断与补救

在明确学生学习困难原因的基础上,接下来就要进行诊断,找出具体原因,并实施有针对性的补救措施。

导致学习困难的原因如上所述。相应的诊断工作也应从上述三方面进行。首先要对照目标诊断一下学生在与目标有关的原有知识上是否存在缺陷;其次要诊断一下学生是否掌握构成目标的各种知识(一般该目标涉及多种知识,如问题解决的目标);此外还要诊断一下促进、支持学生学习的动机是否有问题。细心的读者不难发现,上述三方面的诊断工作其实是与对目标进行任务分析后的结果相对应的。可以认为,任务分析的工作不仅可以让教师知道为完成目标应当教什么,如何教,按什么顺序教,而且还给教师提供了一个分析学生学习困难的框架。

在对上述三方面进行诊断时可以采用较为正规的测量方法,即针对原有知识、构成能力的知识类型编制诊断性测验来对学生施测,然后根据学生完成的情况作出判断。这种方法耗时较长,适用于学习困难学生较多的情况。在具体的教学实践中,教师往往面对的是班上少数几个学习困难的学生,用编制测验施测的方式来诊断显得不经济。在这种情况下,教师可以采用非正式的诊断方法,如针对原有知识、构成能力的知识向学生提问,或与学生会谈,从中了解到学生在这些方面的情况。学生学习动机方面的情况,则要依赖教师在日常教学工作中的观察与了解。

诊断出具体原因,接下来就要对症下药进行补救。所谓补救,从另外一个角度看,就是重新教学。不过这次教学是在对目标进行更为具体、更富有个性化的任务分析基础上进行的,这与教师针对全班参差不齐的学生所做的任务分析是有区别的。在这种更具体的任务分析基础上的教学,更能适合具体学生的需要,从而也在某种程度上对以前教学中的失误作出改正和弥补。

三、诊断补救教学原则与案例分析

(一) 诊断补救教学原则

皮连生主编的《学与教的心理学(第三版)》提出以下四条诊断补救教学原则。

1. 针对性

诊断补救教学不同于大面积补课。大面积补课往往没有针对学生的特殊困难,占去了学生的宝贵时间,但效率不高。补救教学是在通过诊断性测验并分析了学生学习失败的特殊原因基础上进行的,做到对症下药,费时不多,但效率高。

针对性补救教学不限于学生的知识、技能,还应包括学生的学习态度,如自信心、学习习惯和学习方法等。

2. 及时

目标导向的教学设计要求教师在课堂上针对每个教学目标进行检查，及时了解学生掌握情况，及时发现学生学习或教师教学上的缺陷，及时采取补救教学措施。

例如：教师讲完异面直线的概念后，一名学生急切地挤到讲台前对老师说："老师，我认为异面直线根本不存在。"教师暗暗奇怪，课上讲得够清楚了，为什么还不能接受？于是顺手拿起两支粉笔做异面直线的样子，可学生仍不愿接受，指着粉笔说："您这两支粉笔要是再粗些，它们不就相交了吗？"一句话引得大家都乐了，原来，她错误地将"直线没有粗细"理解为"可以任意粗细"。

上述案例中，新知识是异面直线的概念：没有公共点，且不共面的空间中的两条直线。这是一个定义性概念，由点、直线、面、空间等子概念构成。教师在教学前认为全班学生都已正确形成上述子概念，故而直接进行异面直线的教学。但这一分析对案例中的学生不适用。教师通过与其交谈，发现该学生的原有知识之一"直线"的概念是错误的，她将"可以任意粗细"也视作直线的本质特征。这可能是以前教师在教学时直线的例证没有充分变化所致。这样，在进行补救时，呈现多种多样直线的例证，让学生形成正确的直线概念，即可纠正学生对异面直线的错误理解。

3. 改变教法

由于有些学习失败是由于教师的教学方法不当造成的，所以在补救教学时，教师不能重复使用原先导致学生失败的方法。例如，有时学生留级以后，学习仍然没有起色，原因是他们留到新班级以后，教师仍然采用他们不适应的教学法，并没有针对留级学生采用适合他们的方法。

本书前文反复强调针对学习结果类型选择适当的教学方法，这是针对大多数学生讲的。心理学的研究表明，在人群中，人的认知方式是不同的。心理学中发现较早且研究较多的认知方式有场独立与场依存两种。场独立的人思考问题一般不以外界标准或评价为参照，善于独立思考；场依存的人思考问题喜欢以外界的反应为参照，对外界反应敏感。这两种思维方式最初是从飞行员选拔中发现的。研究者把被试置于特制的可以摇动的坐舱内。当摇动坐舱时，被试可以用两种方式将坐舱调整至与水平垂直的状态：一是依据舱内仪表，二是不借助仪表，仅依靠自身的感觉。结果发现，大多数人能兼用两种方式调整坐舱摇动状态。但有两种极端的人，单纯依靠仪表，或单纯依靠自身感觉。前者被称为场依存的人，后者被称为场独立的人。进一步研究表明，在处理社会科学与自然科学学习以及人际关系等问题时，也存在场依存与场独立现象。一般认为，场独立的人不善于与人打交道，适合独立思考，宜于学习数学和自然科学，场依存的人适合学习社会科学，对人际问题敏感，宜于处理人际关系。现在合作学习颇受推崇，但合作学习并不是没有限制的。由于场独立的学生更喜独立思考，而场依存的人易于从他人的反应中学习，故合作学习可能对场依存的人有益，而对场独立的人不利。

除了场独立与场依存之外，研究较多的还有冲动型与沉思型两种认知方式。沉思型学生在碰到问题时,倾向于深思熟虑,用充足的时间思考,审视问题,权衡各种问题解决方法,然后再选择一个满足多种条件的最佳方案,因此错误较少。而冲动型学习者倾向于很快地检验假设,根据问题的部分信息或未对问题作透彻分析,就仓促作出决定,反应速度快,但容易发生错误。

心理学家指出,针对学生认知方式的差异可以采用两种对策:一是适应学生的差异,采用与学生认知方式相一致的教学方法;二是针对学生认知方式中的短处进行有意识弥补的教学方法。前者称为匹配策略,后者称为失配策略。从上面的分析可见,针对少数特殊学生的思维特点选择补救教学方法与补救教学的成败关系密切。

4. 鼓励学生之间互帮互教

在我国现行班集体教学制度下,每个班约有 50 个人,有的多达 70 人。学生程度差异很大是正常的,一个教师很难对众多程度差异很大的学生进行有针对性的补救教学,但是可以组织学生互帮互教。通过帮助他人,不仅使差生受益,优等生也能得到提高。

国外的成功例子是美国著名心理学家安·布朗(Ann Brown)研究和开发的互惠式教学。在互惠式教学中,学生每 6 人组成一个小组。先由教师领导小组学习,教师提供示范,侧重帮学生改进学习方法;然后教师逐步退居二线,由学生轮流领导小组学习,优秀生作出如何学习的示范,然后引导大家讨论,从改进学习方法入手提高学习效率。这种教学方式是从补救学生阅读成绩不良发展起来的。在互惠式教学中,学生互帮互教的精神也可以移植到数学教学中来。

(二) 诊断补救教学个案分析: 方程学习困难学生的知识结构塑造技术

辽宁师范大学心理学系金洪源教授运用现代认知心理学,对中学生学习困难开展诊断补救教学研究,取得了可喜的成果。下面介绍他怎样运用知识结构塑造技术,对两名学习方程式有困难的中学生开展补救教学。

1. 对学生的学习困难诊断与分析

测验结果表明,被试的学习能力一般,成绩在班上属于中上水平。被试上课认真听讲,按要求完成作业,其课堂上应掌握的知识无明显缺陷。经个别谈话与测试发现,被试解题时一方面表示都会了,但实际解题常常被卡住,总是抱怨这也未想到,那也未想到。由于被试数学考试成绩不理想,进而害怕数学,特别是"害怕解方程"。这两名学生被诊断为单学科功课学习心理障碍。他们数学成绩不好的主要原因是大脑中缺乏指导解题的题型中心图式,于是补救的对策是在被试头脑中塑造一个题型中心图式。

2. 补救方法

第一步:先为被试确定一个核心的原有知识固定点,以此同化新知识。

第一,在学习用方程解决应用题之前,通过提问,了解被试掌握方程的有关概念的情况并复习和加深理解方程的基本概念,即由此懂得方程就是含有未知数的等式。例如,在学习一元一次方程时,一元一次方程概念是含有一个未知数,未知数的次数是一次的等式。一元二次方程、二元一次方程、三元一次方程都同理。通过学习方程的概念,理解方程的性质,更容易顿悟出如何用方程解应用题。有关方程的相关概念学习的初期是有关方程知识的陈述性学习阶段,重在理解方程的实质。所以,在练习期间让学生回想方程的实质,即含有未知数的等式;后来渐渐地让学生懂得用方程解应用题的关键是用设的未知数找出题中的等量关系列出等式,也就是列出含有未知数的等式——方程;同时举一两个简单的例子,来强化方程概念这个核心固定点,从而让学生首先在大脑中有一个稳固而深刻的印象。

经过练习使被试在获得稳固的陈述性核心固定点知识的基础上,迅速获得一组在大量陈述性知识支持下的程序性知识:在解应用题时迅速从大脑中提取出这一思路,设出未知数,寻找题中的等量关系,列出含有未知数的等式——方程,从而可以避免学生解题时头脑中千头万绪不知从何下手的状态。由于这一知识是指导学生解决问题学习心向的知识,所以也是认知策略知识。利用核心固定点知识技术避免了走重复路和走弯路。

第二,为了使被试大脑中获得稳定清晰的核心固定点知识,在练习初期专攻一元一次方程问题。初一代数中学习一元一次方程,这类应用题可以说是最简单、最基本的问题。如果这类题掌握得很熟练,很清晰,那么二元一次方程、三元一次方程、一元二次方程、分式方程解应用题都将迎刃而解。原因是它们之间有较强的同化关系,只是未知数的个数不同,或者未知数的指数不同。随着未知数的个数增加,题中所给列等式的条件也随着增加,学生列方程的个数发生了变化,也就是要找的等量关系数目增加。学生只要掌握已知中所给列等式的条件,找到等量关系列出等式,那么所有的应用题都能解答。所以,辅导教师要注意专攻一种类型的方程问题,以利于学生专心获得对方程概念的理解并向寻找等量关系与解题方法知识方面过渡。

第三,为了使被试大脑中获得稳定清晰的核心固定点知识,在训练初期只以工程问题为例,暂不旁顾其他。

第二步:尽早在被试大脑中形成上位形式图式。

这是从某一个实用的方面把一些杂乱无章的知识概括起来,再"嵌入"到学生大脑中去,以此保证学生尽快获得能力的方法。当被试在反复练习工程问题时,他们会获得用方程解决工程问题的能力图式,即内容图式;但他们还要学习用方程解其他领域的问题,如浓度问题、行程问题等。为了使后来的学习变得容易,就必须找出它们的共性加以概括,以期在学生大脑中形成图式,使他们在后来的方程学习中变成聪明的过目就会的学生。

第一,在进行专门的工程问题练习之后,尽量让被试发现,在解工程问题中掌握三个基本量,即工作量、工作效率和工作时间。通过这三个基本量找出等量关系,列等式:

$$工作时间 = 工作量 \div 工作效率;$$

$$工作效率 = 工作量 \div 工作时间;$$

$$工作量 = 工作效率 \times 工作时间。$$

解决这类问题,有时把工作量看成一个整体,即整体为"1",所以:

$$工作效率＝1/工作时间；$$

$$工作时间＝1/工作效率。$$

根据上面这三个基本量的确定,工程问题列方程寻找等量关系可以从下面三个角度考虑:(1) 全部工作量＝各队工作量之和;(2) 各队合作效率＝各队工作效率之和;(3) 原计划完成工作时间＝实际时间＋提前时间。

在获得这些图式知识之后,在后来的某些内容学习中便可充当先行组织者,同化其他内容的方程问题。因为在下面所谈的几个方面,都含有这三个基本量。

第二,用于同化浓度问题中等量关系的寻找。浓度问题也有三个基本量,即浓度、溶液和溶质。这三者的关系如下:

$$浓度＝溶质÷溶液；$$

$$溶液＝溶质÷浓度；$$

$$溶质＝溶液×浓度。$$

特殊情况:浓度问题找出等量关系的关键在于,寻找溶液变化前后三个基本量中哪个量不变,来作为等量,利用三者的关系写出等式。

第三,用于同化行程问题中等量关系的寻找。行程问题中也有三个基本量,即路程、速度和时间。这三个量之间的基本关系如下:

$$速度＝路程÷时间；$$

$$时间＝路程÷速度；$$

$$路程＝速度×时间。$$

特殊情况:行程问题中等量关系的建立包括以下三个方面的小问题,即相遇问题、追及问题、水流问题。

这里仅强调运用方程解决工程问题时获得的形式图式,以及对于解决浓度问题和行程问题的形式同化作用。列方程,关键是怎样找出问题的等量关系;找出等量关系,关键是理解和分析变量及其相互关系。一旦这一程序性知识稳固了,就可以同化后来的各类方程问题的解决办法。所以,在最初辅导的日子里,教师专门教会被试理解怎样找出等量关系,待这一知识特别稳固时再向前扩展有关变式情境。

3. 附录: 方程问题辅导实况介绍

(1) 工程问题

在解工程问题时要掌握三个基本量,即工作量、工作效率、工作时间。通过这三个基本量找出等量关系,列等式。下面以具体例子,说明工程问题的各等量关系。

例1:一个水箱有两个塞子,如果拔去甲塞,箱子里的水 5 分钟流完;如果拔去乙塞,箱子里的水 7 分钟流完,如果甲乙两塞同时拔出,2 分钟一共流出 1 200 公斤水,那么这个水箱的水容量是多少?

找等量关系列方程,题中关键词是"一共",据此可以找出等量关系。拔去甲塞 2 分钟的流量+拔去乙塞 2 分钟的流量=1 200(总工作量)。又因为工作量=工作效率×工作时间,根据题意,拔去甲塞 2 分钟的流量=甲塞效率×2 分钟,拔去乙塞 2 分钟的流量=乙塞效率×2 分钟。设总量为 x,甲塞效率为 $x/5$,乙塞效率为 $x/7$。

列方程为:$x/5 \times 2 + x/7 \times 2 = 1\ 200$,

以上这道例题是列一元一次方程解应用题,关健是在题中找出关键词,找出等量关系列等式。

例 2: 一个蓄水池装有甲乙两个进水管和一个出水管丙,如果单独开放甲管,45 分钟可以注满水池;如果开放乙管和甲管,30 分钟可以注满水池。如果乙丙同时开放,120 分钟可以注满水池,那么三个水管同时开放时注满水池需要多长时间?

找等量关系列等式,依据题意有三个等量关系,因此需要列三个方程,即找出三个等量关系。该题没有给总工作量,就将工作量看成整体。

设乙单独工作用 x 分钟,丙用 y 分钟,合作用 z 分钟,根据题意列方程:

$$\begin{cases} (1/x + 1/45) \times 30 = 1 \\ (1/x - 1/y) \times 120 = 1 \\ 1/x - 1/y + 1/45 = 1/z \end{cases}$$

例 3: 某人承包植树 240 棵的任务,计划若干天完成植树,两天后,由于阴雨天气,平均每天植树 8 棵,因此延迟 4 天完成任务,求原计划完成任务的天数。

找等量关系列等式,分析本例,按计划完成工作量+改进速度工作量=总工作量。

设计划完成任务 x 天,列方程为:

$$2 \times 240/x + (x + 4 - 2) \times 8 = 240$$

本例是利用分式方程来解应用题,与一元一次方程的不同之处在于:分式方程中未知数做了分母,这只是方程解法的不同。例 2 与例 1 同样都是在题中找出等量关系,列出含有未知数的等式。

上面三道例题说明,无论是一元一次方程、三元一次方程、二元一次方程,还是分式方程,都能按照工程问题中的三个基本量根据题意列出等式,而其中的关键是找出等量关系。

(2)浓度问题

前面已谈到浓度问题的各等量关系,下面以例子再具体加以说明。

例 1: 有 700 克浓度为 15% 的碘酒,应加多少克纯酒精,才能使浓度变为 2%?

分析这道题前后两个状态中的关系寻找不变量,其中前后不变的量是溶质碘,即原溶质=现溶质,而原溶质=原溶液×原浓度,现溶质=现溶液×现浓度,所以原溶液×原浓度=现溶液×现浓度,现溶液=原溶液+加入的纯酒精。

设加入的纯酒精为 x，列方程：$700 \times 15\% = (700 + x) \times 2\%$

例2： 要从含盐 12.5% 的 40 公斤盐水里，制成含盐 20% 的盐水，问：（1）需要加多少公斤盐？（2）应蒸发水多少？

找等量关系列方程，在浓度问题中关键是寻找前后两个状态中不变的量。

问题（1）分析：溶液中水是溶剂，盐是溶质，盐水是溶液。问加盐多少，说明溶质发生了变化，不变的量是溶剂。根据溶剂前后量不变列等式：原溶液×（1－原浓度）＝现溶液×（1－现浓度）。而现溶液＝原溶液＋盐。

设加入盐 x 克，列方程：$40 \times (1 - 12.5\%) = (40 + x) \times (1 - 20\%)$

问题（2）分析：问蒸发水多少，说明溶剂变化，溶液也变化了。不变的量即为溶质，根据溶质前后没有发生变化列等式：原溶液×原浓度＝现溶液×现浓度，而现溶液＝原溶液－蒸发的水。

设蒸发 x 公斤水，列方程：$40 \times 12.5\% = (40 - x) \times 20\%$

浓度问题列等式，无论题中问什么，都是寻找前后不变的量，即找等量，上面两道题都是用一元一次方程解应用题。在分式方程、二元一次方程中都是同样的效果，下面将举例子继续说明。

例3： 一个容器盛满烧碱溶液，第一次倒出 1 升后，用水加满，第二次倒出 10 升后用水再加满，这时容器内的溶液浓度是原来溶液浓度的 $1/4$，求容器的容积。

该例题代表一类题型，它与上面例题中浓度问题的不同之处在于这里浓度指体积浓度，而前面例题讲的是质量浓度。无论是体积浓度还是质量浓度，都同样涉及前面所讲的溶质、溶液、溶剂这三个基本量，只是这里用体积表示，但三者的关系是一样的，因此找等量关系的方法是相同的。

寻找等量关系，此题利用溶质前后变化结果，从两个方面列等式计算：总的溶质量－两次倒出的溶质＝溶液×浓度。

设容器的容积为 x，原有浓度为 $a\%$，列方程：

$$x \times a\% - 1 \times a\% - (x - 1) \times a\% \times 10/x = 1/4 \times a\% \times x$$

整理：$x - 1 - (x - 1)/x \times 10 = 1/4 \times x$

（3）数字问题

这种类型题的等量关系，一般题中直接给出，大致分两种情况：数位上数字之间的关系列等量关系；数中某几个数位上的数字交换，给出原数和新数之间的等量关系。

例1： 一个三位数的数字之和是 17，百位数字与十位数字的和比个位数字大 3，如果把个位数字与百位数字对调，那么，所得的三位数就比原来的三位数大 495，求原来的三位数。

对于数字问题一般是两种等量关系，即数字之间的关系，形成的新数与原数之间的关系。依据题意，给出的三个等量关系，前两个关系是数字之间的关系，第三个关系是新数与原数之间的关系。

设原三位数字的百位数字为 x，十位数字为 y，个位数字为 z，列方程组：

$$\begin{cases} x + y + z = 17 \\ x + y - z = 3 \\ 100z + 10y + x - (100x + 10y + z) = 495 \end{cases}$$

在数字问题中，列一元一次方程、二元一次方程以及三元一次方程解应用题，关系很明显，寻找等量关系的方法基本相同，不同之处只是随着未知数的个数增加，方程的个数增加，这就说明一元一次方程、二元一次方程以及三元一次方程之间有较强的同化关系，即都是在找等量关系的基础上随着未知数的增加，等量关系也增加，列出方程的个数增加。同理，分式方程、二元一次方程也是如此。在分式方程中只是未知数做了分母，一元二次方程只是未知数的次数增加了。其中寻找等量关系列方程是完全相同的。

例 2：一个三位数的十位数字比个位数字大 3，百位数字等于个位数字的平方，如果这个三位数比它的个位数字与十位数字积的 25 倍大 202，问这个三位数是什么？

分析题意，题中给出了三个等量关系，因此可以列三个方程，前两个等量关系是数字之间的关系，第三个等量关系是新数与原数的等量关系。

设这个数的个位数字为 x，十位数字为 y，百位数字为 z，列方程组：

$$\begin{cases} y - x = 3 \\ z = x \times x \\ (100z + 10y + x) - x \times y \times 25 = 202 \end{cases}$$

该例题已经超出三元一次方程和一元二次方程，但之所以能列出方程，关键是根据题中所给的等量关系列等式。这更有力地说明了找等量关系具有核心地位。

（4）行程问题

前面已经介绍过行程问题的各等量关系，下面以例子再具体说明。

例 1：一条街长 1.67 千米，甲乙两学生从街的两头相向而行，甲骑摩托车每小时比乙快 15 千米，乙步行，经过 4 分钟后两人相遇，问乙每小时行多少千米？

寻找等量关系，根据甲乙速度关系列等式：甲速－乙速＝15；根据"甲乙相遇距离＝（甲速＋乙速）×时间"列方程。

设乙每小时行 x 千米，甲每小时行 y 千米，列方程组：

$$\begin{cases} y - x = 15 \\ (x + y) \times 4/60 = 1.67 \end{cases}$$

同样，此题可以列一元一次方程，设乙每小时行 x 千米，则甲每小时行 $(x+15)$ 千米，根据相遇问题的一个基本等量关系列方程：

$$(x + x + 15) \times 4/60 = 1.67$$

上面这道例题就很能说明一元一次方程与二元一次方程的关系。二元一次方程只是比一元一次方程增加一个未知数，增加一个等量关系即增加一个方程而已。只要掌握好这类问题中的等量关系的找法，就很容易解题。

例 2：甲骑自行车，以每小时 15 千米的速度从 A 地前往 B 地，16 分钟后乙骑自行车以每小时比甲快 3 千米的速度行驶，如果甲乙两人同时到达 B 地，问 A、B 两地的距离是多少？

分析题意，寻找等量关系，甲 16 分钟后的行驶时间与乙全程时间相等。

设 A 与 B 相距 x，列方程：

$$x/15 - 16/60 = x/(15 + 3)$$

例 3：某市举行环城自行车竞赛，最快的人在出发后 35 分钟遇到最慢的人，已知最慢的人的速度是最快的人的速度的 5/7，环城一周是 6 千米，两人速度各是多少？

分析该题找等量关系，列方程。设快者速度为 x，慢者速度为 y。

根据两者速度关系列方程：$x \times 5/7 = y$

圆周长＝两者的行程差：$x \times 35 - y \times 35 = 6$

水流问题属于行程问题，同样符合三个基本量的关系，只是三个基本量中速度发生变化：顺流航行速度＝船速＋水速，逆流航行速度＝船速－水速。

例 4：一轮船顺水航行 43.5 公里需 3 小时，逆水航行 47.5 公里需 5 小时，求船在静水中的速度和水流的速度分别是多少？

分析题意找出等量关系，设静水中的速度为 x，水流的速度为 y，列方程组：

$$\begin{cases} 3 = 43.5/(x + y) \\ 5 = 47.5/(x - y) \end{cases}$$

例 5：已知一汽船在顺水中航行 46 千米和在逆水中航行 34 千米，共用去的时间正好等于它在静水中航行 80 千米用去的时间，并且水流速度是 2 千米/时，汽船在静水中的速度是多少？

分析题意，找等量关系，设静水中汽船速度为 x，列方程：

$$46/(x + 2) + 34/(x - 2) = 80/x$$

（5）倍数问题

这类问题主要是给出几个量之间的关系，即一个量是另一个量的几倍，一个量是另一个量的几分之几，少几或多几。这类题要建立等量关系，主要是抓住题中的关键词。

例：在一个班里，女生人数比男生人数的 2/3 少 2 人，如果女生增加 3 人，而男生的人数减少 3 人，那么女生人数等于男生人数的 7/9，问男生、女生各多少人？

找出等量关系，关键词为题中的"等于"。

设男生为 x 人，列方程：

$$7/9(x - 3) = 2x/3 - 2 + 3$$

如果将此题转化成二元一次方程组求解，题中必须找两个等量关系，即原来男女生人数关系，以及变化后男女生人数关系。设女生人数为 y，列方程组：

$$\begin{cases} y = 2x/3 - 2 \\ 7/9(x - 3) = y + 3 \end{cases}$$

（6）等积问题

这类题型的问题涉及几何图形，解决这类题应掌握：一是形状改变而体积（面积）不变，即变形前的体积（面积）与变形后体积（面积）的关系；二是掌握几何图形各元素之间的计算公式。

例 1：已知长方形的周长是 30 厘米，长比宽多 3 厘米，长方形的面积为多少？

根据题意找等量关系。

设长为 x，宽为 y。

根据周长＝（长＋宽）×2，以及长宽关系，列方程组：

$$\begin{cases} (x + y) \times 2 = 30 \\ x - 3 = y \end{cases}$$

例 2：周长 24 厘米的铁丝做成长方形框架，要使这个长方形框架的面积是 35 平方厘米，那么它的长与宽应各为多少厘米？

根据题意，找等量关系。

设长为 x，宽为 y。

根据面积＝长×宽，周长＝（长＋宽）×2，列方程组：

$$\begin{cases} x \times y = 35 \\ (x + y) \times 2 = 24 \end{cases}$$

图书在版编目（CIP）数据

　　数学学习与教学论 / 张春莉，马晓丹，张泽庆著
. —上海：华东师范大学出版社，2020
　　（基于学习科学的学科教学丛书）
　　ISBN 978 - 7 - 5760 - 0511 - 0

　　Ⅰ.①数… Ⅱ.①张… ②马… ③张… Ⅲ.①数学教
学—教学研究—高等学校 Ⅳ.① O1 - 42

　　中国版本图书馆 CIP 数据核字（2020）第 095873 号

数学学习与教学论

著　　者　张春莉　马晓丹　张泽庆
责任编辑　范美琳
特约审读　程云琦
责任校对　杨海红　时东明
装帧设计　俞　越

出版发行　华东师范大学出版社
社　　址　上海市中山北路 3663 号　邮编 200062
网　　址　www.ecnupress.com.cn
电　　话　021 - 60821666　行政传真 021 - 62572105
客服电话　021 - 62865537　门市（邮购）电话 021 - 62869887
地　　址　上海市中山北路 3663 号华东师范大学校内先锋路口
网　　店　http://hdsdcbs.tmall.com/

印 刷 者　上海盛隆印务有限公司
开　　本　787×1092　16 开
印　　张　15.5
字　　数　330 千字
版　　次　2020 年 10 月第 1 版
印　　次　2020 年 10 月第 1 次
书　　号　ISBN 978 - 7 - 5760 - 0511 - 0
定　　价　45.00 元

出 版 人　王　焰